# USB
## オーディオ
## デバイスクラス
## の教科書

岡村喜博 [著]
Yoshihiro Okamura

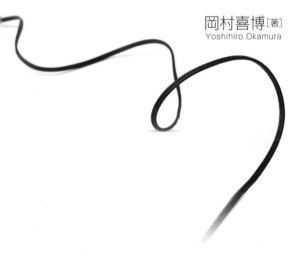

Ohmsha

本書を発行するにあたって，内容に誤りのないようできる限りの注意を払いましたが，本書の内容を適用した結果生じたこと，また，適用できなかった結果について，著者，出版社とも一切の責任を負いませんのでご了承ください．

本書は，「著作権法」によって，著作権等の権利が保護されている著作物です．本書の複製権・翻訳権・上映権・譲渡権・公衆送信権（送信可能化権を含む）は著作権者が保有しています．本書の全部または一部につき，無断で転載，複写複製，電子的装置への入力等をされると，著作権等の権利侵害となる場合があります．また，代行業者等の第三者によるスキャンやデジタル化は，たとえ個人や家庭内での利用であっても著作権法上認められておりませんので，ご注意ください．
本書の無断複写は，著作権法上の制限事項を除き，禁じられています．本書の複写複製を希望される場合は，そのつど事前に下記へ連絡して許諾を得てください．

(社)出版者著作権管理機構
(電話 03-3513-6969, FAX 03-3513-6979, e-mail：info@jcopy.or.jp)

JCOPY ＜(社)出版者著作権管理機構 委託出版物＞

# はじめに

　本書はオーディオ機能を持つ USB デバイスの設計を行う上で準拠しなければならないオーディオデバイスクラスを解説するものです．2016 年 9 月にオーディオデバイスクラス 3.0 が発行されましたが，オーディオデバイスクラスは 1.0 から 3.0 までのすべての間で互換性はなく，現時点でも 3 つの規格すべてが併存しています．本書はこれらの規格すべてに対応し，項目ごとに差異を示しています．また，本書ではオーディオデバイスクラスの実装に必要な内容をデバイス設計の観点から説明しています．

　オーディオ機能をもつ USB デバイスを設計する場合には USB 本体の規格書で定義されている内容以外にオーディオファンクション固有の定義であるオーディオデバイスクラスを実装することになります．本書ではオーディオデバイスクラスを使用したトポロジの設計や一般的に利用されるほとんどのディスクリプタやリクエストについて詳細に解説しているので，本書だけでオーディオファンクションの設計からディスクリプタの記述やリクエストのハンドラ作成など，オーディオファンクションを実装するために必要な情報が得られます．1.0 から 3.0 のすべてのレビジョンを網羅し，項目ごとに比較しており，既存のオーディオファンクションを別のレビジョンにポーティングするなどに活用できます．

　また，これまであまり採用されることになかったベーシックオーディオデバイスディフィニション（BADD）ですが，オーディオデバイスクラス 3.0 をサポートするデバイスでは BADD 3.0 に必ず対応しなくてはならなくなりました．BADD 3.0 ではクラススペシフィックディスクリプタは暗黙の定義となっているため，本書ではプロファイルに設定されているクラススペシフィックディスクリプタを解説しています．これを参照しながら設計ができるようになっています．

　本書が，これからの USB オーディオデバイスを開発される方の助けになれば幸いです．

2017 年 4 月

著者しるす

## 本書の対象読者

　本書はUSB本体の規格書で定義されている内容については説明していません．このため，USB本体の規格をある程度理解していることが前提となっています．その上でオーディオ機能をもつUSBデバイスの設計を行う方をおもな読者対象としてまとめました．

　現在オーディオデバイスクラス1.0や2.0などの設計・開発を行っていて2.0や3.0など別のレビジョンへの移行を検討されている方の参考になるものと思います．また，他のクラスに準拠したデバイスにオーディオファンクションを取り入れる検討をされている開発者の方にも参考になるでしょう．

## 本書の読み方

- Chapter 1
　USB規格の中でのオーディオデバイスクラスについてはオーディオデバイスクラスのレビジョンについてなどを説明しています．これらについては本書を読まれる方には馴染みのある内容も多いと思いますので，読み飛ばしてもよいでしょう．
　また，USBにおけるオーディオデータの転送についても触れています．アイソクロナス転送や同期の仕組みに馴染みのない方は参考にしてください．
　最後にオーディオファンクションを設計する手順について説明しています．

- Chapter 2
　オーディオデバイスクラスが定義する機能ついて解説しています．オーディオファンクションの設計にあたっては目的とする製品の仕様となるようにこれらを組み合わせます．オーディオデバイスクラスのレビジョンによって使用できる機能に差異があるものも多いので使用する際には注意が必要です．音質や回路構成を左右する同期方式，互換性などについても本章を参考に設計します．

- Chapter 3
　オーディオファンクションを実際にデバイスへ実装するために必要なディスクリプタの記述やリクエストの処理について解説しています．オーディオデバイスクラスのレビジョンの違いによる細かな差異についても説明しています．

- Chapter 4
　ベーシックオーディオデバイスディフィニション（BADD）が定義するプロファイルを解説しています．これまであまり採用されることのなかったBADDですが，オーディオデバイスクラス3.0をサポートするデバイスではBADD3.0に必ず対応する必要があります．一貫したユーザエクスペリエンスの提供という観点からも，これからオーディオファンクションを持つUSBデバイスを開発する場合には考慮すべき重要な仕様といえます．

# 参考文献

本書の執筆にあたっては細心の注意をもって USB-IF 発行のドキュメントに沿うようにしていますが，デバイスの設計にあたっては必ず USB-IF 発行のドキュメントを参照してください．

Universal Serial Bus Specification Revision 2.0 April 27, 2000; USB Implementers Forum

Interface Association Descriptors ECN; USB Implementers Forum

Universal Serial Bus 3.1 Specification Revision 1.0 July 26, 2013; USB Implementers Forum

Universal Serial Bus Device Class Definition for Audio Devices Release 1.0 March 18, 1998; USB Implementers Forum

Universal Serial Bus Device Class Definition for Audio Devices Release 2.0 May 31, 2006; USB Implementers Forum

UNIVERSAL SERIAL BUS DEVICE CLASS DEFINITION FOR AUDIO DEVICES Release 3.0 September 22, 2016; USB Implementers Forum

Universal Serial Bus Device Class Definition For Audio Data Formats Release 1.0 March 18, 1998; USB Implementers Forum

Universal Serial Bus Device Class Definition for Audio Data Formats Release 2.0 May 31, 2006; USB Implementers Forum

UNIVERSAL SERIAL BUS DEVICE CLASS DEFINITION FOR AUDIO DATA FORMATS Release 3.0 September 22, 2016; USB Implementers Forum

Universal Serial Bus Device Class Definition for Terminal Types Release 1.0 March 18, 1998; USB Implementers Forum

Universal Serial Bus Device Class Definition for Terminal Types Release 2.0 May 31, 2006; USB Implementers Forum

UNIVERSAL SERIAL BUS DEVICE CLASS DEFINITION FOR TERMINAL TYPES Release 3.0 September 22, 2016; USB Implementers Forum

Universal Serial Bus Device Class Specification for Basic Audio Devices Release 1.0 November 24, 2009; USB Implementers Forum

UNIVERSAL SERIAL BUS DEVICE CLASS DEFINITION FOR BASIC AUDIO FUNCTIONS Release 3.0 September 22, 2016; USB Implementers Forum

Language Identifiers (LANGIDs) Version 1.0 March 29, 2000; USB Implementers Forum

USB 3.1 Specification Language Usage Guidelines from USB-IF; USB Implementers Forum

ハイレゾオーディオ技術読本；安田彰・岡村喜博共著，オーム社

製作！ USB オーディオ DAC；インターフェース 2014 年 10 月号，岡村喜博，CQ 出版社

# 目　次

## Chapter 1　USB 規格とオーディオデバイス

1.1　USB 規格の構成 ……………………………………………………………… 1
1.2　USB 本体の規格 ……………………………………………………………… 4
1.3　データ転送の主体 …………………………………………………………… 5
1.4　データ転送の方式 …………………………………………………………… 6
1.5　オーディオデバイスクラス ………………………………………………… 7
1.6　USB におけるオーディオデータの転送 ………………………………… 10
1.7　デバイスの設計 ……………………………………………………………… 12

## Chapter 2　オーディオデバイスクラス

2.1　互換性 ………………………………………………………………………… 23
　　2.1.1　一貫性のあるユーザーエクスペリエンスを提供するベーシック
　　　　　オーディオデバイスディフィニション ………………………………… 23
　　2.1.2　オーディオデバイスクラス 3.0 の普及を加速する後方互換性 ……… 24
2.2　オーディオインターフェースの関連付け ………………………………… 26
2.3　サンプリングクロックを管理するクロックドメイン …………………… 27
2.4　携帯機器への応用を最適化する新しいパワードメイン ………………… 28
2.5　音質を左右する USB オーディオのクロック同期 ……………………… 28
　　2.5.1　アダプティブ同期 ………………………………………………………… 28
　　2.5.2　アシンクロナス同期 ……………………………………………………… 29
　　2.5.3　シンクロナス同期 ………………………………………………………… 30
2.6　オーディオファンクショントポロジ ……………………………………… 31
　　2.6.1　クラスタ …………………………………………………………………… 33
　　2.6.2　インプットターミナル …………………………………………………… 33
　　2.6.3　アウトプットターミナル ………………………………………………… 34
　　2.6.4　ミキサユニット …………………………………………………………… 34

2.6.5　セレクタユニット　35
　2.6.6　フィーチャーユニット　35
　2.6.7　サンプリング周波数変換器ユニット　36
　2.6.8　イフェクトユニット　36
　2.6.9　プロセッシングユニット　39
　2.6.10　拡張ユニット　41
　2.6.11　クロックエンティティ　42
　2.6.12　インターフェースの関連付け　44
2.7　エンコーダおよびデコーダ　**44**
2.8　コピー制御　**44**
2.9　オーディオファンクションの動作モデル　**45**
　2.9.1　オーディオコントロールインターフェース　45
　2.9.2　オーディオストリーミングインターフェース　46
　2.9.3　クロックモデル　55
　2.9.4　パワードメインモデル　55
　2.9.5　LPM/L1 サポート　56

# Chapter 3　オーディオインターフェースの実装

3.1　ディスクリプタの記述　**57**
　3.1.1　ディスクリプタの基本的な構造　59
　3.1.2　ストリングディスクリプタ　65
　3.1.3　デバイスディスクリプタ　68
　3.1.4　スタンダードコンフィグレーションディスクリプタ　70
　3.1.5　インターフェースアソシエーションディスクリプタ　72
　3.1.6　オーディオクラスタの表現　73
　3.1.7　オーディオコントロールインターフェースディスクリプタ　82
　3.1.8　オーディオコントロールエンドポイントディスクリプタ　122
　3.1.9　オーディオストリーミングインターフェースディスクリプタ　123
　3.1.10　オーディオストリーミングエンドポイントディスクリプタ　135
3.2　リクエストの処理　**141**
　3.2.1　スタンダードリクエスト　142
　3.2.2　クラススペシフィックリクエスト　144
3.3　割り込み　**197**

# Chapter 4　ベーシックオーディオデバイス

- 4.1　BADD3.0の一般要求仕様 …… **202**
- 4.2　消費電力 …… **203**
    - 4.2.1　パワードメイン …… 203
- 4.3　トポロジ …… **203**
    - 4.3.1　BAOFトポロジ …… 203
    - 4.3.2　BAIFトポロジ …… 204
    - 4.3.3　BAIOFトポロジ …… 204
- 4.4　ディスクリプタ …… **205**
    - 4.4.1　インターフェースディスクリプタ …… 205
    - 4.4.2　オーディオコントロールインターフェースディスクリプタ …… 206
    - 4.4.3　オーディオコントロールエンドポイントディスクリプタ …… 222
    - 4.4.4　オーディオストリーミングインターフェースディスクリプタ …… 222
    - 4.4.5　クラスタディスクリプタ …… 228
    - 4.4.6　ストリングディスクリプタ …… 230
- 4.5　リクエスト …… **230**
    - 4.5.1　スタンダードリクエスト …… 230
    - 4.5.2　クラススペシフィックリクエスト …… 230
- 4.6　BADDプロファイル …… **231**
    - 4.6.1　ジェネリック I/O プロファイル …… 232
    - 4.6.2　ヘッドフォンプロファイル …… 233
    - 4.6.3　スピーカプロファイル …… 234
    - 4.6.4　マイクロフォンプロファイル …… 235
    - 4.6.5　ヘッドセットプロファイル …… 236
    - 4.6.6　ヘッドセットアダプタプロファイル …… 237
    - 4.6.7　スピーカフォンプロファイル …… 238

あとがき …… **239**
索　引 …… **240**

*Chapter 1*
# USB 規格とオーディオデバイス

**本章のキーワード**
USB ／オーディオデバイスクラス／ USB3.0 ／データ転送／オーディオファンクション／トポロジ／ディスクリプタ

コンシューマオーディオにおいて，**USB** は S/PDIF と並びディジタルオーディオデータを転送する仕組みとして普及しています．当初，USB はパーソナルコンピュータ（PC）に周辺機器を接続することを想定した規格として策定されましたが，**今日では PC のみならず，さまざまな機器で利用されるようになりました**．特にスマートフォンなどの携帯機器には USB が広く利用されています（物理的な形状は異なるものの **Lightning インターフェース**においても USB の信号を扱うことができます）．このような市場の変化に合わせるように **USB におけるディジタルオーディオの取り扱いを定めたオーディオデバイスクラス**の仕様も変化してきました．バッテリー駆動の携帯機器は低消費電力が求められるとともに薄型化によってアナログ端子を搭載しない製品もあります．このような要求に応えるべく USB を利用したオーディオ製品のプレゼンスはますます高まっています．本章では，USB 規格の構成をたどりながら，USB 本体の規格，データ転送，オーディオデバイスクラスの概要などを解説します．USB についてすでに十分な知識がある場合は，本章は軽く用語の確認程度に読んで，2 章に進んでください．

## 1.1　USB 規格の構成

　まずは USB 規格がどのように構成されているかをみていきましょう．
　USB の規格は
　**物理的・論理的な特徴，デバイスフレームワークなどが定義された規格**
と，
　**デバイスクラスと呼ばれる特定の機能をデバイスへ実装することを規定した規格**
が策定されています（**図 1.1**）．
　これらの規格は 1996 年の USB 1.0 リリース以来現在に至るまで，PC をはじめとする

# Chapter 1 USB規格とオーディオデバイス

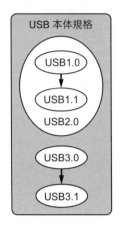

図1.1 USB規格の構成

ディジタルデバイスの変化に合わせるように常に変化してきています（**図1.2**）.

オーディオデバイスクラスの規格書では物理的・論理的な特徴を定めている前者について *"USB Specification"* または *"USB 3.1 Specification"* などとして参照されていますが，本書はUSBオーディオデバイスクラスを特にあつかうので，「USB本体の規格（書）」または「USB3.1本体の規格（書）」と呼びます．また，USB本体の規格書で定義されている内容については必要最小限の範囲で触れました．これらの詳細についてはUSB本体の規格書などを参照してください．

---

**コラム　USB3.1の"3.1"は何を表すのか？**

　USB本体の規格は1.0から2.0までの3つの規格書は *Universal Serial Bus Specification* というタイトルで，それぞれRevision 1.0, Revision 1.1, Revision 2.0とされていました．したがって1.1や2.0はレビジョン番号であるということができました．
　ところがUSB3.0では *Universal Serial Bus 3.0 Specification* というタイトルでRevision 1.0としてリリースされました．USB3.1でも同様に *Universal Serial Bus 3.1 Specification* というタイトルでRevision 1.0としてリリースされました．
　USB3.1がリリースされた後にリリースされたオーディオデバイスクラスの規格書は *UNIVERSAL SERIAL BUS DEVICE CLASS DEFINITION FOR AUDIO DEVICES* というタイトルでRevision 3.0としてリリースされているため，USB規格としてのレビジョン管理方法が変わったというわけではありません．
　USB3.0/3.1はUSB2.0とは独立した規格として位置付けられています．したがってUSB3.1がリリースされた現在もUSB3.1はUSB2.0にとってかわったわけではなく引き続き有効な仕様として存在しています．
　また，デバイスクラスについてもUSB2.0とUSB3.1の両方に適用されます．

1.1 USB 規格の構成

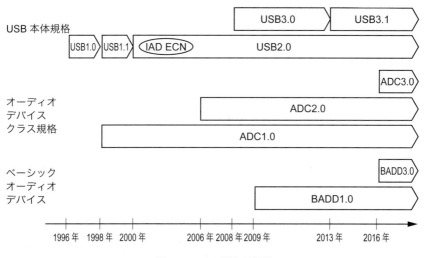

図 1.2 USB 規格の変遷

## コラム 「スーパースピードプラス」と呼ぶのは正しくない？

　*USB 3.1 Specification Language Usage Guidelines from USB-IF* によれば USB3.1 Gen1 と USB3.1 Gen2 という用語を使用して以下のように説明されています．
- USB3.1 Gen1
  信号速度：5Gbps
  マーケティング名称：SuperSpeed USB
  ※ USB3.1 Gen1 と USB3.0 は同義であるとされています．
- USB3.1 Gen2
  信号速度：10Gbps
  マーケティング名称：SuperSpeed USB 10Gbps

　USB の規格書では SuperSpeed Plus, Enhanced SuperSpeed, SuperSpeed+ という単語が使用されていますが，これらはマーケティング上の呼称などの消費者向けの用語ではないと説明されています．したがって『スーパースピードプラス対応製品』などとして製品を紹介するのは正しくないということになります．問題を複雑にしているのは USB3.1 Gen2 準拠のデバイスに使用が認められるロゴには "SUPERSPEED+" と表示されていることです．

　なお，本書では規格書の用語の使用に沿って SuperSpeed Plus などこれらの用語を使用することがあります．

## 1.2 USB本体の規格

　USB本体の規格は1996年にUniversal Serial Bus Implementers Forum（以下USB-IF）によってバージョン1.0（**USB 1.0**）が策定され，1998年にはマイナーチェンジとしてUSB 1.1が策定されました．この時点ではおもにPCに接続される既存の周辺機器を**プラグアンドプレイ**（Plug and Play, PnP）に対応させることを目的としましたが，同時にハードディスクやオーディオデバイスのようなそれまでPC内部に存在していたデバイスを外部に増設できる仕組みも提供されました．また，USBはそれまでの周辺機器を接続するために策定されたほとんどの規格と異なり，ホスト側からデバイスへ電源を供給する仕組みが定められました．このことはUSBの普及に大きく貢献したと考えられています．

　USB 1.0/1.1では，キーボードやマウスなどの比較的低速なデバイスを接続することを想定した規格としてロースピード（Low Speed），ハードディスクやオーディオデバイス，通信機器などを接続することを想定した規格としてのフルスピード（Full Speed）の2種類の速度が規定されていました．

　PCや周辺機器の高速化にともない，2000年にUSB規格はレビジョン2.0（**USB 2.0**）に改訂されました．USB 2.0ではそれまでのロースピード，フルスピードに加えてハイスピード（High Speed）が追加されました．なお，USB 2.0の規格はロースピードおよびフルスピードも含んでいます．ハイスピードをUSB 2.0，ロースピード，フルスピードをUSB 1.1などと表現するのは誤りで，実際USB 2.0規格のロースピード，フルスピードのデバイスは数多く存在します（このことは後述するデバイスディスクリプタの記述から確認できます）．

　2008年には5Gbpsの転送速度をサポートする**USB 3.0**の規格が追加されました．USB 3.0の規格は前述のUSB 1.0/1.1とUSB 2.0の関係とは違い，並列する新規の規格として策定されています．2013年には10Gbpsの転送速度をサポートする**USB 3.1**へと改訂されました．USB 3.1では5Gbpsの転送速度をサポートする場合，Gen 1，10Gbpsの転送速度をサポートする場合をGen 2と呼んでいます．また，これらを総称してGenXと呼んでいます．USBの規格と転送速度，定義されている最新のUSB規格について**表1.1**に示します．

表1.1　USBの規格と転送速度

| 名称 | 速度 | 定義されているUSB規格 |
| --- | --- | --- |
| ロースピード（Low speed） | 1.5Mbps | USB 2.0 |
| フルスピード（Full speed） | 12Mbps | |
| ハイスピード（High speed） | 480Mbps | |

| 名称 | 速度 | 定義されている USB 規格 |
|---|---|---|
| USB 3.1 Gen 1<br>(スーパースピード，Super Speed) | 5 Gbps | USB 3.1 |
| USB 3.1 Gen 2<br>(スーパースピード+，Super Speed+) | 10 Gbps | |

## 1.3 データ転送の主体

USB はその名の通りバストポロジをとり，バス上に複数のノードがつながりますが，バス上にはデータ転送の制御を行う主体（ホスト）が 1 つだけ存在します．

### ホストとデバイス

USB バス上に存在するデータ転送の制御を行う主体を**ホスト**と呼びます．ホスト以外のすべてのノードを**デバイス**と呼びます．

USB 規格が策定された当初はホストに PC が想定されていました．ですが，OTG などの規格が整備されてきたことや USB 規格が策定された当初に比べてマイコンの能力も飛躍的に向上したことから，いまではホスト＝ PC という図式は成り立たなくなっています．

転送の開始はすべてホストからの指示によって行われ，デバイス側から自発的にデータの転送を開始することはできません．

### デバイスとファンクション

前述の通り 1 つのノードに接続される USB 機器はデバイスと呼ばれますが，USB デバイスでは複合的なデバイスを構築することが可能です．例えばオーディオ D-A コンバー

---

**コラム　USB が扱うデータ形式**

USB ではデータをリトルエンディアン (little-endian) で扱います．したがってメモリ上に 0x00, 0x01, 0x02, 0x03 という 4 バイトが展開されている場合，ワードで読み出すと 0x0100, 0x0302 となりダブルワードで読み出すと 0x03020100 となります．ここまでは一般に広く扱われているために特に説明は必要ないでしょう．

ADC1.0 ではサンプリング周波数を 3 バイトで表現します．メモリ上に 0x00, 0x01, 0x02 という 3 バイトが展開されている場合 0x020100 として読み出されます．
おもなサンプリング周波数は以下のように表されます．
  32 kHz (0x007D00)  ⇒ 0x00, 0x7D, 0x00
  44.1 kHz (0x00AC44) ⇒ 0x44, 0xAC, 0x00
  48 kHz (0x00BB80)  ⇒ 0x80, 0xBB, 0x00
  96 kHz (0x017700)  ⇒ 0x00, 0x77, 0x01

ADC2.0 以降ではサンプリング周波数の表現は 4 バイトに変更になったため，このような表現はなくなりました．

タとして販売されているICチップであっても，オーディオD-Aコンバータの機能とHID（Human Interface Device）の機能を1つのチップにもつものが存在します（テキサス・インスツルメンツ社製PCM2706など）．このような応用が可能であるため，USBデバイスの中で，特にオーディオの処理を司る部分を**オーディオファンクション**と表現します．

## IN と OUT

USBの転送は **IN** と **OUT** という表現で方向が表されます．転送の主体はホストですから，USBにおける入力と出力は常にホストを基準にします．したがって，ホストからなんらかのデータをデバイスに転送する場合にはOUTとなり，ホストがなんらかのデータをデバイスから受け取る場合にはINとなります．

本書ではデバイスの観点から説明していますが，入力と出力はこのマナーに従いました．例えばUSB D-Aコンバータではオーディオデバイスが USB OUT を受け取って D-A 変換を行います．USBマイクでは A-D 変換したデータを USB IN へ送ります．

## シンクとソース

ホストから送られてきたデータを消費するエンドポイントを**シンクエンドポイント**と呼びます．オーディオファンクションの場合にはD-A変換を行うエンドポイントなどがこれに相当します．

ホストへデータを送るエンドポイントを**ソースエンドポイント**と呼びます．オーディオファンクションの場合にはA-D変換を行ったデータをホストへ送るためのエンドポイントなどがこれに相当します．

## 1.4 データ転送の方式

データの転送には，コントロール転送，インタラプト転送，バルク転送，アイソクロナス転送の4つの方式が規定されています．オーディオデータの転送ではアイソクロナス転送が用いられます．

### コントロール転送

デバイスの基本的な制御を行うコントロールパイプを形成する転送で，コントロールパイプはすべてのUSBデバイスに必須です．エンドポイント番号としてあらかじめ0が割り当てられています．コントロール転送を行うエンドポイントはデフォルトエンドポイントとも呼ばれます．また，コントロールパイプはデフォルトパイプあるいはデフォルトコントロールパイプとも呼ばれます．

## インタラプト転送

マウスやキーボードなどリアルタイム性を重視するデバイスで使用されています．USBではバスの制御はすべてホスト側が担っています．このため，インタラプトという名称であっても実際にデバイス側から非同期にインタラプト（割込み）がかかるわけではなく，ホストから定期的なポーリングを行うことで実現されています．

1パケットの長さはロースピードで最大8バイト，フルスピードで64バイト，ハイスピード以上で1024バイトと規定されています．

## バルク転送

時間的な保証が一切なく，USBの帯域がある限り使用できる転送です．オーディオなど，常に一定の帯域が必要なデータ転送に使用した場合には，音飛びなどを起こす原因となるので注意が必要です．ハードディスクドライブやプリンタなど，大量のデータを転送するデバイスで使用されています．

バルク転送はロースピードでは使用できず，1パケットの長さはフルスピードで最大64バイト，ハイスピードで512バイト，GenXで1024バイトと規定されています．

## アイソクロナス転送

帯域が保証された低遅延が特徴の方式で，オーディオやビデオのデータ転送などで使用されています．

前述の3つの転送ではハンドシェイクが行われ，外乱などによってデータが化けた場合には再送が行われます．しかし，アイソクロナス転送では帯域が保証され，低遅延であるという特性と引換えに再送は行われません．このため，データ化けが発生するとオーディオデバイスなどではノイズの原因になります．

アイソクロナス転送はロースピードでは使用できず，1パケットの長さはフルスピードで最大1023バイト，ハイスピードまたはGenXで1024バイトと規定されています．

## 1.5 オーディオデバイスクラス

ここまではUSB規格全体の構成とデータの転送方式を見てきました．実際にディジタルオーディオを扱うUSBデバイスを設計する場合には，デバイスクラスである**オーディオデバイスクラス**に準拠する必要があります．オーディオデバイスクラスの仕様書ではオーディオデバイスクラス自身のことをADCと呼んでいますから，本書でもこれに従います．ディジタルオーディオや電子電気系の知識がある方は，ADCと聞くとA-Dコンバー

タを連想されると思いますので注意が必要です．

さて，図1.2に示したように，2016年9月にADC3.0の仕様が発表され，世間の注目を集めました．しかし，いざADC3.0でデジタル機器を設計しようするときには注意が必要です．なぜなら **ADC1.0，2.0，3.0の間で互換性がない** ためです．このため，**ADC1.0，2.0，3.0の3つの仕様は併存しており，現時点でもUSB-IFのサイトからそれぞれダウンロードすることができます**（新しいバージョン/レビジョンに置き換わった仕様については仕様書のダウンロードのためのリンクが削除されるかArchived Documentsへ移されています）．ADC3.0は後方互換性に配慮がされていますが，仕様自体に過去のレビジョンと互換性があるわけではなく，ADC3.0で後方互換性を取るためにはやはりADC1.0，2.0の仕様も実装する必要があります．ここでは概要把握のため，それぞれの規格の特徴を列挙します．詳細は2章で解説します．

## オーディオデバイスクラス1.0の特徴

USB1.1の仕様とともに策定されたオーディオデバイス向けのデバイスクラスです．PCMデータの入出力はもちろん，MPEGやAC-3などの圧縮データのデコードなど，ディジタルオーディオに対する広範囲なサポートが行われています．

Windows 10発売時点においてもなおADC2.0に対応したクラスドライバが用意されていなかったため，現在でも多くのUSBオーディオデバイスがADC1.0に基づく設計となっています．

---

**用語解説　クラスドライバ**

リソースの限られたモバイルデバイスは別として，PCのような汎用ホストでは，デバイスクラスで規定されたデバイスを接続するためのデバイスドライバがあらかじめOSに組み込まれています．これらのデバイスドライバは**クラスドライバ**と呼ばれています．クラスドライバは必ずしも最新の規格のすべての機能を提供しているとは限りませんが，多くの場合クラスドライバを利用することでハードウェアメーカーは独自のデバイスドライバを開発することなくホストに接続させることができます．デバイスクラスに準拠したデバイスのことをクラスコンプライアントなデバイスと呼びます．

---

## オーディオデバイスクラス2.0の特徴

ADC2.0は2006年に策定されました．ADC1.0とのおもな違いは以下の通りです．
- ハイスピード動作モードへの完全対応
- 物理・論理オーディオチャネルクラスタの導入
- チャネル配置において定義を複数追加
- Raw Dataの追加
- インターフェースアソシエーションディスクリプタの使用

- » ADC 1.0 におけるクラススペシフィックな手法に代わって USB 本体の規格書で定義されるインターフェースアソシエーションの仕組みによってオーディオインターフェースコレクションを表現するように変更（クラススペシフィックな方法は非推奨）
- ディスクリプタのアップデート
  - » ディスクリプタの構造が大きく変わったため ADC 1.0 とは全く互換性がとれなくなっています
- オーディオデバイス内部で動的に変化する要因（クロックなど）に対する広範囲にわたった割込みのサポート
- オーディオコントロールの変更
  - » コントロールアトリビュートの変更
  - » ミキサユニットに対するリクエストの変更
  - » コントロールディスクリプタのアップデート
- クロックドメインの導入
  - » サンプリング周波数をオーディオコントロールのレベルで管理
- フィーチャーユニットへオーディオコントロールの追加
- サンプリング周波数を切り替えることを目的としたオルタナティブセッティングの切替えを禁止
  - » サンプリング周波数を設定する場合にはクロックエンティティを使用
- オーディオファンクションがもつ物理ボタンとオーディオコントロールとの関連付け
- イフェクトユニットの導入
- パラメトリックイコライザセクションイフェクトユニットの追加
- リバーブやダイナミックレンジコンプレッサなどのユニットの範囲の見直し
- サンプリングレートコンバータユニットの追加
- エンコーダのサポート

## オーディオデバイスクラス 3.0 の特徴

ADC 3.0 は 2016 年に策定されました．ADC 2.0 とのおもな違いは以下の通りです．

- タイプ I フォーマットへ DSD フォーマットの追加
- ドルビープロセッシングユニットの削除
- エンコーダおよびデコーダのサポートの削除
- ADC レベルでのコピー制御の削除
- タイプ II および拡張タイプ II オーディオデータフォーマットの削除
- パワードメインの導入

- » オーディオファンクションを複数のドメインに分割して電力管理
- マルチファンクションプロセッシングユニットの導入
- タイプ III フォーマットへフォーマットを追加
- クラスタディスクリプタ（Cluster descriptor）の導入
  - » チャネルをより柔軟に表現できるように変更
- 拡張ターミナルディスクリプタ（Extended Terminal descriptor）の導入
- コネクタディスクリプタ（Connectors descriptor）の導入
  - » コネクタのタイプ・色・ストリングの付与などによってユーザインターフェースを強化
- クラススペシフィックディスクリプタのレイアウトを変更
- クラススペシフィックストリングディスクリプタの導入
  - » 256 バイト以上の文字列を扱うことが可能
- ハイケイパビリティディスクリプタ（High Capability descriptor）の導入
- 割込み要因の追加
- コンフィグレーションディスクリプタを複数使用した後方互換性
- LPM/L1 のサポート
- ADC 3.0 準拠デバイスにおける BADD サポートの必須化

## 1.6　USB におけるオーディオデータの転送

前述したように USB において ADC に準拠した形でデータを転送する場合にはアイソクロナス転送を用います．ほかのデバイスとバスを共有するため，オーディオデータはパケットの形でバースト的に転送されることになります．

### サービスインターバルとサービスインターバルパケット

ADC 1.0 が想定するオーディオデータの転送はフルスピードでの転送に限定されていたため，SOF によって作られるフレーム 1 回につきオーディオデータパケットが 1 回送られます．ハイスピードにも対応する ADC 2.0 では仮想フレーム（Virtual Frame，VF）と仮想フレームパケット（Virtual Frame Packet，VFP）という概念を用いてオーディオデータ転送のタイミングを説明しています．ADC 3.0 では USB 3.0 で導入された表記に従い，より普遍的なサービスインターバル（Service Interval，SI）とサービスインターバルパケット（Service Interval Packet，SIP）を用いて説明しています．基本的な考え方は同じであるため，本書では ADC 3.0 で用いられる SI（VF に相当）と SIP（VFP に相当）を用いて説明します．

## 1.6 USBにおけるオーディオデータの転送

前述の通り，オーディオデータはパケットの形でバースト的に転送されます．このことはすなわち，ある一定の時間の間に再生/録音できるだけの量のオーディオデータがバースト的に転送されるということを表しています．この一定の時間を表すものが SI で，その間に転送しなければならないオーディオデータのパケットが SIP ということになります．1つの SI に1つの SIP が転送されます．

SI は以下の式で表されます．

$$SI = BI \cdot 2^{(bInterval-1)}$$

BI はバスインターバルを表し，フルスピードの場合1msec，ハイスピード以上では125μsec となります．bInterval は後述のスタンダード AS アイソクロナスオーディオデータエンドポイントディスクリプタの bInterval フィールドに設定された値です．

ハイスピード以上の転送では1つのパケットを複数のトランザクションに分割して転送することが可能ですが，1つの SIP はこれらすべてのトランザクションを合わせたものになります．

ADC1.0 では bInterval に1以外は設定できないため SI=BI となります．
ADC2.0，3.0 では bInterval に1から16の値を設定できます．
図1.3に SI，SIP，BI の関係を示します．

---

**用語解説　デリミタ**

オーディオデータの転送過程でアイソクロナスパイプを維持したまま一時的に転送を停止したい状況が生じた場合，以下の二通りの方法のいずれかを用います．これをデリミタ (Delimiter) と呼びます．
- **長さ0のパケットを送る**
- **フレーム中に何のパケットを送らない**

デバイス，ホストともに上記のいずれの状況にも対応できるように設計することが求められています．

---

アイソクロナス転送では通常1SI 中に1SIP 転送されますが，データ処理が間に合わなかったなどの理由でデータが用意できなかった場合にはデリミタ（またはトランスファーデリミタ）が用いられます．

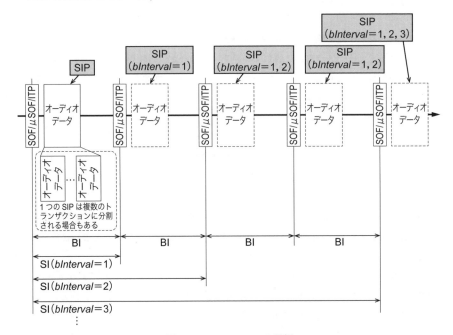

図1.3　SI, SIP, BI の関係

## 1.7　デバイスの設計

　USB デバイスの設計はデータの送受信を行うエンドポイントの設計が中心になります．USB に対応したマイコンなどを使用する場合にはマイコンのハードウェアが持つエンドポイントに割り当てていきます．マイコンによってはエンドポイントの役割が固定されている場合があるので，目的の転送に合ったエンドポイントを選択して実装します．

　必須のエンドポイントであるエンドポイント 0 はディスクリプタの読み出しをはじめとしたデバイスへのリクエストが集中するエンドポイントで，処理は比較的大規模になります．エンドポイント 0 はデフォルトエンドポイントとして USB 本体の規格書で定義されているため，ADC などのクラス仕様書では触れられていません．エンドポイント 0 でやり取りされるデータの論理的な経路をコントロールパイプと呼びます．各ファンクション固有のデータ（オーディオファンクションであればオーディオデータや同期のためのフィードバックデータなど）の転送にはそれぞれ独立したエンドポイントを用意します．

　USB では 1 つのデバイスに複数のファンクションを持つことができるため，このような複数のファンクションを持つデバイスでは各々のファンクションに対応したデバイスクラスを実装することになり，エンドポイント 0 で複数のクラスのリクエストを制御する必

## 1.7 デバイスの設計

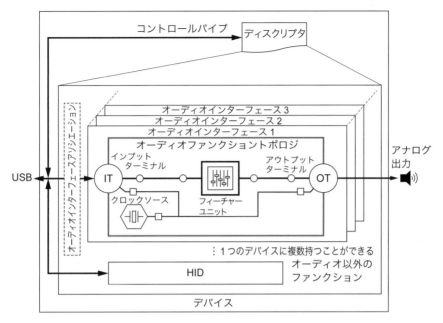

図 1.4 オーディオファンクションを持つデバイスの例

要があります．オーディオの再生を行うデバイスであっても例えば音量調節の操作を行うボタンを持つような場合にはこれらのボタンには HID クラスを使用します．**図 1.4** にオーディオファンクションと HID ファンクションを持つ USB デバイスの例を示します．HUBクラスなど一部のクラスを除けば，ほとんどのクラスはインターフェースレベルで定義されます．オーディオクラスや HID クラスもインターフェースレベルで定義されます．デバイスに実装される個々のオーディオ機能はエンティティ（Entity）と呼ばれ，エンティティをトポロジの形で設計しその構成をディスクリプタ中で表します．ADC では非常に広範囲な領域にわたって様々な機能が定義されているため，ほとんどのオーディオ機能は ADCで定義されている内容でトポロジを設計することができます．ADC ではベンダースペシフィックな定義が可能なため，ADC の範疇で定義できない機能はベンダースペシフィックな機能としてディスクリプタ中で表すことができます．

　これらのファンクションがデバイスにどのように実装されているのかを表すためにディスクリプタが使用されます．ディスクリプタは USB 本体の規格書で定義されているスタンダードディスクリプタと各クラスで定義されているクラススペシフィックディスクリプタがあります．**図 1.5** にディスクリプタの構成例を示します．前述の通りオーディオクラスはインターフェースのレベルで完全に定義されるため，オーディオクラススペシフィッ

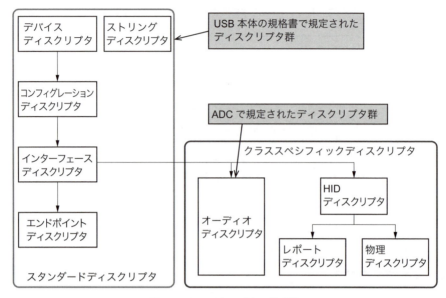

図 1.5　ディスクリプタの構成例

クなディスクリプタはインターフェースディスクリプタ以下に記述されます．動的に変化する可能性のあるパラメータなど（例えばフィーチャーユニットが持つコントロールの設定可能範囲など）を除き，デバイスの構成のほとんどをディスクリプタによってホストに伝えます．ADC 3.0 では動的に変化するディスクリプタが定義されたため，列挙の際に用いられる従来型のリクエストとは別にハイケイパビリティディスクリプタの仕組みも用いられます．ハイケイパビリティディスクリプタ型で定義されるディスクリプタは従来型のディスクリプタから参照されます．

## オーディオファンクションのトポロジ設計

　オーディオファンクションを持つデバイスでは通常，ディジタルオーディオデータの入出力とアナログオーディオの入出力以外にもボリュームコントロールなど様々なコントロールが実装されます．必要な入出力やコントロールなどを ADC に準拠したトポロジとして設計します．トポロジの詳細については 2.6 節 で説明します．

## オーディオファンクションの動作モデル設計

　オーディオファンクションをもつデバイスに限らず，USB デバイスでは複数のコンフィグレーションをとることができ，これらを切り替えることができます．また，1 つのコ

ンフィグレーションは複数のインターフェースをもち，各インターフェースはさらに複数のオルタネイトセッティングによって切り替えることが可能です．これらは，例えばオーディオ入力（録音）やオーディオ出力（再生）であったり，オーディオフォーマット（ビット深度やチャネル数など）の切り替えであったりします．オーディオファンクションはインターフェースのレベルで表されます．インターフェースを設計する場合，インターフェース番号は連続して割り当てる必要があります．

　これらのモデルを目的とするデバイスの仕様に合わせて設計します．オーディオファンクションの動作モデルの詳細については 2.9 節で説明します．

## ディスクリプタの実装

　USB では多くのタイプのディスクリプタが定義されていますが，列挙（バス・エニュメレーション）時に読み出されるディスクリプタで，オーディオファンクションを構成する上で必須のディスクリプタはコンフィグレーションディスクリプタのみです．これら以外にもデバイスディスクリプタなど USB デバイスに必須のディスクリプタがあり，これらも当然実装しなければなりませんが，いずれも USB 本体の規格書で定義されているディスクリプタですのでここでは触れません．

　図 1.6 にコンフィグレーションディスクリプタの構造を示します．図 1.6 には"コンフィグレーションディスクリプタ"と"スタンダードコンフィグレーションディスクリプタ"の 2 つがありますが，本書では断りのない限り単にコンフィグレーションディスクリプタとした場合には wTotalLength で表されるすべてのディスクリプタを指し，最初の 9 バイト分のみを指す場合にはスタンダードコンフィグレーションディスクリプタとします．

　コンフィグレーションディスクリプタは後述の GetDescriptor リクエストによってホストから読み出されますが，インターフェースを構成するすべてのディスクリプタはこの GetDescriptor によってスタンダードコンフィグレーションディスクリプタを先頭として連続して一度に読み出します（スタンダード/クラススペシフィックを問わずインターフェースディスクリプタやエンドポイントディスクリプタなどを個別に読み出すことはできません）．スタンダードコンフィグレーションディスクリプタを単独で読み出す場合には GetDescriptor の読み出し長にスタンダードコンフィグレーションディスクリプタの長さである 9 を設定します．デバイスがホストに接続された時点ではコンフィグレーションディスクリプタの長さが不明なため，ホスト側のソフトウェアはまずスタンダードコンフィグレーションディスクリプタだけを読み出して wTotalLength をもとにメモリの確保などを行い，そのあとで改めて GetDescriptor を使用してコンフィグレーションディスクリプタ全体を読み出すという手順が一般的です．

　ADC 3.0 ではこれら以外に，ハイケイパビリティディスクリプタの仕組みを使用した以

# Chapter 1　USB 規格とオーディオデバイス

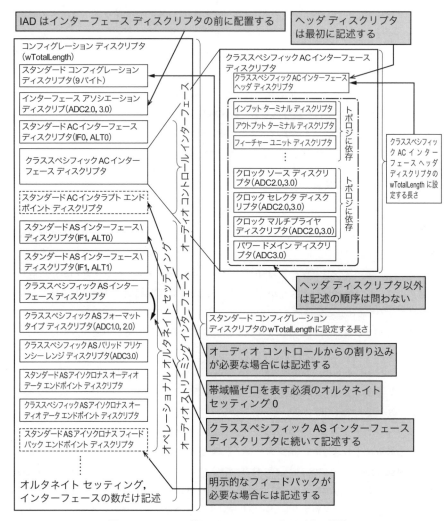

図 1.6　コンフィグレーションディスクリプタの構造

下に示すディスクリプタを必要に応じて用意します．

- **クラスタディスクリプタ**
- **拡張ターミナルディスクリプタ**
- **コネクタディスクリプタ**

また，必須ではありませんが通常はいくつかのストリングディスクリプタも用意します．ADC 1.0，2.0 では USB 本体の規格書で定義されたストリングディスクリプタを使用しま

す．ADC3.0ではこれに加えてクラススペシフィックストリングディスクリプタも使用します．詳細については3.1.2を参照してください．

以下ではコンフィグレーションディスクリプタの概略を見ていきます．詳細は3章で解説します．

① スタンダードコンフィグレーションディスクリプタ

はじめにコンフィグレーションを表す9バイトからなるスタンダードコンフィグレーションディスクリプタを配置します．スタンダードコンフィグレーションディスクリプタはUSB本体の規格書で定義されているものをそのまま使用します．

（詳細は3.1.4を参照）

② インターフェースアソシエーションディスクリプタ

ADC2.0またはADC3.0準拠のインターフェースの場合，インターフェースアソシエーションディスクリプタ（IAD）が続きます．IADの導入によってインターフェースとオーディオファンクションの関連付けが可能になります．この関連付けをオーディオインターフェースアソシエーション（AIA）と呼びます．

（詳細は3.1.5を参照）

③ オーディオコントロールインターフェースディスクリプタ

次に，オーディオコントロールインターフェースを表すオーディオコントロールインターフェースディスクリプタを配置します．クラススペシフィックACインターフェースディスクリプタではこのインターフェースがどのようなトポロジで，各コントロールがどのような操作に対応しているかを表します．オーディオコントロールインターフェースはデフォルトエンドポイント（エンドポイント0）を通して使用されるため，エンドポイントディスクリプタは明示的に記述しません．オーディオコントロールインターフェースディスクリプタにはスタンダードACインターフェースディスクリプタとクラススペシフィックACインターフェースディスクリプタの両方を記述します．スタンダードACインターフェースディスクリプタはUSB本体の規格書で定義されたスタンダード インターフェースディスクリプタを使用します．

（詳細は3.1.7を参照）

④ スタンダードACインタラプトエンドポイントディスクリプタ

前述の通りオーディオコントロールインターフェースエンドポイントにはエンドポイントディスクリプタを明示的には記述しませんが，オーディオコントロールインターフェースからの割り込みが必要な場合には，スタンダードACインタラプトエンドポイントディスクリプタを記述します．スタンダードACインタラプトエンドポイントディスクリプタの記述は任意ですが，ADC2.0からは単純な構造のデバイスを除き実装することが望ましいとされています．

(詳細は 3.1.8（1）を参照）

⑤ スタンダード AS インターフェースディスクリプタ

スタンダード AS インターフェースディスクリプタでは，インターフェース番号とオルタネイトセッティング番号によってオーディオストリーミングインターフェースを表します．オルタネイトセッティング 0 は帯域幅ゼロを表す必須のオルタネイトセッティングとして定義されています．スタンダード AS インターフェースディスクリプタは USB 本体の規格書で定義されたスタンダード インターフェースディスクリプタを使用します．

（詳細は 3.1.9（1）を参照）

⑥ クラススペシフィック AS インターフェースディスクリプタ

クラススペシフィック AS インターフェースディスクリプタはインターフェースが接続しているターミナルやオーディオチャネルなど，インターフェースに関わるオーディオファンクション固有の情報を表すディスクリプタです．ここで表される情報は ADC ごとに異なります．

（詳細は 3.1.9（2）を参照）

⑦ クラススペシフィック AS フォーマットタイプディスクリプタ

クラススペシフィック AS フォーマットタイプディスクリプタは，複数のタイプが定義されています．最も一般的なタイプ I フォーマットではオーディオストリームのオーディオデータフォーマットとしてビット深度などを表します．クラススペシフィック AS フォーマットタイプディスクリプタはクラススペシフィック AS インターフェースディスクリプタに続いて記述します．

ADC3.0 ではクラスタディスクリプタなどを使用するためフォーマットタイプディスクリプタは定義されていません．クラスタディスクリプタはハイケイパビリティディスクリプタのためコンフィグレーションディスクリプタには記述しません．

（詳細は 3.1.9（3）を参照）

⑧ クラススペシフィック AS バリッドフリケンシーレンジディスクリプタ

ADC1.0 ではサンプリング周波数をクラススペシフィック AS フォーマットタイプディスクリプタで表していましたが，ADC3.0 ではクラススペシフィック AS バリッドフリケンシーレンジディスクリプタで表します．

（詳細は 3.1.9（6）を参照）

⑨ スタンダード AS アイソクロナスオーディオデータエンドポイントディスクリプタ

スタンダード AS アイソクロナスオーディオデータエンドポイントディスクリプタはオーディオデータの受け渡しに使用するエンドポイントについてエンドポイントアドレスや最大パケットサイズ，属性などアイソクロナス転送一般に対する詳細情報を表します．構造は USB 本体の規格で定義されているスタンダードエンドポイントディスクリプタと

同一です．

　（詳細は 3.1.10〔1〕を参照）

　⑩　クラススペシフィック AS アイソクロナスオーディオデータエンドポイントディスクリプタ

　クラススペシフィック AS アイソクロナスオーディオデータエンドポイントディスクリプタはオーディオデータの受け渡しに使用するエンドポイントについてオーディオファンクション固有の情報を表します．

　（詳細は 3.1.10〔2〕を参照）

　⑪　スタンダード AS アイソクロナスフィードバックエンドポイントディスクリプタ

　スタンダード AS アイソクロナスフィードバックエンドポイントディスクリプタはオーディオデータの転送においてホストとの間で明示的な同期が必要なエンドポイントの場合に記述しなければなりません．スタンダード AS アイソクロナスフィードバックエンドポイントディスクリプタでは同期のために使用するエンドポイントのエンドポイントアドレスや最大パケットサイズ，属性，ポーリング周期などの詳細情報を表します．明示的な同期のためのエンドポイントを ADC1.0 ではシンクエンドポイントと呼んでいたため，ADC1.0 ではスタンダード AS アイソクロナスシンクエンドポイントディスクリプタと呼びます．ADC2.0 以降ではフィードバックエンドポイントと呼びます．

　構造は USB 本体の規格で定義されているスタンダードエンドポイントディスクリプタと同一です．

　（詳細は 3.1.10〔3〕を参照）

## リクエスト処理の実装

　ホストから送られてくるリクエストはコントロールパイプを通して受け取ります．デバイスが実装する様々な部分に対するリクエストが集まります．コントロールパイプの処理を実装する場合には宛先を適切に判断して処理しなければなりません．この処理はソフトウェアで処理する場合でもハードウェアで処理する場合でも大きな分岐処理（switch 文など）になりがちな部分です．

　コントロール転送は USB 本体の規格書で定義されている通り

　（1）セットアップ

　（2）データ

　（3）ステータス

の3つのステージで構成されます．転送によってはデータステージがない場合もあります．

　コントロールパイプに対するリクエストは USB 本体の規格で定められた通りに処理をしますので，詳細については USB 本体の規格書を参照してください．

セットアップステージでは，アドレスが自身に割り当てられたものであるかどうかを調べ，自デバイスである場合にはエンドポイントアドレスによって宛先のエンドポイントを判断します．

データステージではbmRequestTypeとbRequestによって宛先を判断します．

オーディオデバイスクラス固有のリクエストは該当するエンドポイントのインターフェースまたはエンドポイントに宛てて送られます．オーディオデバイスクラス固有のリクエスト処理についての詳細は3.2節を参照してください．

## オーディオデータの処理

アイソクロナス転送方式によるオーディオデータの転送は前述したように一定の時間に再生または録音されるオーディオデータをパケットとしてバースト的に転送します．アイソクロナス転送方式では1つのサービスインターバルの間に必ずその時間の間に再生または録音されるオーディオデータは転送されますが，サービスインターバルの間のいつオーディオデータが転送されるかは決まっていません．サービスインターバルの最初のほうで転送されていても突然サービスインターバルの最後のほうで転送される可能性もあります．このようなことから，データを受け取る側では少なくとも1サービスインターバル分のデータはバッファにためておく必要があります．したがって，少なくとも1サービスインターバル分の遅延が発生することになります．このことからサービスインターバルの時間が短い（bIntervalの値が小さい）ほうが遅延は小さくなり，また用意するバッファも少なくなります．一方，サービスインターバルの時間が短いとパケットの送信/受信回数が増えるため，消費電力は大きくなります．これらの事情を考慮して，設計するデバイスの目的（携帯機器向けに低消費電力が要求されるヘッドセットなのかハイパフォーマンスが要求される機器なのかなど）を考慮して適切に選択します．**図1.6**にbInterval=1の場合のオーディオ出力のタイミングの例を示します．

ホストとオーディオファンクションとの間で送受信されるオーディオデータはスタンダードASアイソクロナスエンドポイントを通して扱われます．スタンダードASアイソクロナスエンドポイントはスタンダードASアイソクロナスオーディオデータエンドポイントディスクリプタによって定義されます．前述のbIntervalの値もスタンダードASアイソクロナスオーディオデータエンドポイントディスクリプタで設定します．スタンダードASアイソクロナスオーディオデータエンドポイントディスクリプタの詳細は3.1.10〔1〕を参照してください．

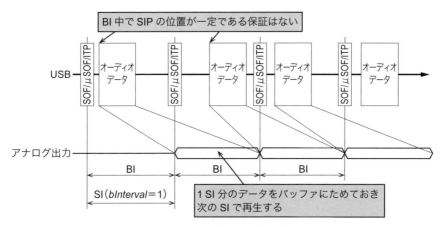

図1.6 オーディオ出力の例

## その他のファンクションの実装

　前述の通りUSBデバイスでは1つのデバイスに複数のファンクションを持たせて複合デバイスとして設計することができます．オーディオファンクションと同時に実装されることの多いファンクションとしてはHID（Human Interface Device）ファンクションなどがあります．これ以外にもマスストレージクラスなど製品の仕様によって様々なファンクションを組み合わせることが可能です．

　このように複数のファンクションを実装する場合には，それぞれのクラスに応じてプロトコルを実装しなければなりません．例えばデフォルトのパイプであるコントロールパイプではこれらの複数のクラスに対するリクエストが1つのエンドポイント（エンドポイント0）に対して送られることになるため，リクエストの宛先に応じて適切に処理しなければなりません．

Chapter 2
# オーディオデバイスクラス

**本章のキーワード**

オーディオデバイスクラス／BADD／後方互換性／AIA／クロックドメイン／パワードメイン／同期方式

　1章で述べた通り，オーディオデバイスクラス（ADC）には1.0，2.0，3.0の3種類のレビジョンが存在し，かつ現時点ではいずれのレビジョンも併存しています．ADC3.0では特に後方互換性に配慮されていますが，仕様自体に過去のレビジョンと互換性があるわけではなく，ADC3.0で後方互換性を取るためにはやはりADC1.0やADC2.0の仕様を実装する必要があります．

　以上のような観点から本書ではそれぞれの項目においてレビジョンごとの違いも含めて説明します．

## 2.1　互換性

　ADCに準拠したインターフェースを持つデバイスは他のクラスに比べて複雑になる傾向があります．このことはホスト側のドライバのサポート範囲を限定させたりデバイス側のリソースを増大させるなど，互換性を確保する上での障害となる場合があります．ADCでは互換性への配慮として，ベーシックオーディオデバイスディフィニションやインターフェースアソシエーションの仕組みを活用した後方互換性への配慮がなされています．

### 2.1.1　一貫性のあるユーザーエクスペリエンスを提供するベーシックオーディオデバイスディフィニション

　ベーシックオーディオデバイスディフィニション（Basic Audio Device Definition, BADD）はADC本体の規格とは別のドキュメントとして UNIVERSAL SERIAL BUS DEVICE CLASS DEFINITION FOR BASIC AUDIO FUNCTIONS という名称でBADD1.0とBADD3.0が策定されています．BADD3.0はADC3.0と同時にリリースされています．BADDはADCとは独立したドキュメントとして提供されていますが，独立した新し

いUSBオーディオの規格ではなく，ADCのサブセットとして定義されています．

BADDはオーディオデバイスとホストとの間に**高い互換性を提供する**目的で定義されています．前述の通り，BADDはADCのサブセットであることからBADDはADCに完全に準拠します．

オーディオクラスに準拠したインターフェースを持つデバイスは他の種類のデバイスに比較して複雑になりがちですが，BADDによってホスト側の負担を軽減することができます．BADD準拠のデバイスは，リソースの限られた携帯機器のようなデバイスがホストの場合には有効に機能することが期待できます．またホストだけではなくシンプルなヘッドセットなど，USB部分はできるだけ安価に提供したいような場合にも有効に機能することが期待できます．

BADD3.0はプロファイルと呼ばれる固定的に定義された オーディオファンクションをいくつか定義しています．BADD3.0のプロファイルは固定的に定義されているために，ホストはプロファイルIDを取得することでその挙動のすべてを認識することができます．したがって，**BADDを表す場合にはクラススペシフィックディスクリプタはデバイスのコンフィグレーションディスクリプタには記述しません**（禁止）．

このように，BADD3.0に対応することで最低限の動作を保証し，一貫性のあるユーザーエクスペリエンスを提供することを目指しています．

ADC3.0の仕様書では**ADC3.0に対応するすべてのホストはBADD3.0をサポートすることを強く推奨しています**．また，ADC3.0のインターフェースアソシエーションの規定により**すべてのADC3.0準拠のオーディオインターフェースを持つデバイスはBADD3.0をサポートすることになります**．

BADDについてはChapter 4で詳しく説明します．

## 2.1.2　オーディオデバイスクラス3.0の普及を加速する後方互換性

ADC3.0自体は以前のバージョン（ADC1.0，ADC2.0）とは互換性を持ちません．しかしながら，ADC3.0では以下に述べる**3つの条件に従うことを必須とする**ことで，**ADC1.0やADC2.0，ADC3.0のいずれに準拠したホストに対しても接続性を確保します**．

1) 最初のコンフィグレーションディスクリプタ（インデックス0）はADC1.0またはADC2.0に準拠したオーディオインターフェースアソシエーション（以下AIA，後述）とします．これによりホスト側が最初のコンフィグレーションディスクリプタを選択することでADC1.0またはADC2.0に準拠したオーディオデバイスとして扱うことができます．

2) 少なくとも1つのオーディオストリーミングインターフェースを持つオーディオファンクションの場合，BADD3.0準拠のAIAを別途用意します．ただし，この

BADD は他のコンフィグレーションディスクリプタに重複することができます．この仕様によって ADC3.0 準拠で BADD3.0 をサポートするホストとの接続性を保証します．この動作モードを有効にするためには，ホストは BADD3.0 準拠の AIA のデバイスコンフィグレーションを選択する必要があります．

3) デバイスには 1 つ以上の ADC3.0 準拠の AIA を持つ 1 つ以上のコンフィグレーションを持たせます．これにより，BADD3.0 で定義されている以上の機能をオーディオファンクションは提供することができます．この動作モードを有効にするためには，ホストは目的とする AIA を持つコンフィグレーションを明示的に選択する必要があります．

1) に示した通り，**ADC3.0 に準拠するインターフェースを持つデバイスでは必ず ADC1.0 または ADC2.0 との互換性を持つことになります．**

---

**コラム 卵が先か鶏が先か**

筆者が Burr-Brown で PCM2702 や PCM2900 などの製品を設計していた当時は USB の認証を取得するためには，米国で行われる USB コンプライアンステスト（プラグフェスタ）に参加することが唯一の選択肢で，筆者もできたばかりのチップを持ち込んでテストを受けていました．この当時はマイクロソフト社をはじめとした OS メーカーもほぼ毎回プラグフェスタに参加していました．当時，最新のデバイスに対応したドライバが OS 側に用意されないためにデバイスの普及が進まない状況について OS メーカーのエンジニア達と話をしたことがあります．ある社では，ドライバを同梱する場合少なくとも 2 つ以上のハードウェアで動作確認が取れる必要があると話していました．彼らにとってみればハードウェアがなければテストのしようもなく，テストなしで出荷などできないわけです．ところが，デバイスメーカーも同じ問題を抱えています．ホスト側のソフトウェアが整備されていなければ開発のハードルは高くなってしまいます．ADC2.0 は仕様が策定されてから実に 10 年以上にわたって Windows ではサポートされて来ませんでした．USB オーディオデバイスの最大の接続先であった Windows がサポートして来なかったことにより，デバイスメーカーが ADC2.0 準拠のデバイスをなかなか市場に投入することができないという状態でした．

ADC3.0 では本文で紹介した通り後方互換性について配慮がなされており，ADC1.0 や ADC2.0 のデバイスとして振る舞うことが可能な ADC3.0 ネイティブなデバイスを作ることができるため，スムーズな移行が期待されています．

---

後述の通り，AIA で使用される IAD は USB2.0 の ECN として導入されており，ADC1.0 には含まれていません．このため，仕様に含まれていない AIA を使用して ADC1.0 と後方互換性を確保することは疑問に思えるかもしれません．しかしながら，IAD 自体はスタンダード USB ディスクリプタ（ADC とは独立した USB 本体の規格で定義されているディスクリプタ）であるため，ホスト側のソフトウェアが適切に ECN を実装していれば AIA を持つデバイスもまた適切に認識可能であると考えられます．Windows の場合，Windows XP Service Pack 2 以降で IAD がサポートされています．また ECN によ

れば，IADをサポートしていないOSではディスクリプタは無視されるとされています．

## 2.2 オーディオインターフェースの関連付け

USBオーディオデバイスのファンクションはインターフェースレベルで完全に定義されます．ADC1.0ではインターフェースを関連付ける仕組みはありません．このため，インターフェースとファンクションは常に1対1で対応しています．複数あるオーディオインターフェースを関連付ける仕組みとしてインターフェースアソシエーションディスクリプタ（以下 IAD）がUSB2.0本体の規格のECNとして導入されました（*Interface Association Descriptor Engineering Change Notice to the USB 2.0 specification*）．ADC2.0以降ではこのIADの仕組みを使用してオーディオインターフェースを関連付けます．ADC2.0ではオーディオインターフェースコレクション（Audio Interface Collection, AIC），ADC3.0ではオーディオインターフェースアソシエーション（Audio Interface Association, AIA）と呼ばれていますが，本書ではAIAを使用して説明します．

IADはUSB本体の規格として定義されるディスクリプタのためADCではスタンダードインターフェースアソシエーションディスクリプタ として参照され，その使用方法について ADCで定義されています．

オーディオファンクションは1つ以上のここで述べるAIAを持ちます．1つのAIAは異なるレベルの仕様に対応することができます（1つのAIAがADC2.0に対応し，もう一つのAIAがADC3.0に対応するなど）．各AIAは1つのオーディオコントロールのインターフェースを持ち，0以上のオーディオストリーミングのインターフェースを持つことができます（**図2.1**）．

IADの仕様ではデバイスディスクリプタ中にマルチ−インターフェースファンクションデバイスクラスコードを使用することを強く推奨しています．

IADを実装するデバイスではデバイスディスクリプタのオフセット4から6には以下の値を設定します．

**bDeviceClass** 0xEF（Miscellaneous Device Class）

**bDeviceSubClass** 0x02（Common Class）

**bDeviceProtocol** 0x01（Interface Association Descriptor）

その他，ディスクリプタの詳細についてはChapter 3を参照してください．

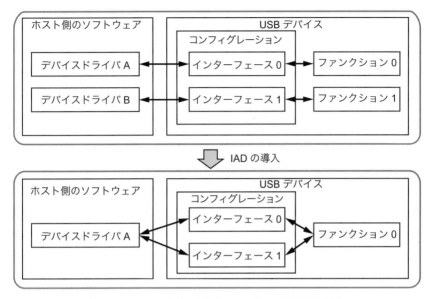

図2.1　IADの導入によるインターフェースの関連付け

## 2.3　サンプリングクロックを管理するクロックドメイン

　クロックドメインはADC2.0から導入された概念です．クロックドメインは1つのマスタクロックから供給されるサンプリングクロックのゾーンを表します．したがってクロックドメイン内のすべてのサンプリングクロックは同期しており，タイミング関係も一定です．1つのオーディオファンクションに複数のクロックドメインを持つことが可能です．
　クロックドメインが導入されたことにより，オルタネイトセッティングの切り替えによってサンプリング周波数を切り替えることはADC2.0以降のデバイスでは禁止されました．オルタネイトセッティングの切り替えによってサンプリング周波数を切り替える手法はオーディオフォーマット（サンプリング周波数，ビット深度，チャネル数など）を一意に決定することができデバイス側にとっては扱いやすい方法である反面，サポートするオーディオフォーマットの数に比例してディスクリプタが非常に長くなるという欠点がありました．

## 2.4 携帯機器への応用を最適化する新しいパワードメイン

　パワードメインは ADC3.0 から導入された概念です．パワードメインはオーディオファンクション内を特定の機能がまとまったドメインに分割し，そのドメイン単位でホストが低消費電力モードに移行させることができます．複数のパワードメインに分割することで**効果的に消費電力を抑えることが可能になります**．

　例えばヘッドセットをスマートフォンに接続するような場合が考えられます．ヘッドセットを使用してスマートフォンで音楽を聴いている状態ではマイクは使用しません．このとき，ホストはマイクに関連するパワードメインを低消費電力モードに移行させる指示をデバイスに出すことで消費電力を抑えることができます．もし，音楽を聴いている間に着信があったような場合にはマイクのパワードメインを使用可能状態にします．

## 2.5 音質を左右する USB オーディオのクロック同期

　USB ではオーディオクロックが伝送されません．このことはデータを転送する物理的な仕組みを簡単にしていますが，ホストとデバイスの間での同期を取ることを困難にしています．USB では，アイソクロナス転送のクロックを同期する方法としてアダプティブ同期，アシンクロナス同期，シンクロナス同期の 3 つの同期方式を定義しています．これらの同期方式には以下のような特徴があります．

### 2.5.1 アダプティブ同期

　図 2.2 はアダプティブ同期方式の実装例です．ホストから送られてきたデータ量に追従してデバイス側でオーディオクロックを生成します．この方式ではホストから送られてきたデータ量が暗黙のビットレートとして使用されます．ホスト側のクロックに同期したクロックを生成するために PLL などを使用したクロック同期回路が必要です．クロック同期回路は通常，ホスト側のクロックを推定する回路と PLL などを必要とし，回路が複雑になる傾向があります．

　この同期方式では，クロック品質は同期のアルゴリズムや PLL の性能に依存します．高品質のクロックを作るためには回路規模も大きくなります．反面，ホスト側はオーディオデータを一方的に送るだけでよいため，ホスト側に複数のマスタクロックがある場合に扱いやすいという特徴を持ちます．このことは，例えばビデオコンテンツのように映像と音声を同期させて再生する必要がある場合にホスト側にとって都合のよい方式と言えます．

　BADD ではアダプティブ同期方式は使用できません．

アダプティブ同期方式で，離散的なクロックのみを扱う場合には，そのエンドポイントのサンプリングクロックは少なくとも ±1,000ppm の精度を持つこととされています．

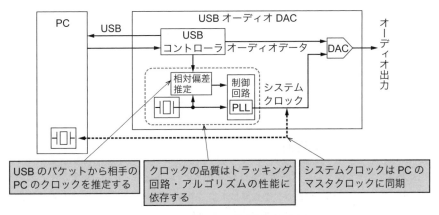

図2.2 アダプティブ同期方式の例

## 2.5.2 アシンクロナス同期

アシンクロナス同期方式では，デバイス側のクロックレートを明示的にホストに伝えることでホストから送られてくるデータ量を調節します．このようにフロー制御を行うことでデバイス側のタイミングでオーディオデータを再生することができます．

図2.3はアシンクロナス同期方式の実装例です．この図に示したように DAC のシステムクロックはデバイス側に実装された水晶から作られたクロックを直接使用することができます．このため，クロックを同期させる回路が不要です．この方式は，DAC をデバイス側の水晶の精度で駆動することができるため，ジッタの性能では非常に有利になります．反面，ホスト側はデバイス側の再生速度に合わせてオーディオデータの量を調節する必要があります．ホスト側に複数のマスタクロックがある場合にはサンプリングレートを調整する必要がでてきます．例えば DVD など映像と音声を同期させて再生する場合，映像と音声のどちらにもマスタクロックが存在することになります．

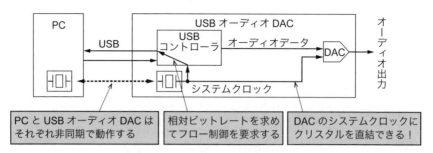

図 2.3　アシンクロナス同期方式の例

### 2.5.3　シンクロナス同期

図 2.4 に示すシンクロナス同期方式はバスインターバルをホスト側の基準のタイミングに使用してデバイス側でクロックを生成します．ホスト側のクロックにデバイスが追従する点でアダプティブ同期方式とほぼ同じ方式になります．オーディオ製品ではこれまでほとんど使用された例はありませんでした．ただし，BADD のプロファイルでは同期にアシンクロナス同期方式かシンクロナス同期方式のいずれかを使用することになるため，今後アダプティブ同期方式の代わりに使用される可能性があります．

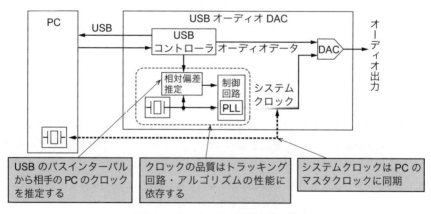

図 2.4　シンクロナス同期方式の例

## 2.6 オーディオファンクショントポロジ

オーディオファンクションに実装された各種機能は**ユニット**（Unit）と**ターミナル**（Terminal）の 2 種類で表現します．また，ADC2.0 からは前述の 2 種類に加えて**クロックエンティティ**（Clock Entity）が追加されました．**クロックエンティティ**はクロックエンティティディスクリプタ（CED）によって列挙されます．

これらはオーディオコントロールインターフェースとして定義され，クラススペシフィック AC インターフェースディスクリプタの中にそれぞれ独立したディスクリプタとして列挙されます．

〈ユニット〉

ADC1.0 では以下の 5 つのユニットが定義されています．

- ミキサユニット（Mixer Unit，MU）
- セレクタユニット（Selector Unit，SU）
- フィーチャーユニット（Feature Unit，FU）
- プロセッシングユニット（Processing Unit，PU）
- 拡張ユニット（Extension Unit，XU）

ADC2.0 では以下のユニットが追加されました．

- サンプリング周波数変換ユニット（Sampling Rate Converter Unit，RU）
- イフェクトユニット（Effect Unit，EU）

〈ターミナル〉

ターミナルには ADC1.0 当初より以下の 2 つが定義されています．

- インプットターミナル（Input Terminal，IT）
- アウトプットターミナル（Output Terminal，OT）

〈クロックエンティティ〉

ADC2.0 よりクロックエンティティとして以下の 3 つが定義されています．

- クロックソース（Clock Source，CS）
- クロックセレクタ（Clock Selector，CX）
- クロックマルチプライヤ（Clock Multiplier，CM）

〈コントロール〉

ユニットやターミナルなどのエンティティはその機能を制御するためのコントロールインターフェースを持ちます．コントロールは 1 つのエンティティに複数持つことができます．例えば，オーディオファンクションを持つデバイスでは多くの場合フィーチャーユニットを持ちますが，1 つのフィーチャーユニットにミュートの制御のためのミュート

コントロールとボリュームを制御するボリュームコントロールを同時に持つことができます．このような場合，ミュートコントロールとボリュームコントロールをもつことがディスクリプタに列挙され，ミュートコントロールインターフェースやボリュームコントロールインターフェースを通してこれらのコントロールを操作します．

図2.5に簡単なUSB D-Aコンバータのオーディオファンクショントポロジの例を示します．ID#で示されるように各々番号を割り振ります．番号はオーディオファンクションの中でユニークな番号になるように任意の値をデバイス設計者が決定します．ADC1.0ではクロックエンティティの概念がないため図2.5のID#4から7までのクロックエンティティはありません．ADC1.0ではサンプリング周波数をオーディオストリーミングインターフェースで定義し，エンドポイントに対してサンプリング周波数の変更のリクエストを送ります．

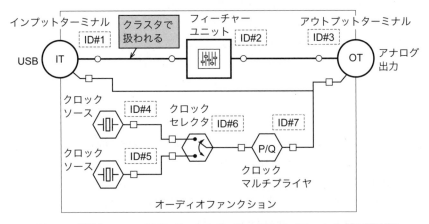

図2.5 簡単なUSB D-Aコンバータのオーディオファンクショントポロジの例

ID#1はインプットターミナルを示します．番号1のインプットターミナルはIT 1と表現します（以下同様）．インプットターミナルはUSB OUTエンドポイントを表します．ホストから送られるディジタルオーディオストリームを受け取ります．

ID#2はフィーチャーユニットを示します（FU 2）．フィーチャーユニットは音量調節や音質調節などの機能を表します．

ID#3はアウトプットターミナルを示します（OT 3）．アナログ出力に接続する出力ポートを表します．ヘッドフォン出力であればヘッドフォンジャックなどになります．

ID#4とID#5はクロックソースを示します（CS 4，CS 5）．デバイスが持つクロック源になります．例えばCS 4は96 kHz，CS 5は44.1 kHzに対応するクロックを供給します．

ID#6はクロックセレクタを示します（CS 6）．ここではCS 4とCS 5をホストからの

要求に応じて切り替えます.

ID#7 はクロックマルチプライヤを示します（CM 7）．ここでは CS 6 で選択されたクロックを所望のクロックに逓倍または分周します．例えば CS 4 が 96 kHz に対応するクロックを供給するデバイスで 48 kHz の音源を再生する場合，CM 7 は入力されたクロックを 2 分の 1 に分周します．

USB では，入力（IN）と出力（OUT）は常にホストから見た方向で決定されると Chapter 1 で説明しましたが，オーディオファンクショントポロジではトポロジ内へデータが入ってくるターミナルはインプットターミナル（IT）で，トポロジからデータが出ていくターミナルはアウトプットターミナル（OT）となります．

## 2.6.1 クラスタ

ADC ではオーディオのチャネルをグループ化したものをクラスタと呼びます．オーディオファンクション内部ではターミナルやユニットの間で受け渡されるオーディオデータは完全に抽象化されて扱われます．クラスタにまとめられた各オーディオチャネルは論理的なチャネルとして扱われ，物理的な情報（ビット深度など）はオーディオコントロールインターフェースを通して意味を持たなくなります．

クラスタの内部のチャネルは 1 から始まる番号で表されます．マスターチャネルとしてチャネル番号 0 が必要に応じて割り当てられます．マスターチャネルは個別のチャネルとは独立した扱いになり，マスターチャネルへの操作は個別のチャネルの状態には影響しません．1 つのクラスタが持てるチャネルは最大 255 チャネルまでです．

クラスタの構成を表すためにクラスタディスクリプタ（CD）が用いられます．

## 2.6.2 インプットターミナル

インプットターミナル（IT）はオーディオファンクション内部のユニットと外部の間の受け渡しをする役割を担います．ホストからパケットの形で送られてきたデータはインプットターミナルで論理チャネルにデコードされ，内部のユニットで扱えるようにクラスタになります．インプットターミナルはまた，A-D 変換の際のアナログ入力を表す場合にも使用されます．

ADC 2.0 でインプットターミナルにはクロック入力が追加されました．インプットターミナルディスクリプタによってどのクロックエンティティに接続されるかを示します．ADC 1.0 ではクロックエンティティが定義されていないため，クロックピンは使用されません（以下同様）．

図 2.6 にインプットターミナルのアイコンを示します．アイコンはオーディオファンクショントポロジでユニットやターミナルを表す際に使用されます（以下同様）．

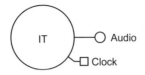

図 2.6　インプットターミナルのアイコン

### 2.6.3　アウトプットターミナル

アウトプットターミナル（OT）もまたオーディオファンクション内部のユニットと外部の間の受け渡しをする役割を担います．アウトプットターミナルはインプットターミナルとは逆にホストへパケットとして送り出せるようにクラスタの論理チャネルのデータをエンコードします．また，アウトプットターミナルは D-A 変換されたアナログ出力を表す場合にも使用されます．

インプットターミナル同様，アウトプットターミナルにもまた ADC2.0 でクロック入力が追加されました．アウトプットターミナルディスクリプタによってどのクロックエンティティに接続されるかを示します．

図 2.7 にアウトプットターミナルのアイコンを示します．

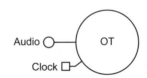

図 2.7　アウトプットターミナルのアイコン

### 2.6.4　ミキサユニット

ミキサユニット（MU）は複数の入力ソースをミキシングして出力する機能を表します．ミキサユニットのデバイスへの実装は様々なケースがあり，固定的に機能が実装される場合もあればプログラマブルなユニットとして実装される場合もあります．

図 2.8 にミキサユニットのアイコンを示します．

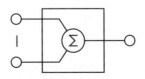

図 2.8　ミキサユニットのアイコン

## 2.6.5 セレクタユニット

セレクタユニット（SU）は複数の入力ソースから一つを選択して出力します．
図 2.9 にセレクタユニットのアイコンを示します．

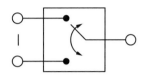

図 2.9　セレクタユニットのアイコン

## 2.6.6 フィーチャーユニット

フィーチャーユニット（FU）は入力ソースに対して様々な処理を行います．フィーチャーユニットで処理される内容は ADC 1.0 では以下の 8 つが定義されています．
- ボリューム
- ミュート
- トーンコントロール（Bass, Mid, Treble）
- グラフィックイコライザ
- オートマチックゲインコントロール（AGC）
- ディレイ
- バスブースト
- ラウドネス

ADC 2.0 では上記に加えて以下の 3 つが追加されました．
- インプットゲイン
- インプットゲインパッド
- 位相反転

ADC 3.0 で追加された機能はありません．
図 2.10 にフィーチャーユニットのアイコンを示します．

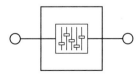

図 2.10　フィーチャーユニットのアイコン

## 2.6.7 サンプリング周波数変換器ユニット

サンプリング周波数変換器（Sampling Rate Converter, SRC）ユニット（RU）は ADC 2.0 で導入されました．サンプリング周波数変換器ユニットはオーディオファンクション内部の2つの異なるサンプリング周波数のクロックドメイン間でオーディオデータを受け渡すための変換をします．サンプリング周波数変換は入力されたオーディオデータを1対1で送り出すため，通常はトポロジ内にユニットが明示的に配置される必要はありません．サンプリング周波数変換器ユニットがトポロジ内に明示的に配置されるおもな理由は，サンプリング周波数変換器は一般に遅延を発生させるため，正確な遅延情報をホストに伝えるためです．

図 2.11 にサンプリング周波数変換器ユニットのアイコンを示します．入力側の Clock 1 のタイミングで送られてきたオーディオデータを Clock 2 のタイミングになるように変換します．

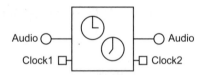

図 2.11　サンプリング周波数変換器ユニットのアイコン

## 2.6.8 イフェクトユニット

イフェクトユニット（EU）の概念は ADC 2.0 で導入されました．ADC 1.0 ではここで説明するリバーブレーションユニットとダイナミックレンジ圧縮ユニットはプロセッシングユニットとして定義されています．

イフェクトユニットは複数のパラメータを使って各論理チャネルのオーディオデータに対する処理を行います．

イフェクトユニットには以下の4種類が定義されています．
- パラメトリックイコライザセクション
- リバーブレーション
- モジュレーションディレイ
- ダイナミックレンジ圧縮（DRC）

〔1〕パラメトリックイコライザセクション

パラメトリックイコライザセクション（PEQS）イフェクトユニットは，ある特定の周波数を中心に周波数特性を変化させます．

## 2.6 オーディオファンクショントポロジ

パラメトリックイコライザセクションイフェクトユニットでは以下のパラメータを指定できます．
- 中心周波数
- Qファクタ
- ゲイン

図2.12にパラメトリックイコライザセクションイフェクトユニットのアイコンを示します．

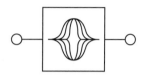

図2.12　パラメトリックイコライザセクションイフェクトユニットのアイコン

### (2) リバーブレーション

リバーブレーション（Reverberation）イフェクトユニットは，オーディオデータに対して残響効果を与えます．ADC 1.0ではプロセッシングユニットとして定義されています．

リバーブレーションイフェクトユニットでは以下のパラメータを指定できます．
- リバーブタイプ
- レベル
- タイム
- フィードバック
- プリディレイ
- デンシティ
- 高域ロールオフ

図2.13にリバーブレーションイフェクトユニットのアイコンを示します．

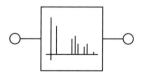

図2.13　リバーブレーションイフェクトユニットのアイコン

## (3) モジュレーションディレイ

モジュレーションディレイ（Modulation Delay）イフェクトユニットは，オーディオデータに対してモジュレーション（揺らし）効果を与えます．

モジュレーションディレイイフェクトユニットでは以下のパラメータを指定できます．

- バランス
- レート
- 深度
- タイム
- フィードバック

図2.14にモジュレーションディレイイフェクトユニットのアイコンを示します．

図2.14　モジュレーションディレイイフェクトユニットのアイコン

## (4) ダイナミックレンジ圧縮

ダイナミックレンジ圧縮（Dynamic Range Compressor）イフェクトユニットは，与えられたパラメータに基づいてオーディオデータのダイナミックレンジを圧縮します．ADC1.0ではプロセッシングユニットとして定義されています．

ダイナミックレンジ圧縮プロセッシングユニットでは以下のパラメータを指定できます．

- 圧縮比
- 最大振幅
- 閾値
- アタックタイム
- リリースタイム
- メイクアップゲイン

図2.15にダイナミックレンジ圧縮イフェクトユニットのアイコンを示します．

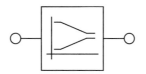

図2.15 ダイナミックレンジ圧縮イフェクトユニットのアイコン

## 2.6.9 プロセッシングユニット

プロセッシングユニット（Processing Unit, PU）は，以下に示す様々な変換アルゴリズムをもつユニットの総称です．ADC2.0まではプロセッシングユニットの機能は各ユニットをディセーブルにすることで無効化可能でしたが，ADC3.0ではセレクタユニットを使用した明示的な迂回経路を用意する必要があります．前述の通り，ADC1.0ではリバーブレーションユニットとダイナミックレンジ圧縮ユニットはプロセッシングユニットで定義されているため，ここでは説明していません．

### (1) アップ/ダウン-ミックスプロセッシングユニット

アップ/ダウン-ミックスプロセッシングユニット（Up/Down-mix Processing Unit）は$n$個のチャネルの入力を$m$個のチャネルの出力に変換するためのユニットです．変換の仕組みについてはADCでは規定されておらず，実装方法は各ベンダーに委ねられています．

アップ/ダウン-ミックスプロセッシングユニットは様々な役割を持たせることができます．例えばドルビー™ AC-3 5.1チャネルの圧縮ストリームを受け取れるデバイスの場合，アップ/ダウン-ミックスプロセッシングユニットはエンコードされた圧縮ストリームを6つのチャネルに変換します．あるいは，MPEG2 7.1チャネルのデバイスに5.1チャネルの入力が与えられた場合，アップ/ダウン-ミックスプロセッシングユニットは6つのチャネルの入力を8つのチャネルに変換します．

図2.16にアップ/ダウン-ミックスプロセッシングユニットのアイコンを示します．

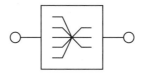

図2.16 アップ/ダウン-ミックスプロセッシングユニットのアイコン

## (2) ドルビープロロジックプロセッシングユニット

ドルビープロロジックプロセッシングユニット（Dolby Prologic Processing Unit）はADC3.0では削除されました．ドルビープロロジックプロセッシングユニットでは左右のステレオチャネルに埋め込まれたセンター/サラウンドチャネルを抽出します．厳密な意味でデコード処理とはいえませんが，このようなストリームはアップ/ダウン-ミックスプロセッシングユニットとして扱うことで代用が可能です．

図2.17にドルビープロロジックプロセッシングユニットのアイコンを示します．

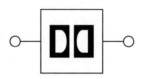

図2.17　ドルビープロロジックプロセッシングユニットのアイコン

## (3) ステレオ拡張プロセッシングユニット

ステレオ拡張プロセッシングユニット（Stereo Extender Processing Unit）は右チャネルと左チャネルに対してのみ作用し，入力されたオーディオデータに広がりを持たせます．変換の仕組みについてはADCでは規定されておらず，実装方法は各ベンダーに委ねられています．

図2.18にステレオ拡張プロセッシングユニットのアイコンを示します．

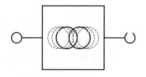

図2.18　ステレオ拡張プロセッシングユニットのアイコン

## (4) コーラスプロセッシングユニット

コーラスプロセッシングユニット（Chorus Processing Unit）プロセッシング/イフェクトユニットは，オーディオデータに対してコーラス効果を与えます．コーラスプロセッシングユニットはADC1.0でのみ定義されています．

コーラスプロセッシングユニットでは以下のパラメータを指定できます．

- レベル

- レート
- 深度

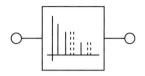

図 2.19　コーラスプロセッシングユニットのアイコン

(5) マルチファンクションプロセッシングユニット

マルチファンクションプロセッシングユニット（Multi-Function Processing Unit）はADC3.0で導入されました．マルチファンクションプロセッシングユニットは様々なアルゴリズムを用いた処理を提供します．ADC3.0では以下のアルゴリズムをサポートしています．

- ビームフォーミング
- アコースティックエコーキャンセル
- アクティブノイズキャンセル
- ブラインドソースセパレーション
- ノイズ除去/低減
- ADCでは定義されていないその他のアルゴリズム

図2.20にマルチファンクションプロセッシングユニットのアイコンを示します．

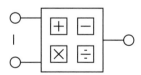

図2.20　マルチファンクションプロセッシングユニットのアイコン

## 2.6.10　拡張ユニット

拡張ユニット（Extension Unit, XU）はベンダー固有の処理を実装する目的で用意されています．拡張ユニットは1つまたはそれ以上の論理チャネルが1つまたはそれ以上のクラスタにまとめられた入力と，1つまたはそれ以上の論理チャネルが1つのクラスタにまとめられた出力を持ちます．

図2.21に拡張ユニットのアイコンを示します．

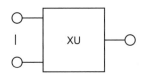

図 2.21　拡張ユニットのアイコン

## 2.6.11　クロックエンティティ

クロックエンティティ（Clock Entity）は ADC 2.0 で導入されました．これまで説明してきたユニットやターミナルとは異なり，クロックエンティティはオーディオデータを直接扱いません．クロックエンティティはオーディオファンクション内部のインプットターミナルやアウトプットターミナルに対して適切なサンプリングクロックの供給およびその経路を提供します．

インプットターミナルやアウトプットターミナルに接続されるクロックエンティティは 1 つだけです．

### 〔1〕クロックソース

クロックソース（Clock Source）はサンプリングクロックを供給する 1 つのクロック出力ピンを持ちます．クロックソースは独立した単一のサンプリングクロックを供給します．オーディオデバイスでは通常，48 kHz や 96 kHz など複数のクロックを持ちますが，クロックソース自体が複数のクロックを供給することはありません．後述のクロックマルチプライヤが必要に応じて逓倍または分周します．

クロックソースはユニットやターミナルとは独立したものとして定義されます．アダプティブ同期方式のインプットターミナルや S/PDIF を受けるインプットターミナルなどでは，ターミナル内部でクロックが生成される場合がありますが，このような場合でもオーディオファンクショントポロジでは独立したクロックソースを持ちます．このように，クロックソースがターミナルとは常に独立しているため，インプットターミナルやアウトプットターミナルのいずれのクロックピンも入力となります．アダプティブ同期方式のインプットターミナルのクロックピンが出力になることはありません．

クロックソースの出力は必ずしも常に有効である必要はありません．例えばオーディオファンクションの外部からクロックが供給されている場合のクロックソースでは，外部クロックが供給されていない状態も想定できます．このようなケースに対応するため，クロックが有効であるか否かの問合せに常に対応できるように規定されています．

図 2.22 にクロックソースのアイコンを示します．

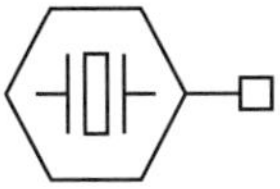

## 2.6 オーディオファンクショントポロジ

図2.22 クロックソースのアイコン

### (2) クロックセレクタ

クロックセレクタ（Clock Selector）は複数の異なるサンプリング周波数のクロック信号から1つを選択する機能を提供します．クロックの切り替えはホストからの要求によって行われる場合と何らかの外的要因によって行われる場合があります．後者のケースでは，クロックセレクタは割り込みを使用してクロックが切り替わったことをホストへ通知することができます．

図2.23にクロックセレクタのアイコンを示します．

図2.23 クロックセレクタのアイコン

### (3) クロックマルチプライヤ

クロックマルチプライヤは入力されたクロックから別の周波数を持つクロックを生成して出力します．どのような方法で入力クロックを出力クロックに変換するかはADCでは規定されていないので，PLLのようなアナログ回路を使用する方法や単純なディジタル回路を使用する方法など様々な方法で実装することができます．ただし，出力クロックは入力クロックに同期していなければなりません．このことから入力と出力のどちらのクロックも同一のクロックドメインに属します．

クロックマルチプライヤは逓倍器に続いて分周器が接続された構造を持ちます．逓倍率（$P$）と分周率（$Q$）のいずれも $[1, 2^{16-1}]$ の範囲で設定できます．出力結果は $P/Q$ になります．

図2.24にクロックマルチプライヤのアイコンを示します．

図2.24 クロックマルチプライヤのアイコン

## 2.6.12 インターフェースの関連付け

複合的なデバイスでは，オーディオファンクション内部の要素（ターミナルやフィーチャーユニットなど）とオーディオファンクション外部のインターフェースとを関連付けたい場合があります．例えばUSBスピーカにHIDインターフェースを使用した音量調節ボタンなどが含まれるデバイスなどが想定されます．このようなデバイスでは，音量調節ボタンの操作がそのデバイスの持つフィーチャーユニットに関連付けられるのが自然です．

ADC2.0以降ではこのようなインターフェースの関連付けはインターフェースアソシエーションディスクリプタ（IAD）を使用します．

ADC1.0ではクラススペシフィックな手法を使用してインターフェースの関連付けが行われるように規定されています．ADC1.0の仕様書では，アソシエーティッドインターフェースディスクリプタを使用することが明記されていますが，同時にADC1.0ではアソシエーティッドインターフェースディスクリプタの定義はしないとされています．

## 2.7 エンコーダおよびデコーダ

デコーダはADC1.0ではオーディオデータフォーマットの規格書（*Universal Serial Bus Device Class Definition for Audio Data Formats*）で定義されています．ADC1.0ではMPEGとAC-3が定義されています．

エンコーダはADC2.0で追加され，ADC2.0本体の規格書でデコーダとともに定義されています．

エンコーダおよびデコーダはどちらもADC3.0で削除されました．

ADC2.0では以下の5つが定義されています．
- MPEG
- AC-3
- Windows Media Audio（WMA）
- DTS
- OTHER

## 2.8 コピー制御

ADCにおけるコピー制御（Copy Protection）はターミナルレベルで実装されます．
S/PDIFのコピー制御に使用されるSCMS（Serial Copy Management System）や

CGMS（Copy Generation Management System）によく似た以下に示す3つのレベルが定義されています．**コピー制御はADC3.0では削除されました．**
- **レベル0**：制限なくコピー可能
- **レベル1**：1世代のみコピー可能
- **レベル2**：コピー不可

## 2.9 オーディオファンクションの動作モデル

　オーディオデバイスに限らず，USBデバイスでは複数のコンフィグレーションをとることができ，これらを切り替えることができます．また，1つのコンフィグレーションは複数のインターフェースを持つことが可能です．オーディオファンクションはインターフェースのレベルで完全に表されます．

　ADC1.0ではオーディオインターフェースコレクションとしてクラススペシフィックな方法で実現されていました．ADC2.0からはUSBの標準的な手法であるインターフェースアソシエーションディスクリプタ（IAD）に基づくAIAを使用して切り替えられます．1つのオーディオファンクションに対しては一度に1つのAIAだけが有効にできます．独立したオーディオファンクションが複数ある場合にはそれぞれのファンクションに対して1つずつAIAが選択されます．

### 2.9.1 オーディオコントロールインターフェース

　オーディオファンクション内部の各要素を操作するためにオーディオコントロールインターフェースを用います．オーディオコントロールインターフェースはコントロールエンドポイントとインタラプトエンドポイントを通して行われます．コントロールエンドポイントは必須のエンドポイントです．インタラプトエンドポイントは必須ではありませんが，オーディオファンクション内部の状態が動的に変化し，その状況をホストに伝える必要があるようなデバイスの場合には用意する必要があります．1つのAIAに1つのオーディオコントロールインターフェースを持ちます．オーディオコントロールインターフェースはオルタネイトセッティング0のみを持ちます．

#### (1) コントロールエンドポイント

　コントロールエンドポイントはすべてのUSBデバイスが持つことを義務付けられています．コントロールエンドポイントはエンドポイント番号0に固定されています．オーディオファンクション内部の各要素の操作はコントロールエンドポイントを通してクラススペシフィックなリクエストによって行われます．

### (2) インタラプトエンドポイント

インタラプトエンドポイントはオーディオファンクション内部のユニット，ターミナル，クロックエンティティ，インターフェース，エンドポイントの各要素の状態が変化した場合にホストに通知する目的で用意されます．インタラプトエンドポイントの実装は必須ではありません．ADC1.0準拠のデバイスでは多くの場合実装されていないようですが，ADC2.0では実装が推奨されています．ADC2.0でクロックモデルが導入されたことに伴いオーディオインターフェースが自らオルタネイトセッティングを0に変更する場合があります（詳細は2.9.3参照）．このようにオーディオファンクションが動的に変化する可能性のある場合にはインタラプトエンドポイントを必ず実装することになります．その他，挿入検出など割り込みを使用する仕様がADC2.0以降に複数定義されています．また，ADC3.0ではディスクリプタが動的に変化する仕様が定義されています．

### 2.9.2 オーディオストリーミングインターフェース

オーディオストリーミングインターフェースはホストとオーディオファンクションの間でディジタルオーディオデータのやり取りを行うインターフェースです．必須ではありませんが，オーディオファンクションを持つデバイスであれば多くの場合1つ以上のオーディオストリーミングインターフェースを持ちます．各オーディオストリーミングインターフェースは1つのデータエンドポイントを持ちます．明示的にフィードバックをホストにレポートしなければならないエンドポイントの場合，フィードバックエンドポイントを伴います．

データエンドポイントとフィードバックエンドポイントのエンドポイント番号は以下に示す規則に則り割り当てます．この関連付けはUSB本体の規格書で規定されています．

対になるデータエンドポイントとフィードバックエンドポイントは基本的には同じエンドポイント番号を割り当てます．データエンドポイントとフィードバックエンドポイントはその性格上，互いに反対の転送方向となるため，エンドポイントディスクリプタ上はお互いのエンドポイント番号は同一で転送方向のビットが逆になります．エンドポイントディスクリプタのエンドポイントアドレス（**bEndpointAddress**）は下位4ビットでエンドポイント番号を表し，最上位ビットで転送方向を表します．したがって，例えばアシンクロナス同期方式を使用したOUT方向のデータストリームを扱うデータエンドポイントのエンドポイントアドレスが0x01であれば，そのフィードバックを送るフィードバックエンドポイントのエンドポイントアドレスは0x81を割り当てることになります．

1つのフィードバックエンドポイントが複数のアイソクロナスデータエンドポイントをサービスする場合，エンドポイント番号は昇順に割り当てられます．この場合，エンドポ

イント番号は必ずしも連続している必要はありませんが，最初のエンドポイント番号は一致している必要があります．表 2.1 と図 2.25 に USB 本体の規格で紹介されている例を示します（*Universal Serial Bus 3.1 Specification Revision 1.0*）．この例は USB 2.0 の段階でエンドポイントディスクリプタの説明の中に記述がありますが，USB 2.0，USB 3.0 の表および図と USB 3.1 の図に使用されている IN グループの番号には誤りがあるので注意が必要です．

表 2.1 フィードバックエンドポイントとデータエンドポイントの例

| OUT グループ | OUT エンドポイントの数 | IN グループ | IN エンドポイントの数 |
|---|---|---|---|
| 1 | 1 | 6 | 1 |
| 2 | 2 | 7 | 2 |
| 3 | 2 | 8 | 3 |
| 4 | 3 | 9 | 4 |
| 5 | 3 | | |

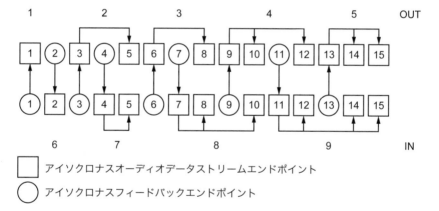

□ アイソクロナスオーディオデータストリームエンドポイント
○ アイソクロナスフィードバックエンドポイント

図 2.25 フィードバックエンドポイントとデータエンドポイントの例

オーディオストリーミングインターフェースは複数のオルタネイトセッティングを持つことができます．オルタネイトセッティングを切り替えることでオーディオフォーマット（ビット深度やチャネル数など）の切り替えを行うことがその主な目的です．ADC 1.0 ではサンプリング周波数の切り替えにも使用されていましたが，ADC 2.0 でクロックドメインの概念が導入されたことにより，サンプリング周波数の切り替えを目的としたオルタネイトセッティングの使用は禁止されています．

アイソクロナスオーディオデータストリームエンドポイント（後述）を伴うオーディオストリーミングインターフェースでは，必ずオルタネイトセッティング番号 0 を持つ必要があります．番号 0 のオルタネイトセッティングは帯域ゼロのインターフェースで，アイ

ドル状態で選択されます．このオルタネイトセッティングはオーディオデータの転送を伴わないためエンドポイントも持ちません．

(1) アイソクロナスオーディオデータストリームエンドポイント

アイソクロナスオーディオデータストリームエンドポイントはオーディオデータの受け皿として最大パケットサイズや転送方法（アイソクロナス転送であることや同期方法）をホストに示します．フィードバックエンドポイントを伴う場合には，対応付けられているフィードバックエンドポイントも示します．

また，個々のアイソクロナスオーディオデータストリームエンドポイントはそれぞれに対応したターミナルに関連付けられます．

アイソクロナスオーディオデータストリームエンドポイントは論理チャネルに直接対応付けられるものではなく，クラスタとして扱います．オーディオファンクションが複数のクラスタを必要とする場合，同一 AIA に属する独立したオーディオストリーミングインターフェースのエンドポイントに割り当てられます．

(2) アイソクロナスフィードバックエンドポイント

アダプティブ同期方式のソースとなるエンドポイントまたはアシンクロナス同期方式のシンクとなるエンドポイントでは明示的にホストへフィードバックを返さなければなりません．アイソクロナスフィードバックエンドポイントはこのフィードバックをホストに返す役割を持ちます．

アイソクロナス転送のフィードバックについては USB 本体の規格で規定されています．

フルスピードではアイソクロナスフィードバックエンドポイントは整数部 10 ビットの固定小数点数で表されます．フィードバックの値は左詰めで 3 バイト（24 ビット）にして扱われます．したがって小数部には 14 ビットが使用できます．

ハイスピードではアイソクロナスフィードバックエンドポイントは整数部 12 ビットの固定小数点数で表され，4 バイトにして扱われます．フルスピードの場合のように左詰めで扱われるわけではなく，小数点が 2 バイト目と 3 バイト目の境界にあります．したがって最終的に整数部 16 ビット，小数部 16 ビットの固定小数点数で表されます．

エンハンスドスーパースピードでは，アイソクロナスフィードバックエンドポイントは整数部 32 ビットの固定小数点数で表され，8 バイトにして扱われます．小数点が 4 バイト目と 5 バイト目の境界にあります．したがって整数部 32 ビット，小数部 32 ビットの固定小数点数で表されます．

ADC 1.0 ではアイソクロナスフィードバックエンドポイントはアイソクロナスシンクエンドポイント（Isochronous Synch Endpoint）と呼ばれていました．

## (3) オーディオデータフォーマット

USBオーディオデバイスで扱うことのできるオーディオデータはリニアPCMだけではなく，圧縮されたストリームなど様々なデータストリームを扱うことが可能です．オーディオストリーミングインターフェースがどのようなオーディオデータを扱うことが可能かどうかはオーディオデータフォーマットによって表します．オーディオデータフォーマットの説明にはADCとは別のドキュメント（UNIVERSAL SERIAL BUS DEVICE CLASS DEFINITION FOR AUDIO DATA FORMATS）が用意されています．

オーディオデータフォーマットはADC 1.0ではタイプ I からタイプ III までの3つのタイプが定義されています．ADC 2.0ではADC 1.0で定義されていた3つのフォーマットはシンプルオーディオデータフォーマット（Simple Audio Data Formats）と位置付けられ，タイプ I からタイプ III に対してヘッダなどを追加する仕様が拡張オーディオデータフォーマット（Extended Audio Data Formats）として新たに定義されました．また，ADC 2.0 からはタイプIVが追加されています．ADC 3.0ではタイプ II フォーマットは削除されました．

各オーディオサンプルが独立した単一の符号で表された形式のものはタイプ I フォーマットで扱われ，MPEGなどのコーデックによってエンコードされて単一のストリームとなったものはタイプ II フォーマットで扱われます．

ADC 1.0, 2.0ではタイプごとに固有のフォーマットタイプディスクリプタが定義されています．ADC 3.0ではクラススペシフィックAS インターフェースディスクリプタ（Class-Specific AS Interface Descriptor）で記述されます．

### (1) タイプ I

タイプ I フォーマットではオーディオデータのサンプルを基準に構成されます．各オーディオサンプルは独立した単一の符号で表され，オーディオサブスロットに格納されます．オーディオサンプルを表す符号はPCM（パルス符号変調）以外にもA-lawやμlawなどの圧縮された符号も含みます．

一つのオーディオチャネルクラスタが複数のチャネルを持つ場合，ある時点の各物理チャネルのサンプルはまずオーディオサブスロットとして表され，これらのオーディオサブスロットはオーディオスロットにまとめられます．オーディオスロットはインターリーブされてオーディオストリームとなります（**図 2.26**）．

### (a) PCM

PCM（Pulse Coded Modulation）フォーマットはディジタルオーディオで最も良く利用されるフォーマットです．今日入手できるほぼすべてのオーディオD-A/A-Dコンバータは

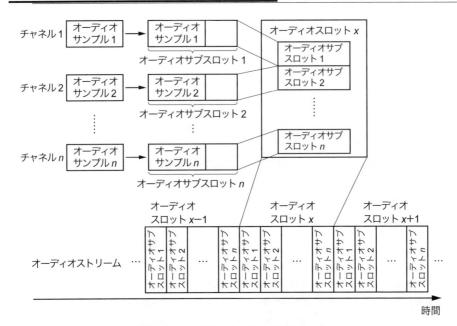

図2.26 タイプ I オーディオストリーム

このデータを扱うことができます．最上位ビットを符号ビットとし，その次のビットとの間に小数点を持つ2の補数表現を用いて［-1，+1］の範囲でオーディオ信号の振幅を線形表現（非圧縮）します．左詰め（left-justified）でオーディオサブスロットに格納します．

(b) PCM 8

PCM 8 フォーマットは 8 ビット WAVE フォーマットに対応するために用意されています．8 ビットの符号なし整数で，［0，255］の範囲でオーディオ信号の振幅を線形表現（非圧縮）します．左詰めでオーディオサブスロットに格納します．

(c) IEEE_FLOAT

ANSI/IEEE-754 浮動小数点表示に基いたオーディオデータ形式です．オーディオデータは 24 ビットの仮数部（符号付）と 8 ビットの指数部（符号付）からなる 32 ビット単精度浮動小数点で表現されます．

(d) A-law と μ law

ITU-T 勧告 G.711 に基づいた圧縮されたオーディオデータ形式です．A-law と μlaw は基本的な考え方は同じで，前者は欧州で後者は北米や日本で主に利用されています．

### (e) DSD

ADC3.0ではDSD（Direct-Stream Digital）フォーマットへの対応が追加されました．DSDフォーマットの扱うデータは1ビットΔΣであるため，PCM方式を想定したフォーマットの上ではビット深度64，サブスロット8として扱います．

### (f) Type I Raw Data

Type I Raw Dataフォーマットはオーディオに限らず様々な"データ"をPCM形式のオーディオスロットを用いて転送する目的でADC2.0で導入されました．Type I Raw Dataを通して送られるデータはオーディオファンクションの内部では操作されずそのままの形で送り出されます．したがって，1つのインプットターミナルから1つまたはそれ以上のアウトプットターミナルへ直接渡ります．

### (2) タイプ II

タイプIIフォーマットはUSB上で扱われる時点では物理チャネルの概念がなくなった状態のビットストリームを扱います．非PCMビットストリームなど，何らかのコーデックによってエンコードされて単一のビットストリームとなったものなどがこれに該当します（図2.27）．

**ADC3.0ではタイプIIフォーマットは削除されました．**

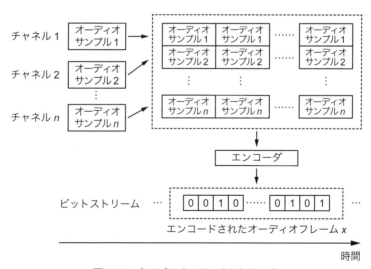

図2.27　タイプIIオーディオストリーム

(a) **MPEG Format**

MPEG ストリームを扱うフォーマットです．

(b) **AC-3 Format**

AC-3 ストリームを扱うフォーマットです．

(c) **WMA Format**

WMA ストリームを扱うフォーマットです．
WMA フォーマットは ADC2.0 で定義されました．

(d) **DTS Format**

DTS ストリームを扱うフォーマットです．
DTS フォーマットは ADC2.0 で定義されました．

(e) **Type II Raw Data**

Type II Raw Data はオーディオに限らず様々な"データ"をビットストリーム形式で転送する目的で ADC2.0 で導入されました． Type II Raw Data を通して送られるデータはオーディオファンクションの内部では操作されずそのままの形で送り出されます．したがって，1つのインプットターミナルから1つまたはそれ以上のアウトプットターミナルへ直接渡ります．

(3) タイプIII

タイプIIIフォーマットは ISO/IEC 61937 で定められたオーディオデータ転送方法をUSB 上で実現するフォーマットです．ISO/IEC 61937 規格は ISO/IEC 60958（民生規格においては S/PDIF と呼ばれている規格に相当）の上で非 PCM データを転送する方法です．ISO/IEC 60958 は2チャネル，ビット深度16の PCM データにチャネルステータスやユーザデータなどを含めて転送します．

タイプIIIフォーマットでは2チャネル，ビット深度16の PCM オーディオデータとして扱われ，チャネルステータスやユーザデータなどの付加的な情報は含まれません．

ADC1.0 では以下フォーマットを扱うことができます．

- AC-3
- MPEG-1_Layer1
- MPEG-1_Layer2/3 または MPEG-2_NOEXT

- MPEG-2_EXT
- MPEG-2_Layer1_LS
- MPEG-2_Layer2/3_LS

ADC2.0ではADC1.0に加えて以下フォーマットを扱うことができます．

- MPEG-2_AAC_ADTS
- DTS-I
- DTS-II
- DTS-III
- ATRAC
- ATRAC2/3
- WMA

ADC3.0では上記のすべてのフォーマットに加えて以下のフォーマットを扱うことができます．

- PCM_IEC60958
- E-AC-3
- MAT
- DTS-IV
- MPEG-4_HE_AAC
- MPEG-4_HE_AAC_V2
- MPEG-4_AAC_LC
- DRA
- MPEG-4_HE_AAC_SURROUND
- MPEG-4_AAC_LC_SURROUND
- MPEG-H_3D_AUDIO
- AC4
- MPEG-4_AAC_ELD

**(4) タイプIV**

　タイプIVフォーマットはUSBバス上でのデータ転送を伴いません．オーディオファンクションと外部との接続でUSBインターフェースを使用してエンコーダやデコーダを制御する必要がある場合などに利用されます．

　タイプIVフォーマットはADC2.0で追加されています．

## (5) 拡張タイプ I

拡張タイプ I フォーマットはタイプ I フォーマット（シンプルタイプ I フォーマット）に対してヘッダおよび制御チャネルを追加したフォーマットです．オーディオデータを含めた拡張タイプ I フォーマットを構成するこれらの3つの要素はいずれもオプショナルとして定義されています．

拡張タイプ I フォーマットは ADC2.0 で追加され，ADC3.0 においても定義されていますが，その構造は **ADC2.0** と **ADC3.0 では異なります**．

## (6) 拡張タイプ II

拡張タイプ II フォーマットはタイプ II フォーマット（シンプルタイプ II フォーマット）に対してヘッダを追加したフォーマットです．オーディオデータを含めた拡張タイプ II フォーマットを構成するこれらの2つの要素はいずれもオプショナルとして定義されています．

拡張タイプ II フォーマットは ADC2.0 で追加されましたが ADC3.0 においてはシンプルタイプ II フォーマットの削除と同時に拡張タイプ II フォーマットも削除されました．

## (7) 拡張タイプ III

拡張タイプ III フォーマットはタイプ III フォーマット（シンプルタイプ III フォーマット）に対してヘッダを追加したフォーマットです．オーディオデータを含めた拡張タイプ III フォーマットを構成するこれらの2つの要素はいずれもオプショナルとして定義されています．

拡張タイプ III フォーマットは ADC2.0 で追加され，ADC3.0 においても定義されていますが，その構造は **ADC2.0** と **ADC3.0 では異なります**．

## (8) サイドバンドプロトコル

サイドバンドプロトコル（Side Band Protocols）は拡張フォーマットで使用されます．サイドバンドプロトコルは ADC2.0 では高解像度タイムスタンプサイドバンドプロトコル（Presentation Timestamp Side Band Protocol）が定義されています．ADC3.0 では規格書の発行時点では個別のサイドバンドプロトコルの記述はありません．

高解像度タイムスタンプサイドバンドプロトコルではパケットヘッダのみを使用して各 VFP の先頭に配置され高解像度のタイムスタンプ情報の転送を行います．

### 2.9.3 クロックモデル

オーディオファンクション内部のクロック信号を表す方法としてクロックモデルの概念がADC2.0で導入されました．

サンプリング周波数は一定の範囲と解像度で定義することも離散的な値の集合として定義することも可能です．

前述の通り，クロックモデルの導入に伴いサンプリング周波数の切り替えを目的としたオルタネイトセッティングの使用は禁止されました．サンプリング周波数の切り替えを独立させることでディスクリプタのサイズを最小限に留めることができる半面，オルタネイトセッティングで宣言しているオーディオフォーマットとサンプリング周波数を任意に組み合わせることが可能となってしまい，場合によってはデバイス側で対応できない組合せが指定される可能性があります．このような場合，オーディオファンクションはオルタネイトセッティングを0にしてアイドル状態とし，ホストへ通知します．この通知をホストが受け取った場合，ホストは有効なオルタネイトセッティングをデバイスに確認して設定しなおすことができます．

### 2.9.4 パワードメインモデル

パワードメインモデルの概念はADC3.0で新しく導入されました．パワードメインモデルの実装は必須ではありません．

パワードメインモデルはデバイスのサスペンド状態とは独立して扱われます．パワードメインモデルではオーディオファンクションを1つ以上のパワードメインに分割します．それぞれのパワードメインはパワードメインIDによって識別されます．

各パワードメインはD0，D1，D2の3つの状態を取ることが可能です．D0は完全に動作可能な状態で最も消費電力の大きな状態です．通常はD0がデフォルト状態です．D1はD0よりも消費電力の少ない状態で非動作状態ですが，ドメイン内のコントロールを起動させるイベントを発生させることができます．D2はD1よりも，さらに消費電力の少ない状態でコントロールを起動させるイベントを発生させることもありません．

各パワードメインは自動的に状態を遷移させることはできず，ホストが明示的に切り替えをします．

各パワードメインの消費電力についてはADCでは規定されていませんが，D0>D1>D2の順で消費電力が少なくなるようにしなければなりません．一般に消費電力が低いほど起動に時間がかかるため，パワードメインディスクリプタで完全に動作可能になるまでの時間（リカバリタイム）が表されます．

### 2.9.5 LPM/L1 サポート

ADC3.0 に適合するバスパワーデバイスでは，LPM（Link Power Management）のL1状態をサポートする必要があります．LPM は USB2.0 の ECN として規定され，*USB 2.0 Link Power Management Addendum ECN* と *Link Power Management Errata* によって説明されています．LPM は USB2.0 本体規格の ECN であるため，ADC3.0 未満のデバイスであってもサポートすることは可能です．

LPM に対応することによって高速にスリープ/レジュームの遷移を行うことができます．

LPM では L0，L1，L2，L3 の 4 つのパワーステートが定義されています．

L0（On）は通常動作状態です．

L1（Sleep）は ECN で新しく追加された状態で，新しく定義された拡張トランザクション（Extension Transaction）プロトコルによって論理的に L0 状態から L1 状態へと遷移させます．L1 の状態の消費電力については規定されていません．L1 から L0 への遷移はこれまでサスペンドから復帰する方法と同じですが，タイミングは異なります．

L2（Suspend）はこれまで USB で定義されていたサスペンドを表します．

L3（Off）デバイスが非動作状態のことを表します．電源が落ちた状態，接続されていない状態などの状態を指します．

*Chapter 3*
# オーディオインターフェースの実装

**本章のキーワード**

オーディオコントロールインターフェース／ディスクリプタ／オーディオクラスタリクエスト／割り込み

オーディオファンクションを大きく分けると
- オーディオコントロールの処理
- オーディオストリームの処理

があります．オーディオストリームの処理はアイソクロナス転送が用いられますが，アイソクロナス転送はハンドシェイクを行うこともなく一方的にデータが送り付けられるだけで，比較的単純に構成できます．これに対してオーディオコントロールの処理は他のファンクションの処理も含めてエンドポイント 0 ですべてに対応することや，その処理自体も状況によって様々な対応が求められるなど比較的大規模な処理が求められます．本章ではこのオーディオコントロールインターフェースのデバイスへの実装について解説します．

## 3.1 ディスクリプタの記述

　デバイスが接続された際の列挙の過程でデバイスのディスクリプタが読み出されます．このときに読み出されるディスクリプタはスタンダードリクエストの GetDescriptor が使用されます．GetDescriptor を使用して読み出すことのできるディスクリプタは ADC 3.0 では従来型のディスクリプタ（traditional descriptor）と呼ばれ，ディスクリプタの長さは 1 バイトで表現されることから最大 255 バイトまでとなります．これに対して ADC 3.0 で定義された新しいタイプのディスクリプタでは長さを 2 バイトで表現することで最大 64k バイトまで使用できます．
　ディスクリプタには USB 本体の規格書で定義されたスタンダードディスクリプタと各デバイスクラス固有に定義されたクラススペシフィックディスクリプタがあります．ADC 3.0 ではハイケイパビリティディスクリプタを用いた新しいタイプのディスクリプタを用いたクラススペシフィックディスクリプタが追加されています．
　スタンダードディスクリプタは USB 本体の規格書で定義されていますが，エンドポイ

トディスクリプタなど ADC においてその使用方法が詳細に決められているものもあります．

本書ではオーディオファンクションを持つデバイスを設計する上で特に重要なディスクリプタを中心に説明し，その他のディスクリプタについての解説はダウンロードで入手できます．

ここでは，ディスクリプタは ADC および USB 本体の規格書で定義されている内容に沿って説明しています．規格書ではディスクリプタの各フィールドにおいて次のような基本的な命名規則にしたがって定義されています．

- ID： id（英小文字）で始まる  例）**idVendor**
- バイト（1 バイト）：**b**（英小文字）で始まる  例）**bLength**
- ワード（2 バイト）：**w**（英小文字）で始まる  例）**wDescriptorID**
- トリプルバイト（3 バイト）：**t**（英小文字）で始まる  例）**tSamFreq**
- ダブルワード（4 バイト）：**d**（英小文字）で始まる  例）**dMinFreq**
- ビットマップ： **bm**（英小文字）で始まる  例）**bmChannelConfig**
- インデックス番号：**i**（英小文字）で始まる  例）**iManufacturer**
- 二進化十進数： **bcd**（英小文字）で始まる  例）**bcdADC**
- 配列（array）として列挙される：上記接頭辞に続いて **a**（英小文字）を付加
  例）**baConID (1)**，
  **waClusterDescrID (1)**

ただし，この規則にしたがっていないと思われるフィールド名も規格書には存在するため，本書では他のフィールドや他のレビジョンの ADC との整合性などを勘案して適切と思われる名称を使用している場合があります．

ディスクリプタの構造の説明も ADC および USB 本体の規格書で使用されている表に沿って説明しています．以下に示す表は 3.1.4 で述べるスタンダードコンフィグレーションディスクリプタの例です．

| オフセット | フィールド | サイズ | 値の種類 | 解説 |
|---|---|---|---|---|
| 0 | bLength | 1 | 数値 | コンフィグレーションディスクリプタの長さ（0x09） |
| 1 | bDescriptorType | 1 | 固定値 | CONFIGURATION (0x02) |
| 2 | wTotalLength | 2 | 数値 | このコンフィグレーションを構成するディスクリプタの長さ |
| 4 | bNumInterfaces | 1 | 数値 | このコンフィグレーションディスクリプタが持つインターフェースの数 |
| 5 | bConfigurationValue | 1 | 数値 | このコンフィグレーションディスクリプタのインデックス番号 |
| 6 | iConfiguration | 1 | インデックス | このコンフィグレーションディスクリプタを表す文字列を持つスタンダードストリングディスクリプタのインデックス番号 |

| オフセット | フィールド | サイズ | 値の種類 | 解説 |
|---|---|---|---|---|
| 7 | bmAttributes | 1 | ビットマップ | このコンフィグレーションの電源に関する特性 |
| 8 | bMaxPower | 1 | 数値 | 最大消費電流<br>2mAまたは 8mA (Gen Xの場合)単位 |

　実際のデバイスに実装する場合には，使用するハードウェアやソフトウェアによって表現方法は異なりますが，たとえば C 言語の構造体では以下のように記述できます．

```
CONFIG_DESC configDescriptor ={
    {sizeof(DescConfigType),        // bLength ( コンフィグレーションディスクリプタの長さ )
    CONFIGURATION_DESCRIPTOR,       // bDescriptorType (CONFIGURATION)
    LSB(sizeof(CONFIG_DESC)),       // wTotalLength ( ディスクリプタの長さの下位バイト )
    MSB(sizeof(CONFIG_DESC)),       // wTotalLength ( ディスクリプタの長さの上位バイト )
    0x02,                           // bNumInterfaces ( インターフェースの数は 2 つ )
    0x01,                           // bConfigurationValue ( インデックス番号は 1)
    0x00,                           // iConfiguration ( ストリングディスクリプタは使用しない )
    0x80,                           // bmAttributes ( バスパワー，リモートウエイクアップなし )
    0x32}                           // bMaxPower (100mA，USB2.0 の場合 )
```

## 3.1.1　ディスクリプタの基本的な構造

　オーディオファンクションを持つ USB デバイスは USB 本体の規格書で定義されているディスクリプタと ADC で定義されているディスクリプタの両方を持ちます．前者をスタンダードディスクリプタ，後者を（オーディオ）クラススペシフィックディスクリプタと呼びます．いずれのディスクリプタも共通の基本的構造を持ち，それらに基づいて様々な機能を表すディスクリプタが定義されています．

〔1〕　スタンダードディスクリプタ

　従来型のディスクリプタであるスタンダードディスクリプタは，最初に 1 バイトで表されるディスクリプタの長さ（長さ自身も含む）で始まり，続いてディスクリプタの種類を示す 1 バイトのディスクリプタタイプが続く構造を取ります（**図 3.1**）．

　**表 3.1** にスタンダードディスクリプタのディスクリプタタイプ（**bDescriptorType**）に設定する値を示します．スタンダードディスクリプタは USB 本体の規格で定義されており，ディスクリプタタイプは USB 規格が進むにつれ新しいタイプが追加されています．ディス

クリプタタイプに設定する値には互換性がありますが，使用できる最大の値が規格によって異なるため準拠する規格に応じて適切に使用する必要があります．

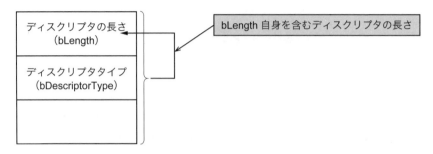

図 3.1　ディスクリプタの基本的な構造

表 3.1　ディスクリプタタイプ（スタンダード）

| ディスクリプタタイプ | 値 |
| --- | --- |
| DEVICE | 1 |
| CONFIGURATION | 2 |
| STRING | 3 |
| INTERFACE | 4 |
| ENDPOINT | 5 |
| DEVICE_QUALIFIER | 6 |
| OTHER_SPEED_CONFIGURATION | 7 |
| INTERFACE_POWER | 8 |
| OTG | 9 |
| DEBUG | 10 |
| INTERFACE_ASSOCIATION | 11 |
| BOS | 15 |
| DEVICE CAPABILITY | 16 |
| SUPERSPEED_USB_ENDPOINT_COMPANION | 48 |
| SUPERSPEEDPLUS_ISOCHRONOUS_ENDPOINT_COMPANION | 49 |

〔2〕　オーディオクラススペシフィックディスクリプタ

　ADC では ADC 固有のクラススペシフィックディスクリプタが定義されています．前述の通り ADC 3.0 では新しいタイプのディスクリプタを用いたクラススペシフィックディスクリプタが追加されていますが，これについては後述します．**表 3.2** および**図 3.2** に従来型のオーディオクラススペシフィックディスクリプタの基本的な構造を示します．ADC 固有のクラススペシフィックディスクリプタも前述のディスクリプタの形式に則って定義されていますが，ADC 固有のクラススペシフィックディスクリプタではディスクリプタタイ

プに設定する値も ADC 固有の値が設定されます（**表 3.3**）．

ディスクリプタタイプに続く 3 バイト目に ADC 固有のディスクリプタサブタイプが設定されます．**ディスクリプタサブタイプに設定する値は ADC 1.0, 2.0, 3.0 のすべてで異なった値が定義されています**．表 3.4 〜 表 3.6 にディスクリプタサブタイプに設定する値を示します．

これら最初の 3 バイトの構造はすべての従来型のオーディオクラススペシフィックディスクリプタに共通の仕様であるため，以降の説明では省略します．

表 3.2 オーディオクラススペシフィックディスクリプタの基本的な構造

| オフセット | フィールド | サイズ | 値の種類 | 解説 |
| --- | --- | --- | --- | --- |
| 0 | bLength | 1 | 数値 | ディスクリプタの長さ（3+$n$） |
| 1 | bDescriptorType | 1 | 固定値 | ディスクリプタタイプ<br>（0b001xxxxx） |
| 2 | bDescriptorSubtype | 1 | 固定値 | ディスクリプタサブタイプ |
| 3〜 | : | $n$ | : | ディスクリプタタイプおよびディスクリプタサブタイプで示された値に応じたレイアウト |

- **bLength**：bLength 自身を含むディスクリプタの長さ（図 3.2 参照）
- **bDescriptorType**：ディスクリプタのタイプを表します．

  最上位ビットの D7 は予約済みで 0 を設定します．

  D6 に 0，D5 に 1 を設定することでクラススペシフィックディスクリプタであることを示します．

  D4 から D0 でディスクリプタの種類を表します．

  ADC では表 3.3 に示す値を設定します．

  ディスクリプタタイプの **CS_CLUSTER**（0x26）は ADC 3.0 で定義されており，ADC 1.0, 2.0 で指定することはできません．

- **bDescriptorSubtype**：ディスクリプタタイプで示された種類のさらに細かい分類を表します．

  ADC ではオーディオコントロールに対して表 3.4（ADC 1.0），表 3.5（ADC 2.0），表 3.6（ADC 3.0）に示す値を設定します．

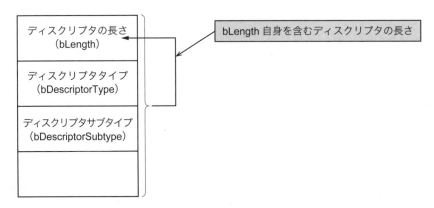

図3.2 オーディオクラススペシフィックディスクリプタの基本的な構造

表3.3 ディスクリプタタイプ
(オーディオクラススペシフィック)

| ディスクリプタタイプ | 値 |
| --- | --- |
| CS_UNDEFINED | 0x20 |
| CS_DEVICE | 0x21 |
| CS_CONFIGURATION | 0x22 |
| CS_STRING | 0x23 |
| CS_INTERFACE | 0x24 |
| CS_ENDPOINT | 0x25 |
| CS_CLUSTER | 0x26 |

表3.4 ディスクリプタサブタイプ
(オーディオクラススペシフィック, **ADC1.0**)

| ディスクリプタサブタイプ | 値 |
| --- | --- |
| AC_DESCRIPTOR_UNDEFINED | 0x00 |
| HEADER | 0x01 |
| INPUT_TERMINAL | 0x02 |
| OUTPUT_TERMINAL | 0x03 |
| MIXER_UNIT | 0x04 |
| SELECTOR_UNIT | 0x05 |
| FEATURE_UNIT | 0x06 |
| PROCESSING_UNIT | 0x07 |
| EXTENSION_UNIT | 0x08 |

3.1 ディスクリプタの記述

表3.5 ディスクリプタサブタイプ
(オーディオクラススペシフィック，ADC2.0)

| ディスクリプタサブタイプ | 値 |
| --- | --- |
| AC_DESCRIPTOR_UNDEFINED | 0x00 |
| HEADER | 0x01 |
| INPUT_TERMINAL | 0x02 |
| OUTPUT_TERMINAL | 0x03 |
| MIXER_UNIT | 0x04 |
| SELECTOR_UNIT | 0x05 |
| FEATURE_UNIT | 0x06 |
| EFFECT_UNIT | 0x07 |
| PROCESSING_UNIT | 0x08 |
| EXTENSION_UNIT | 0x09 |
| CLOCK_SOURCE | 0x0A |
| CLOCK_SELECTOR | 0x0B |
| CLOCK_MULTIPLIER | 0x0C |
| SAMPLE_RATE_CONVERTER | 0x0D |

表3.6 ディスクリプタサブタイプ
(オーディオクラススペシフィック，ADC3.0)

| ディスクリプタサブタイプ | 値 |
| --- | --- |
| AC_DESCRIPTOR_UNDEFINED | 0x00 |
| HEADER | 0x01 |
| INPUT_TERMINAL | 0x02 |
| OUTPUT_TERMINAL | 0x03 |
| EXTENDED_TERMINAL | 0x04 |
| MIXER_UNIT | 0x05 |
| SELECTOR_UNIT | 0x06 |
| FEATURE_UNIT | 0x07 |
| EFFECT_UNIT | 0x08 |
| PROCESSING_UNIT | 0x09 |
| EXTENSION_UNIT | 0x0A |
| CLOCK_SOURCE | 0x0B |
| CLOCK_SELECTOR | 0x0C |
| CLOCK_MULTIPLIER | 0x0D |
| SAMPLE_RATE_CONVERTER | 0x0E |
| CONNECTORS | 0x0F |
| POWER_DOMAIN | 0x10 |

〔3〕 ハイケイパビリティディスクリプタ

ハイケイパビリティディスクリプタは従来型のディスクリプタとは違い，デバイスの列挙時にホストへ通知されることはなく，必要に応じて動的にホストから読み出されます．ハイケイパビリティディスクリプタはオーディオファンクションの状態が変化した際に**HIGH_CAPABILITY_DESCRIPTOR** 割り込みを発生させ，変化の状態を動的にホストに伝

えます（**ダイナミックディスクリプタ**）．

ハイケイパビリティディスクリプタは，以下に示す ADC3.0 で定義されるディスクリプタで使用されます．

- クラスタディスクリプタ
- 拡張ターミナルディスクリプタ
- コネクタディスクリプタ

表 3.7 および図 3.3 にハイケイパビリティディスクリプタの基本的な構造を示します．ハイケイパビリティディスクリプタの基本的な構造はオーディオクラススペシフィックディスクリプタの基本的な構造と非常に良く似ています．ですがハイケイパビリティディスクリプタのディスクリプタの長さは最大 64k バイトまでの長さが許容されるため，ディスクリプタの長さは 2 バイトで表されます（**wLength**）．

ハイケイパビリティディスクリプタは従来型のクラススペシフィックディスクリプタから一意に決まるディスクリプタ ID（**wDescriptorID**）で参照されます．

表 3.7　ハイケイパビリティディスクリプタの基本的な構造

| オフセット | フィールド | サイズ | 値の種類 | 解説 |
| --- | --- | --- | --- | --- |
| 0 | wLength | 2 | 数値 | デバイスディスクリプタの長さ (6+n) |
| 2 | bDescriptorType | 1 | 固定値 | ディスクリプタタイプ (0b001xxxxx) |
| 3 | bDescriptorSubtype | 1 | 固定値 | ディスクリプタサブタイプ |
| 4 | wDescriptorID | 2 | 数値 | ディスクリプタ ID |
| 6〜 | ⋮ | n | ⋮ | ディスクリプタタイプおよびディスクリプタサブタイプで示された値に応じたレイアウト |

- **wLength**：wLength 自身を含むディスクリプタの長さ（図 3.3 参照）
- **bDescriptorType**：ディスクリプタのタイプを表します．

    最上位ビットの D7 は予約済みで 0 を設定します．

    D6 に 0，D5 に 1 を設定することでクラススペシフィックディスクリプタであることを示します．

    D4 から D0 でディスクリプタの種類を表します．

    ADC3.0 では，クラスタディスクリプタでは **CS_CLUSTER**（**0x26**）を，拡張ターミナルディスクリプタまたはコネクタディスクリプタでは **CS_INTERFACE**（**0x24**）を設定します．

- **bDescriptorSubtype**：ディスクリプタタイプで示された種類のさらに細かい分類を D6 から D0 までを使用して表します．

ADC3.0では，クラスタディスクリプタでは **SUBTYPE_UNDEFINED**（**0x00**）を，拡張ターミナルディスクリプタでは **EXTENDED_TERMINAL**（**0x04**）を，コネクタディスクリプタでは **CONNECTORS**（**0x0F**）を設定します．

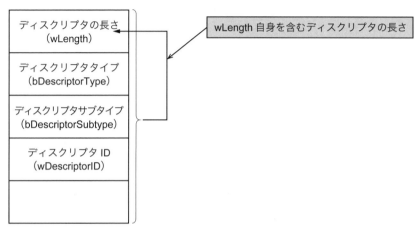

図3.3 ハイケイパビリティディスクリプタの基本的な構造

## 3.1.2 ストリングディスクリプタ

　各ディスクリプタはその特徴を文字列で視覚的に表すためにストリングディスクリプタ（String descriptor）のインデックスを指定して関連付けます．ストリングディスクリプタの設定は任意でストリングディスクリプタを設定しない場合にはディスクリプタ中のストリングディスクリプタを示すインデックスは0に設定します．

　多くの場合，ストリングディスクリプタはベンダーの名称（ベンダーストリング）やデバイスの名称（デバイスストリング）などデバイス固有の情報を表示したりデバイスの持つ各種機能を表す目的で使用されますが，シリアル番号などを表す場合にも使用されます．

　ADC3.0ではクラススペシフィックストリングディスクリプタが導入されました．ADC2.0まではストリングディスクリプタはUSB本体の規格書で定義された形式のものが使用され，ADCには詳細な説明はありません．USB3.1の時点でもUSB本体の規格書では単にストリングディスクリプタ（String descriptor）とのみ表記されていますが，本書ではUSB本体の規格書に定義されているストリングディスクリプタは他のディスクリプタの呼称にならってスタンダードストリングディスクリプタと呼びます．クラススペシフィックストリングディスクリプタはスタンダードストリングディスクリプタを置き換えるものではなく，ADC3.0準拠のデバイスではどちらも使用されます．

## (1) スタンダードストリングディスクリプタ

スタンダードストリングディスクリプタはUSB本体の規格書で定義された形式で使用します．スタンダードストリングディスクリプタは他のディスクリプタからインデックス番号によって参照されます．ホストからはインデックス番号を用いてストリングディスクリプタを個別に読み出します．

ストリングディスクリプタでは，複数の言語を扱うことができます．デバイスがサポートする言語はインデックス番号0で表される特別なスタンダードストリングディスクリプタに列挙されます．

インデックス番号1以降のスタンダードストリングディスクリプタで個別の文字列を表します．インデックス番号1以降のスタンダードストリングディスクリプタはスタンダードユニコードストリングディスクリプタ（UNICODE String Descriptor）と呼びます．スタンダードユニコードストリングディスクリプタの文字列はUNICODE UTF 16LEでエンコードします．**表3.8**にスタンダードストリングディスクリプタゼロの構造を，**表3.9**にスタンダードユニコードストリングディスクリプタの構造を示します．

**表3.8 スタンダードストリングディスクリプタゼロ
（インデックス番号0で呼び出されるディスクリプタ）の構造**

| オフセット | フィールド | サイズ | 値の種類 | 解説 |
|---|---|---|---|---|
| 0 | bLength | 1 | 数値 | ディスクリプタの長さ$(2(n+1)+2)$ |
| 1 | bDescriptorType | 1 | 固定値 | STRING（0x03） |
| 2 | wLANGID [0] | 2 | 数値 | 最初のLANGIDコード |
| ⋮ | ⋮ | ⋮ | ⋮ | ⋮ |
| N | wLANGID [$n$] | 2 | 数値 | 最後のLANGIDコード |

- **wLANGID**：デバイスがサポートする言語をLANGIDコードを用いて列挙します．設定する値は *Language Identifiers*（*LANGIDs*）で定義されています．
- **LANGIDの例**
  - 0x0409 English（United States）
  - 0x0411 Japanese

## 3.1 ディスクリプタの記述

表 3.9 スタンダードユニコードストリングディスクリプタの構造

| オフセット | フィールド | サイズ | 値の種類 | 解説 |
|---|---|---|---|---|
| 0 | bLength | 1 | 数値 | ディスクリプタの長さ (n+2) |
| 1 | bDescriptorType | 1 | 固定値 | STRING (0x03) |
| 2 | bString | n | 数値 | ユニコードでエンコードされた文字列 |

- **bString**：UNICODE UTF 16 LE でエンコードされた文字列を設定します．

### (2) クラススペシフィックストリングディスクリプタ

クラススペシフィックストリングディスクリプタは ADC 3.0 で導入されました．クラススペシフィックストリングディスクリプタはディスクリプタの長さに 2 バイトが割り当てられており，文字列の長さは最大 65,528 バイトまで取ることができます．また，クラススペシフィックストリングディスクリプタは動的に変更できます．何らかの理由でオーディオファンクションの状態が変化した場合にユーザに変化を視覚的に伝えたい場合に **STRING** 割り込みを発生させてホストに通知することができます．クラススペシフィックストリングディスクリプタの文字列はスタンダードユニコードストリングディスクリプタと同様に UNICODE UTF 16 LE でエンコードします．表 3.10 にクラススペシフィックストリングディスクリプタの構造を示します．

表 3.10 クラススペシフィックストリングディスクリプタの構造

| オフセット | フィールド | サイズ | 値の種類 | 解説 |
|---|---|---|---|---|
| 0 | wLength | 2 | 数値 | ディスクリプタの長さ (7+n) |
| 2 | bDescriptorType | 1 | 固定値 | CS_STRING (0x23) |
| 3 | bDescriptorSubtype | 1 | 固定値 | SUBTYPE_UNDEFINED (0x00) |
| 4 | wStrDescrID | 2 | 数値 | このディスクリプタを表す ID |
| 6 | iLangID | 1 | 数値 | LANGID コード |
| 7 | String | n | 数値 | ユニコードでエンコードされた文字列 |

- **wStrDescrID**：このディスクリプタを表す一意に決まる番号を設定します．クラススペシフィックストリングディスクリプタを使用するディスクリプタからはこの番号によって参照されます．256 以上 65,535 以下の値を設定します．
- **iLANGID**：このディスクリプタの言語を LANGID コード配列のインデックス番号で表します．
- **String**：UNICODE UTF 16 LE でエンコードされた文字列を設定します．

## 3.1.3 デバイスディスクリプタ

デバイスの最も基本的な情報をホストに伝えます．デバイスディスクリプタには ADC 固有の定義はなく，USB 本体の規格書で定義された形式で使用しますが，ADC を実装するにあたって**いくつかのフィールドに制限がある**ため注意が必要です．表 3.11 にデバイスディスクリプタの構造を示します．

表 3.11 デバイスディスクリプタの構造

| オフセット | フィールド | サイズ | 値の種類 | 解説 |
| --- | --- | --- | --- | --- |
| 0 | bLength | 1 | 数値 | デバイスディスクリプタの長さ（0x12） |
| 1 | bDescriptorType | 1 | 固定値 | DEVICE（0x01） |
| 2 | bcdUSB | 2 | BCD | USB の規格を BCD 形式で設定 |
| 4 | bDeviceClass | 1 | Class | デバイスクラスを設定 |
| 5 | bDeviceSubClass | 1 | SubClass | デバイスサブクラスを設定 |
| 6 | bDeviceProtocol | 1 | Protocol | プロトコルを設定 |
| 7 | bMaxPacketSize0 | 1 | 数値 | コントロールエンドポイント（エンドポイント 0）の最大パケット長 |
| 8 | idVendor | 2 | ID | USB-IF から割り当てられたベンダー固有の ID |
| 10 | idProduct | 2 | ID | ベンダーが任意に設定するデバイス固有の番号 |
| 12 | bcdDevice | 2 | BCD | デバイスのリリース番号を BCD 形式で設定 |
| 14 | iManufacturer | 1 | インデックス | 製造者を表す文字列を持つスタンダードストリングディスクリプタのインデックス番号 |
| 15 | iProduct | 1 | インデックス | 製品を表す文字列を持つスタンダードストリングディスクリプタのインデックス番号 |
| 16 | iSerialNumber | 1 | インデックス | 製品のシリアル番号を表す文字列を持つスタンダードストリングディスクリプタのインデックス番号 |
| 17 | bNumConfigurations | 1 | 数値 | デバイスの持つコンフィグレーションの数 |

- **bcdUSB**：デバイスが準拠する USB の規格を二進化十進数（BCD）形式で設定します．USB 2.0 であれば 0x0200，USB 3.1 であれば 0x0310 などを設定します．**ADC 3.0 に準拠するデバイスでの最小値は 0x0201 と規定されています**．これは，ADC 3.0 では LPM のサポートを必須としており，LPM をサポートするためには BOS（Binary Device Object Store）のサポートが必須となるためです．
エンハンスドスーパースピードをサポートするデバイスが USB 2.0 で規定されるいずれかのスピードで動作する場合には 0x0210 を設定します．
- **DeviceClass**：対応するデバイスクラスを設定します．

ADC 1.0 では 0x00 を設定するように規定されています．

ADC 2.0 からは 0xEF（Miscellaneous Device Class）を設定するように規定されています（IAD を使用する）．

- **bDeviceSubClass**：対応するデバイスサブクラスを設定します．

ADC 1.0 では 0x00 を設定するように規定されています．

ADC 2.0 からは 0x02（Common Class）を設定するように規定されています（IAD を使用する）．

- **bDeviceProtocol**：対応するプロトコルを設定します．

ADC 1.0 では 0x00 を設定するように規定されています．

ADC 2.0 からは 0x01（Interface Association Descriptor）を設定するように規定されています（IAD を使用する）．

- **bMaxPacketSize0**：コントロールエンドポイント（Endpoint 0）の最大パケット長を設定します．この値はコントロールエンドポイントのパケットサイズのみが対象で，オーディオデータを扱うエンドポイントなどには影響しません．

  フルスピードのデバイスでは，8，16，32，64 のいずれかの値が設定できます．ハイスピードのデバイスでは 64 を設定します．Gen X のデバイスでは 9（512 バイト）を設定します．

- **idVendor，idProduct**：デバイス固有の番号をこれら 2 つの ID 番号で設定します．この 32 ビットの値によって製品を識別することができます．

  **idVendor**（**VID**）は USB-IF から各ベンダに割り当てられる 16 ビットのユニークな番号です．割り当てを受けるためには USB-IF と契約をする必要があります．

  **idProduct**（**PID**）はベンダーが独自に設定できる任意の 16 ビットの値です．

- **bcdDevice**：デバイスのリリース番号を二進化十進数（BCD）形式で設定します．リリース 1.0 であれば 0x0100 など，ベンダーが任意に設定することができます．

- **iManufacturer**：製造者を表す文字列を持つスタンダードストリングディスクリプタのインデックス番号を設定することができます．

- **iProduct**：製品を表す文字列を持つスタンダードストリングディスクリプタのインデックス番号を設定することができます．

- **iSerialNumber**：製品のシリアル番号を表す文字列を持つスタンダードストリングディスクリプタのインデックス番号を設定することができます．

- **bNumConfigurations**：デバイスの持つコンフィグレーションの数を設定します．

## 3.1.4 スタンダードコンフィグレーションディスクリプタ

スタンダードコンフィグレーションディスクリプタにも ADC 固有の定義はなく，USB 本体の規格書で定義された形式で使用します．表 3.12 にスタンダードコンフィグレーションディスクリプタの構造を示します．

表 3.12　スタンダードコンフィグレーションディスクリプタの構造

| オフセット | フィールド | サイズ | 値の種類 | 解説 |
| --- | --- | --- | --- | --- |
| 0 | bLength | 1 | 数値 | コンフィグレーションディスクリプタの長さ（0x09） |
| 1 | bDescriptorType | 1 | 固定値 | CONFIGURATION（0x02） |
| 2 | wTotalLength | 2 | 数値 | このコンフィグレーションを構成するディスクリプタの長さ |
| 4 | bNumInterfaces | 1 | 数値 | このコンフィグレーションディスクリプタが持つインターフェースの数 |
| 5 | bConfigurationValue | 1 | 数値 | このコンフィグレーションディスクリプタのインデックス番号 |
| 6 | iConfiguration | 1 | インデックス | このコンフィグレーションディスクリプタを表す文字列を持つスタンダードストリングディスクリプタのインデックス番号 |
| 7 | bmAttributes | 1 | ビットマップ | このコンフィグレーションの電源に関する特性 |
| 8 | bMaxPower | 1 | 数値 | 最大消費電流 2mAまたは 8mA（Gen Xの場合）単位 |

- **wTotalLength**：このコンフィグレーションを構成するディスクリプタの長さを設定します．この長さにはスタンダードコンフィグレーションディスクリプタ自身の長さも含みます．
- **bNumInterfaces**：このコンフィグレーションが持つインターフェースの数を設定します．
- **bConfigurationValue**：このコンフィグレーションのインデックス番号を設定します．**SetConfiguration** でコンフィグレーションを設定する際にはこの番号を使用します．
- **iConfiguration**：このコンフィグレーションを表す文字列を持つスタンダードストリングディスクリプタのインデックス番号を設定することができます．
- **bmAttributes**：このコンフィグレーションの電源に関する項目を設定します．

| ビットの位置 | 設定 |
| --- | --- |
| D7 | '1' に固定（USB1.0 ではバスパワーを示す） |
| D6 | セルフパワーの場合 '1' を設定 |
| D5 | リモート-ウェイクアップをサポートする場合 '1' を設定 |
| D4〜0 | 予約済み（'0' を設定） |

3.1 ディスクリプタの記述 **71**

セルフパワーデバイスでリモートーウェイクアップをサポートしない場合には 0xC0
を設定します．バスパワーデバイスでリモートーウェイクアップをサポートしない場
合には 0x80 を設定します．

- **bMaxPower**：このコンフィグレーションのときの最大消費電流を設定します．設定
  する値はフルスピードまたはハイスピードの場合には 2 mA 単位で設定し，Gen X の
  場合には 8 mA 単位で設定します．フルスピードで最大 500 mA を消費する場合 0xFA
  を設定します．

---

**コラム　bMaxPower に設定する値について**

　本文で解説した通り，bMaxPower に設定する値はそのコンフィグレーションのときの
最大消費電流を設定します．この値は任意の数値で設定することができるので，実際に想
定される最大消費電流を設定することは自然ですし，実際そのように設定しているデバイ
スも多く見受けられます．しかしながら USB の規格の性格上，あるいくつかの"特別な値"
が存在します．
　ここでは，オーディオデバイスが一般に使用する USB2.0 で設計する際の"特別な値"
を紹介します．
　最初の数字は 0 mA です．セルフパワーでのみ動作するコンフィグレーションの場合に
は USB バスから電流を消費することはない前提ですので，0 mA と設定するのが自然なよ
うに思えますし，それ自体は問題がありません．ところが，実際にコンプライアンステス
トなどを行うと不合格となる可能性があります．コンプライアンステストでは **bMaxPower**
に設定した値をわずかにでも超えてしまうと不合格となる厳密なテストが行われます．こ
のため，何らかの理由で 1 μA でも引いてしまうと不合格となってしまいます．このよう
な例が多数あったようで，筆者が実際に米国で行われるプラグフェスタに参加した際には
0 だけは設定しない方が良いとオフィシャルの人から言われたことがあります．
　次の数字は 100 mA です．この値はバスパワーで動作するデバイスには重要な値です．
USB デバイスがコンフィグレーションされる前に許容される最大の消費電流が 100 mA
です．この値は USB ポートにデバイスが接続されたときに保証される電流です．相手が
バスパワーで動作しているハブの場合，通常これ以上 USB ポートに電流を供給するこ
とができません．これは USB2.0 の場合 1 ポートに供給できる電流が最大 500 mA なの
でバスパワーで動作している 4 ポートのハブでは自身の消費電力を考慮するとダウンスト
リーム側に供給できる電流が 1 ポート当たり 100 mA になってしまうからです．一般の
ユーザがこのような事情を把握していることはまれですから接続する場所によって動作し
たりしなかったりという現象に悩まされることになり得ます．したがって，可能であれば
100 mA に抑えるようにすることで無用なトラブルを避けることができます．また，前述
の通り 100 mA は保証されているので，実際の消費電流を考慮して 100 mA 未満の値に
してもあまり意味はなく，むしろコンプライアンステスト上の条件が厳しくなるだけであ
ると言えます．
　最後の数字は 500 mA です．前述の通り USB2.0 のダウンストリーム側に供給できる
最大の電流は 500 mA ですので，これが **bMaxPower** に設定できる最大の値となります．
USB スピーカなど 100 mA を超える比較的大きな電流を消費するデバイスでは 500 mA
を設定することになります．

## 3.1.5 インターフェースアソシエーションディスクリプタ

インターフェースアソシエーションディスクリプタ（IAD）は ADC ではなく USB 本体の規格として定義されますが，その使用方法については ADC で定義されています．**表 3.13** にインターフェースアソシエーションディスクリプタの構造と ADC で規定されている値について示します．

**表 3.13 インターフェースアソシエーションディスクリプタの構造**

| オフセット | フィールド | サイズ | 値の種類 | 解説 |
|---|---|---|---|---|
| 0 | bLength | 1 | 数値 | ディスクリプタの長さ（0x08） |
| 1 | bDescriptorType | 1 | 固定値 | INTERFACE_ASSOCIATION（0x0B） |
| 2 | bFirstInterface | 1 | 数値 | このファンクションに関連付けられている最初のインターフェースの番号 |
| 3 | bInterfaceCount | 1 | 数値 | このアソシエーションに関連付けられているインターフェースの数 |
| 4 | bFunctionClass | 1 | クラス | AUDIO（0x01） |
| 5 | bFunctionSubClass | 1 | サブクラス | このファンクションのサブクラス |
| 6 | bFunctionProtocol | 1 | プロトコル | このファンクションのプロトコル |
| 7 | iFunction | 1 | インデックス | このファンクションを表す文字列を持つスタンダードストリングディスクリプタのインデックス番号 |

- **bFirstInterface**：このファンクションに関連付けられている最初のインターフェースの番号を設定します．
- **bInterfaceCount**：このアソシエーションに関連付けられているインターフェースの数を設定します．
- **bFunctionClass**：このファンクションのクラスを設定します．**AUDIO（0x01）**を設定します．
- **bFunctionSubClass**：このファンクションのサブクラスを設定します．
  ADC 1.0 および ADC 2.0 では 0x00 を設定します．
  ADC 3.0 では，以下に示すサブクラスコードを設定します．
  ADC 3.0 に準拠した形で完全に記述されたファンクションである場合には 0x01（FULL_ADC_3_0）を設定します．0x20 以降は BADD プロファイルを表します．

| オーディオファンクションサブクラスコード | 値 |
|---|---|
| FUNCTION_SUBCLASS_UNDEFINED | 0x00 |
| FULL_ADC_3_0 | 0x01 |
| GENERIC_I/O | 0x20 |
| HEADPHONE | 0x21 |
| SPEAKER | 0x22 |
| MICROPHONE | 0x23 |
| HEADSET | 0x24 |

## 3.1 ディスクリプタの記述　73

| オーディオファンクションサブクラスコード | 値 |
|---|---|
| HEADSET_ADAPTER | 0x25 |
| SPEAKERPHONE | 0x26 |

- **bFunctionProtocol**：このファンクションのプロトコルを設定します．ホストがデバイスを列挙する際にそのオーディオファンクションがどの ADC レベルに準拠しているかを参照します．この値はオーディオインターフェース（オーディオコントロールおよびオーディオストリーミング）のプロトコルコードの値と一致していなければなりません．
  ファンクション未定義（FUNCTION_PROTOCOL_UNDEFINED）は 0x00 です．
  ADC1.0では **AF_VERSION_01_00**(0x00)を設定します（**IP_VERSION_01_00**に対応）．
  ADC2.0では **AF_VERSION_02_00**(0x20)を設定します（**IP_VERSION_02_00**に対応）．
  ADC3.0では **AF_VERSION_03_00**(0x30)を設定します（**IP_VERSION_03_00**に対応）．
- **iFunction**：このファンクションを表す文字列を持つスタンダードストリングディスクリプタのインデックス番号を設定します．

### 3.1.6　オーディオクラスタの表現

ADC ではオーディオチャネルを**クラスタ**として扱います．オーディオクラスタを表す方法は**すべての ADC で異なります**．ADC1.0，2.0 ではコンフィグレーションディスクリプタ中に記述されますが，ADC3.0 ではハイケイパビリティディスクリプタを使用することで，より柔軟で正確なチャネル表現が可能になりました．

ADC1.0，2.0 の各規格書ではクラスタディスクリプタは独立して説明されていますが，クラスタディスクリプタ自体は単独では存在しません．論理チャネルを表すクラスタは以下のいずれかのディスクリプタの一部として記述され，物理チャネルを表すクラスタはクラススペシフィック AS インターフェースディスクリプタの一部として記述されます．

- インプットターミナルディスクリプタ
- ミキサユニットディスクリプタ
- プロセッシングユニットディスクリプタ
- エクステンションユニットディスクリプタ

論理チャネルを表す場合には上記ディスクリプタ中で **表 3.14**（ADC1.0）または **表 3.15**（ADC2.0）に示す構成で埋め込まれます．物理チャネルを表す場合にも同様の構成でクラススペシフィック AS インターフェースディスクリプタに埋め込まれます．

これらは ADC1.0 ではオーディオチャネルクラスタフォーマット（Audio Channel Cluster Format），ADC2.0 ではオーディオチャネルクラスタディスクリプタ（Audio Channel Cluster Descriptor）と呼ばれています．

表 3.14 オーディオチャネルクラスタフォーマット（ADC1.0）

| オフセット | フィールド | サイズ | 値の種類 | 解説 |
|---|---|---|---|---|
| 0 | bNrChannels | 1 | 数値 | このクラスタに含まれるチャネル数 |
| 1 | wChannelConfig | 2 | ビットマップ | 論理チャネルの配置 |
| 3 | iChannelNames | 1 | インデックス | 最初の論理チャネルを表す文字列を持つスタンダードストリングディスクリプタのインデックス番号 |

表 3.15 オーディオチャネルクラスタディスクリプタ（ADC2.0）

| オフセット | フィールド | サイズ | 値の種類 | 解説 |
|---|---|---|---|---|
| 0 | bNrChannels | 1 | 数値 | このクラスタに含まれるチャネル数 |
| 1 | bmChannelConfig | 4 | ビットマップ | 論理チャネルの配置 |
| 5 | iChannelNames | 1 | インデックス | 最初の論理チャネルを表す文字列を持つスタンダードストリングディスクリプタのインデックス番号 |

- **bNrChannels**：このインプットターミナルの論理チャネル数を設定します．ステレオであれば0x02を設定します．

- **wChannelConfig**：以下に示すビットマップにしたがって論理チャネルの配置を設定します（ADC1.0）．フロント左右ステレオであれば0x0003を設定します．

| ビットの位置 | 論理チャネルの配置 |
|---|---|
| D0 | Left Front (L) |
| D1 | Right Front (R) |
| D2 | Center Front (C) |
| D3 | Low Frequency Enhancement (LFE) |
| D4 | Left Surround (LS) |
| D5 | Right Surround (RS) |
| D6 | Left of Center (LC) |
| D7 | Right of Center (RC) |
| D8 | Surround (S) |
| D9 | Side Left (SL) |
| D10 | Side Right (SR) |
| D11 | Top (T) |
| D15〜12 | 予約済み |

- **bmChannelConfig**：以下に示すビットマップにしたがって論理チャネルの配置を設定します（ADC2.0）．

| ビットの位置 | 論理チャネルの配置 |
|---|---|
| D0 | Front Left (FL) |
| D1 | Front Right (FR) |
| D2 | Front Center (FC) |

| ビットの位置 | 論理チャネルの配置 |
|---|---|
| D 3 | Low Frequency Enhancement (LFE) |
| D 4 | Back Left (BL) |
| D 5 | Back Right (BR) |
| D 6 | Front Left of Center (FLC) |
| D 7 | Front Right of Center (FRC) |
| D 8 | Back Center (BC) |
| D 9 | Side Left (SL) |
| D 10 | Side Right (SR) |
| D 11 | Top Center (TC) |
| D 12 | Top Front Left (TFL) |
| D 13 | Top Front Center (TFC) |
| D 14 | Top Front Right (TFR) |
| D 15 | Top Back Left (TBL) |
| D 16 | Top Back Center (TBC) |
| D 17 | Top Back Right (TBR) |
| D 18 | Top Front Left of Center (TFLC) |
| D 19 | Top Front Right of Center (TFRC) |
| D 20 | Left Low Frequency Effects (LLFE) |
| D 21 | Right Low Frequency Effects (RLFE) |
| D 22 | Top Side Left (TSL) |
| D 23 | Top Side Right (TSR) |
| D 24 | Bottom Center (BC) |
| D 25 | Back Left of Center (BLC) |
| D 26 | Back Right of Center (BRC) |
| D 30 〜 27 | 予約済み |
| D 31 | Raw Data |

- **iChannelNames**：最初の論理チャネルを表す文字列を持つスタンダードストリングディスクリプタのインデックス番号を設定します．

ADC 3.0では前述の通りハイケイパビリティディスクリプタを使用して独立したクラスタディスクリプタ（Cluster Descriptor）として定義され，コンフィグレーションディスクリプタ中からクラスタディスクリプタに割り当てられた ID によって参照されます．

クラスタディスクリプタには論理クラスタディスクリプタと物理クラスタディスクリプタの2種類があります．これらはいずれもここで述べるクラスタディスクリプタの構造を取ります．論理クラスタディスクリプタと物理クラスタディスクリプタのいずれも単独で存在するものではなく他のディスクリプタから参照されます．参照される際にはクラスタディスクリプタ ID（**wClusterDescrID**）によって参照されます．

論理クラスタディスクリプタは以下のいずれかのディスクリプタから参照されます．

- インプットターミナルディスクリプタ
- ミキサユニットディスクリプタ

- プロセッシングユニットディスクリプタ
- 拡張ユニットディスクリプタ

物理クラスタディスクリプタはクラススペシフィックオーディオストリーミングディスクリプタの各オルタネイトセッティングから参照されます（オルタネイトセッティング 0 を除く）．また，物理クラスタディスクリプタはコネクタディスクリプタからも参照されます．

クラスタディスクリプタはヘッダを先頭に，共通ブロック（Common Block，オプショナル）に続き，クラスタのチャネル情報のブロックが配置されます．クラスタディスクリプタは図 3.4 に示す階層構造をとり，ヘッダを除く各ブロックは後述のセグメントからなります．

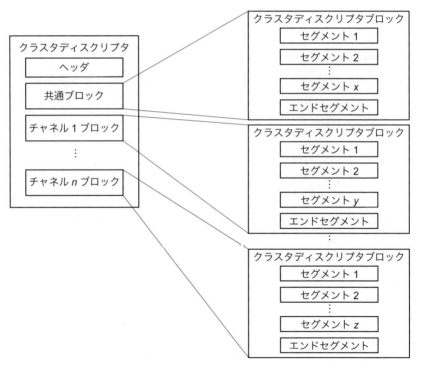

図 3.4　クラスタディスクリプタの構造

## (1) クラスタディスクリプタヘッダ

クラスタディスクリプタヘッダはクラスタディスクリプタの先頭に配置され，クラスタディスクリプタの長さやチャネルの数など，ディスクリプタの概要を表します．**表3.16**にクラスタディスクリプタヘッダの構造を示します．

クラスタディスクリプタヘッダは，ADC3.0で規定されるクラスタディスクリプタを構成する要素であり，クラスタディスクリプタヘッダもまたADC3.0に準拠したディスクリプタにおいてのみ使用されます．以下同様に，クラスタディスクリプタを構成する要素はすべてADC3.0に準拠したディスクリプタにおいてのみ使用されます．

**表3.16　クラスタディスクリプタヘッダの構造**

| オフセット | フィールド | サイズ | 値の種類 | 解説 |
|---|---|---|---|---|
| 0 | wLength | 2 | 数値 | クラスタディスクリプタの長さ（0x0007） |
| 2 | bDescriptorType | 1 | 固定値 | CS_CLUSTER（0x26） |
| 3 | bDescriptorSubtype | 1 | 固定値 | SUBTYPE_UNDEFINED（0x00） |
| 4 | wDescriptorID | 2 | 数値 | このクラスタディスクリプタのID |
| 6 | bNrChannels | 1 | 数値 | このクラスタディスクリプタに含まれるチャネル数 |

- **wDescriptorID**：1以上（0は予約済みで使用禁止）の一意に決まる値を設定します．
- **bNrChannels**：クラスタに含まれるチャネルの数を設定します．

## (2) クラスタディスクリプタブロック

クラスタディスクリプタ内ではクラスタディスクリプタヘッダの後に，複数のクラスタディスクリプタブロックが続きます．最初のクラスタディスクリプタブロックは共通ブロック（Common Block）で，クラスタを構成するチャネルに応じた数のチャネルブロック（Channel Block）がこれに続きます．共通ブロックはオプショナルの扱いで実装は任意となっています．チャネルブロックは少なくとも情報セグメント（Information Segment）またはアンビソニックセグメント（Ambisonic Segment）のいずれかを持ち，これらに続き末尾にセグメントの終端を表すエンドセグメント（End Segment）を配置します．

### (1) セグメント

セグメント（Segment）には共通ブロックセグメント（Common Block Segment）とチャネルブロックセグメント（Channel Block Segment）が定義されています．いずれのセグメントも**表3.17**に示す構造を取ります．

## Chapter 3 オーディオインターフェースの実装

表 3.17 セグメントに共通の構造

| オフセット | フィールド | サイズ | 値の種類 | 解説 |
|---|---|---|---|---|
| 0 | wLength | 2 | 数値 | セグメントの長さ（3+n） |
| 2 | bSegmentType | 1 | 固定値 | セグメントの種類 |
| 3〜 | セグメント固有 | n | セグメント固有 | セグメント固有の情報 |

- **wLength**：wLength 自身を含むセグメントの長さを設定します．
- **bSegmentType**：以下に示す値を設定します．

| セグメントタイプ | 値 |
|---|---|
| SEGMENT_UNDEFINED | 0x00 |
| CLUSTER_DESCRIPTION | 0x01 |
| CLUSTER_VENDOR_DEFINED | 0x1F |
| CHANNEL_INFORMATION | 0x20 |
| CHANNEL_AMBISONIC | 0x21 |
| CHANNEL_DESCRIPTION | 0x22 |
| CHANNEL_VENDOR_DEFINED | 0xFE |
| END_SEGMENT | 0xFF |

**(a) セグメントの終端**

セグメントの末尾にはセグメントの終端を表すエンドセグメント（End Segment）が配置されます．表 3.18 にエンドセグメントの構造を示します．

表 3.18 エンドセグメントの構造

| オフセット | フィールド | サイズ | 値の種類 | 解説 |
|---|---|---|---|---|
| 0 | wLength | 2 | 数値 | セグメントの長さ（0x0003） |
| 2 | bSegmentType | 1 | 固定値 | END_SEGMENT（0xFF） |

**(b) 共通ブロックセグメント**

共通ブロックセグメント（Common Block Segment）にはクラスタディスクリプションセグメント（Cluster Description Segment）とベンダー定義セグメント（Vendor-defined Segment）の 2 種類が定義されています．

■クラスタディスクリプションセグメント

クラスタディスクリプションセグメントはクラスタを表す文字列を持つクラススペシフィックストリングディスクリプタの ID を wCDDescrStr（オフセット 3）に設定します．表 3.19 にクラスタディスクリプションセグメントの構造を示します．

3.1 ディスクリプタの記述

表 3.19 クラスタディスクリプションセグメントの構造

| オフセット | フィールド | サイズ | 値の種類 | 解説 |
|---|---|---|---|---|
| 0 | wLength | 2 | 数値 | セグメントの長さ（0x0005） |
| 2 | bSegmentType | 1 | 固定値 | CLUSTER_DESCRIPTION（0x01） |
| 3 | wCDDescrStr | 2 | インデックス | クラススペシフィックストリングディスクリプタの ID |

■ベンダー定義セグメント

ベンダー定義セグメントはベンダー独自のクラスタ情報を共通ブロックに付加する必要がある場合に使用するセグメントです．表 3.20 にベンダー定義セグメントの構造を示します．

表 3.20 ベンダー定義セグメントの構造

| オフセット | フィールド | サイズ | 値の種類 | 解説 |
|---|---|---|---|---|
| 0 | wLength | 2 | 数値 | セグメントの長さ（3+$n$） |
| 2 | bSegmentType | 1 | 固定値 | CLUSTER_VENDOR_DEFINED（0x1F） |
| 3〜 | ベンダー固有 | $n$ | | ベンダー独自 |

■チャネルブロックセグメント

チャネルブロックセグメント（Channel Block Segment）にはインフォメーションセグメント（Information Segment），アンビソニックセグメント（Ambisonic Segment），チャネルディスクリプションセグメント（Channel Description Segment），ベンダー定義セグメント（Vendor-defined Segment）の 4 種類が定義されています．

■インフォメーションセグメント

インフォメーションセグメントはクラスタ中の各チャネルの情報を表すセグメントで，以下の 8 種類が定義されています．

- **ジェネリックオーディオ**（Generic Audio）：一般的なオーディオの入出力を表します．
- **ボイス**（Voice）：人間が解釈できる音声を表します．
- **スピーチ**（Speech）：機械が解釈または発音する音声を表します．
- **アンビエント**（Ambient）：主チャネル以外のオーディオを表します．
- **リファレンス**（Reference）：リファレンスとなるオーディオを表します．ADC 3.0 ではアコースティックエコーキャンセレーション（AEC）処理のリファレンスなどが対象として例示されています．
- **超音波**（Ultrasonic）：超音波（通常 20 kHz 以上）を表します．
- **バイブロキネティック**（Vibrokinetic）：超低周波の情報を表します．バイブレータやモーションアクチュエータなどが想定されています．

- **ノン-オーディオ**（Non-Audio）：非オーディオであることを表します．ADC3.0ではアンプのフィードバックやリアルタイム圧力検出などがその用途として例示されています．

表3.21にインフォメーションセグメントの構造を示します．

**表3.21 インフォメーションセグメントの構造**

| オフセット | フィールド | サイズ | 値の種類 | 解説 |
|---|---|---|---|---|
| 0 | wLength | 2 | 数値 | インフォメーションセグメントの長さ（0x0006） |
| 2 | bSegmentType | 1 | 固定値 | CHANNEL_INFORMATION（0x20） |
| 3 | bChPurpose | 1 | 数値 | チャネルのおもな目的 |
| 4 | bChRelationship | 1 | 数値 | 他のチャネルとの関係を表す値を設定 |
| 5 | bChGroupID | 1 | 数値 | チャネルの属するグループID |

- **bChPurpose**：チャネルのおもな目的を以下の値を使用して設定します．

| チャネルのおもな目的 | 値 |
|---|---|
| PURPOSE_UNDEFINED | 0x00 |
| GENERIC_AUDIO | 0x01 |
| VOICE | 0x02 |
| SPEECH | 0x03 |
| AMBIENT | 0x04 |
| REFERENCE | 0x05 |
| ULTRASONIC | 0x06 |
| VIBROKINETIC | 0x07 |
| NON_AUDIO | 0xFF |

- **bChRelationship**：クラスタ中の他のチャネルとの関係を表す値を設定します．ADC3.0ではCEA-861.2標準との対応が示されています

  ※本書稿執筆時点（2017年3月現在）ではADC3.0の規格書で該当するAppendix A.12には対応する値が記載されていません．

- **bChGroupID**：チャネルの属するグループIDを設定します．クラスタ中で同一グループIDを持つチャネルを1つのグループとして束ねます．

■アンビソニックセグメント

アンビソニックセグメントはクラスタ中のアンビソニック（Ambisonic）チャネルを表します．表3.22にアンビソニックセグメントの構造を示します．

## 3.1 ディスクリプタの記述

表 3.22 アンビソニックセグメントの構造

| オフセット | フィールド | サイズ | 値の種類 | 解説 |
|---|---|---|---|---|
| 0 | wLength | 2 | 数値 | アンビソニックセグメントの長さ (0x0007) |
| 2 | bSegmentType | 1 | 固定値 | CHANNEL_AMBISONIC (0x21) |
| 3 | bCompOrdering | 1 | 数値 | 球面調和関数について設定 |
| 4 | bACN | 1 | 数値 | アンビソニックチャネル番号 |
| 5 | bAmbNorm | 1 | 数値 | ノーマライゼーションタイプ |
| 6 | bChGroupID | 1 | 数値 | チャネルの属するグループ ID |

- **bCompOrdering**：球面調和関数（Spherical harmonics）について以下の値を使用して設定します．

| タイプ | 値 |
|---|---|
| ORD_TYPE_UNDEFINED | 0x00 |
| AMBISONIC_CHANNEL_NUMBER（ACN） | 0x01 |
| FURSE_MALHAM | 0x02 |
| SINGLE_INDEX DESIGNATION（SID） | 0x03 |

- **bACN**：アンビソニックチャネル番号を設定します．
- **bAmbNorm**：チャネルのノーマライゼーションタイプを以下の値を使用して設定します．

| ノーマライゼーションタイプ | 値 |
|---|---|
| NORM_TYPE_UNDEFINED | 0x00 |
| maxN | 0x01 |
| SN3D | 0x02 |
| N3D | 0x03 |
| SN2D | 0x04 |
| N2D | 0x05 |

- **bChGroupID**：チャネルの属するグループ ID を設定します．クラスタ中で同一グループ ID を持つチャネルを 1 つのグループとして束ねます．

■チャネルディスクリプションセグメント

チャネルディスクリプションセグメントはチャネルを表す文字列を持つクラススペシフィックストリングディスクリプタの ID を **wCDDescrStr**（オフセット 3）に設定します．表 3.23 にチャネルディスクリプションセグメントの構造を示します．

Chapter 3 オーディオインターフェースの実装

表3.23 チャネルディスクリプションセグメントの構造

| オフセット | フィールド | サイズ | 値の種類 | 解説 |
|---|---|---|---|---|
| 0 | wLength | 2 | 数値 | セグメントの長さ (0x0005) |
| 2 | bSegmentType | 1 | 固定値 | CHANNEL_DESCRIPTION (0x22) |
| 3 | wCDDescrStr | 2 | インデックス | クラススペシフィックストリングディスクリプタのID |

■ベンダー定義セグメント

　ベンダー定義セグメントはベンダー独自のチャネル情報をチャネルブロックに付加する必要がある場合に使用するセグメントです．**表3.24**にベンダー定義セグメントの構造を示します．

表3.24 ベンダー定義セグメントの構造

| オフセット | フィールド | サイズ | 値の種類 | 解説 |
|---|---|---|---|---|
| 0 | wLength | 2 | 数値 | セグメントの長さ（3+n） |
| 2 | bSegmentType | 1 | 固定値 | CHANNEL_VENDOR_DEFINED (0xFE) |
| 3〜 | ベンダー固有 | n | | ベンダー独自 |

## 3.1.7　オーディオコントロールインターフェースディスクリプタ

　オーディオコントロール（Audio Control，AC）インターフェースディスクリプタはオーディオコントロールのインターフェースを詳細に表すためのディスクリプタとして使用されます．スタンダードディスクリプタとクラススペシフィックディスクリプタの両方が定義されています．

(1) スタンダードAC・インタ　フェースディスクリプタ

　スタンダードACインターフェースディスクリプタは**bInterfaceClass，bInterfaceSubClass，bInterfaceProtocol**の3つのフィールドがADCによって規定されている点を除きUSB本体の規格書で定義されたスタンダードインターフェースディスクリプタと同じ仕様です．

　**表3.25**にスタンダードACインターフェースディスクリプタの構造を示します．

3.1 ディスクリプタの記述

表 3.25 スタンダード AC インターフェースディスクリプタの構造

| オフセット | フィールド | サイズ | 値の種類 | 解説 |
|---|---|---|---|---|
| 0 | bLength | 1 | 数値 | ディスクリプタの長さ（0x09） |
| 1 | bDescriptorType | 1 | 固定値 | INTERFACE（0x04） |
| 2 | bInterfaceNumber | 1 | 数値 | このインターフェースの番号 |
| 3 | bAlternateSetting | 1 | 数値 | このインターフェースの中でのオルタネイトセッティング番号（0x00） |
| 4 | bNumEndpoints | 1 | 数値 | このインターフェースが使用するエンドポイントの数 |
| 5 | bInterfaceClass | 1 | クラス | AUDIO（0x01） |
| 6 | bInterfaceSubClass | 1 | サブクラス | AUDIO_CONTROL（0x01） |
| 7 | bInterfaceProtocol | 1 | プロトコル | このインターフェースのプロトコル |
| 8 | iInterface | 1 | インデックス | このインターフェースを表す文字列を持つスタンダードストリングディスクリプタのインデックス番号 |

- **bInterfaceNumber**：このインターフェースの番号を設定します．
- **bAlternateSetting**：このインターフェースの中でのオルタネイトセッティング番号を設定します．0x00 を設定します．
- **bNumEndpoints**：このインターフェースが使用するエンドポイントの数を設定します（エンドポイント 0 は含めない）．インタラプトエンドポイントがある場合には 0x01 を，それ以外は 0x00 を設定します．
- **bInterfaceClass**：このインターフェースのクラスを設定します．**AUDIO（0x01）**を設定します．すべての USB オーディオインターフェースにおけるインターフェースクラスの値は統一されている必要があります．
- **bInterfaceSubClass**：このインターフェースのサブクラスを設定します．**AUDIO_CONTROL（0x01）**を設定します．
- **bInterfaceProtocol**：IAD のオーディオファンクションプロトコルの値と一致していなければなりません．
  ADC 1.0 に対応する場合は **IP_VERSION_01_00（0x00）**を設定します
  ADC 2.0 に対応する場合は **IP_VERSION_02_00（0x20）**を設定します
  ADC 3.0 に対応する場合は **IP_VERSION_03_00（0x30）**を設定します
- **iInterface**：このインターフェースを表す文字列を持つスタンダードストリングディスクリプタのインデックス番号を設定します

## (2) クラススペシフィック AC インターフェースディスクリプタ

クラススペシフィック AC インターフェースディスクリプタはインターフェースを構成する様々な要素（ターミナルやユニットなど）を表すディスクリプタの集合体です．これによってホストはこのインターフェースがどのようなコントロールを持ち，どのような操作に対応しているかを知ることができます．

クラススペシフィック AC インターフェースディスクリプタは最初にクラススペシフィック AC インターフェースヘッダディスクリプタが配置され，インターフェースディスクリプタの始まりであることが宣言されます．その後に様々な要素を表すディスクリプタが続きますが，それらは独立して識別可能で順序は重要ではありません．各要素はトポロジ内で一意に決められた ID（TID や UID など）が割り当てられ，これらの ID はそれぞれのディスクリプタ中に設定します．

**クラススペシフィック AC インターフェースヘッダディスクリプタは ADC 1.0, 2.0, 3.0 のすべてで異なる構造が定義されています．**

クラススペシフィック AC インターフェースディスクリプタを構成するディスクリプタには **bmControls** フィールドを持つものがあります．ADC1.0 では個別に 1 ビットずつマッピングされ，1 が有効（実装あり），0 が無効（実装なし）を表します．ADC2.0, 3.0 では**表 3.26** に示す 2 ビットずつのペアのビットマップで実装の状態が表現されます．

表 3.26 bmControls フィールドの値

| bmControls フィールドの機能 | 値（二進数） |
|---|---|
| 実装なし | 00 |
| 実装されているが読取りのみ可能 | 01 |
| 使用不可 | 10 |
| 実装されておりホストが操作可能 | 11 |

**表 3.27〜表 3.29** に各 ADC で定義されているクラススペシフィック AC インターフェースヘッダディスクリプタの構造を示します．

## 3.1 ディスクリプタの記述

表3.27 クラススペシフィック AC インターフェースヘッダディスクリプタの構造（ADC 1.0）

| オフセット | フィールド | サイズ | 値の種類 | 解説 |
|---|---|---|---|---|
| 0 | bLength | 1 | 数値 | クラススペシフィック AC インターフェースヘッダディスクリプタの長さ（8+$n$） |
| 1 | bDescriptorType | 1 | 固定値 | CS_INTERFACE（0x24） |
| 2 | bDescriptorSubtype | 1 | 固定値 | HEADER（0x01） |
| 3 | bcdADC | 2 | BCD | 準拠する ADC（0x0100） |
| 5 | wTotalLength | 2 | 数値 | このクラススペシフィック AC インターフェースディスクリプタの長さ |
| 7 | bInCollection | 1 | 数値 | 列挙されるストリーミングインターフェースの数（$n$） |
| 8 | baInterfaceNr（1） | 1 | 数値 | ストリーミングインターフェースの番号（1番目） |
| ⋮ | ⋮ | ⋮ | ⋮ | ⋮ |
| 8+($n$-1) | baInterfaceNr（$n$） | 1 | 数値 | ストリーミングインターフェースの番号（$n$番目） |

表3.28 クラススペシフィック AC インターフェースヘッダディスクリプタの構造（ADC 2.0）

| オフセット | フィールド | サイズ | 値の種類 | 解説 |
|---|---|---|---|---|
| 0 | bLength | 1 | 数値 | クラススペシフィック AC インターフェースヘッダディスクリプタの長さ（0x09） |
| 1 | bDescriptorType | 1 | 固定値 | CS_INTERFACE（0x24） |
| 2 | bDescriptorSubtype | 1 | 固定値 | HEADER（0x01） |
| 3 | bcdADC | 2 | BCD | 準拠する ADC（0x0200） |
| 5 | bCategory | 1 | 数値 | このオーディオファンクションのおもたる用途を表すコードを設定 |
| 6 | wTotalLength | 2 | 数値 | このクラススペシフィック AC インターフェースディスクリプタの長さ |
| 8 | bmControls | 1 | ビットマップ | D1～0: レイテンシコントロール, D7～2: 予約済み（0 を設定） |
| 7 | bInterfaceProtocol | 1 | プロトコル | このインターフェースのプロトコル |
| 8 | iInterface | 1 | インデックス | このインターフェースを表す文字列を持つスタンダードストリングディスクリプタのインデックス番号 |

表 3.29 クラススペシフィック AC インターフェースヘッダディスクリプタの構造
 （ADC 3.0）

| オフセット | フィールド | サイズ | 値の種類 | 解説 |
|---|---|---|---|---|
| 0 | bLength | 1 | 数値 | クラススペシフィック AC インターフェースヘッダディスクリプタの長さ（0x0A） |
| 1 | bDescriptorType | 1 | 固定値 | CS_INTERFACE（0x24） |
| 2 | bDescriptorSubtype | 1 | 固定値 | HEADER（0x01） |
| 3 | bCategory | 1 | 数値 | このオーディオファンクションのおもたる用途を表すコードを設定 |
| 4 | wTotalLength | 2 | 数値 | このクラススペシフィック AC インターフェースディスクリプタの長さ |
| 6 | bmControls | 4 | ビットマップ | D1〜0: レイテンシコントロール，D31〜2: 予約済み（0 を設定） |

- **bcdADC**：準拠する ADC を二進化十進数（BCD）形式で設定します．ADC 1.0 および ADC 2.0 に準拠する場合にのみ設定します．
- **wTotalLength**：このクラススペシフィック AC インターフェースディスクリプタの長さを設定します．
- **bCategory**：このオーディオファンクションのおもたる用途を表すコードを設定します．以下に示すカテゴリコードから適切な値を設定します．ADC 2.0 では 0x00 から 0x0C と 0xFF が定義されており，0x0D から 0xFE までの値を設定することはできません．

| オーディオファンクションカテゴリコード | 値 |
|---|---|
| FUNCTION_SUBCLASS_UNDEFINED | 0x00 |
| DESKTOP_SPEAKER | 0x01 |
| HOME_THEATER | 0x02 |
| MICROPHONE | 0x03 |
| HEADSET | 0x04 |
| TELEPHONE | 0x05 |
| CONVERTER | 0x06 |
| VOICE/SOUND_RECORDER | 0x07 |
| I/O_BOX | 0x08 |
| MUSICAL_INSTRUMENT | 0x09 |
| PRO-AUDIO | 0x0A |
| AUDIO/VIDEO | 0x0B |
| CONTROL_PANEL | 0x0C |
| HEADPHONE | 0x0D |
| GENERIC_SPEAKER | 0x0E |
| HEADSET_ADAPTER | 0x0F |
| SPEAKERPHONE | 0x10 |
| 予約済み | 0x11〜0xFE |
| その他 | 0xFF |

- **bInCollection**：ADC 1.0 でのみ定義されています．

  オフセット 8 以降の **baInterfaceNr** で列挙されるストリーミングインターフェースの数を設定します．

- **baInterfaceNr**：ADC 1.0 でのみ定義されています．

  オーディオストリーミングインターフェースまたは MIDI ストリーミングインターフェースの番号（インターフェースディスクリプタの **bInterfaceNumber**）を列挙します．

  例えば，オーディオ入力と出力の 2 つのインターフェースが実装されていて，それぞれインターフェース番号 1，インターフェース番号 2 と割り当てられている場合にはオフセット 8 に 1，オフセット 9 に 2 を設定します．この場合，**baInterfaceNr** は 0x02，**bLength** は 0x0A となります．

- **bmControls**：（オーディオトポロジ内の各要素のレベルではなく）オーディオファンクションのレベルで実装されている機能をビットマップで設定します．ADC 2.0, 3.0 のいずれもレイテンシコントロールのみが定義されています．表 3.26 に示した 2 ビットの組合せで表します．

**(1) インプットターミナルディスクリプタ**

インプットターミナルディスクリプタ（ITD）はインプットターミナル（IT）の情報を表すディスクリプタです．**インプットターミナルディスクリプタは ADC 1.0, 2.0, 3.0 のすべてで異なる構造が定義されています．**

表 3.30 ～表 3.32 に各 ADC で定義されているインプットターミナルディスクリプタの構造を示します．

表3.30 インプットターミナルディスクリプタの構造（ADC1.0）

| オフセット | フィールド | サイズ | 値の種類 | 解説 |
|---|---|---|---|---|
| 0 | bLength | 1 | 数値 | ディスクリプタの長さ（0x0C） |
| 1 | bDescriptorType | 1 | 固定値 | CS_INTERFACE（0x24） |
| 2 | bDescriptorSubtype | 1 | 固定値 | INPUT_TERMINAL（0x02） |
| 3 | bTerminalID | 1 | 数値 | ターミナルID |
| 4 | wTerminalType | 2 | 固定値 | ターミナルタイプ |
| 6 | bAssocTerminal | 1 | 数値 | このインプットターミナルに関連付けられているアウトプットターミナルのID |
| 7 | bNrChannels | 1 | 数値 | このインプットターミナルの論理チャネル数 |
| 8 | wChannelConfig | 2 | ビットマップ | 論理チャネルの配置 |
| 10 | iChannelNames | 1 | インデックス | 最初の論理チャネルを表す文字列を持つスタンダードストリングディスクリプタのインデックス番号 |
| 11 | iTerminal | 1 | インデックス | このインプットターミナルディスクリプタを表す文字列を持つスタンダードストリングディスクリプタのインデックス番号 |

表3.31 インプットターミナルディスクリプタの構造（ADC2.0）

| オフセット | フィールド | サイズ | 値の種類 | 解説 |
|---|---|---|---|---|
| 0 | bLength | 1 | 数値 | ディスクリプタの長さ（0x11） |
| 1 | bDescriptorType | 1 | 固定値 | CS_INTERFACE（0x24） |
| 2 | bDescriptorSubtype | 1 | 固定値 | INPUT_TERMINAL（0x02） |
| 3 | bTerminalID | 1 | 数値 | ターミナルID |
| 4 | wTerminalType | 2 | 固定値 | ターミナルタイプ |
| 6 | bAssocTerminal | 1 | 数値 | このインプットターミナルに関連付けられているアウトプットターミナルのID |
| 7 | bCSourceID | 1 | 数値 | このインプットターミナルに接続されているクロックエンティティのID |
| 8 | bNrChannels | 1 | 数値 | このインプットターミナルの論理チャネル数 |
| 9 | bmChannelConfig | 4 | ビットマップ | 論理チャネルの配置 |
| 13 | iChannelNames | 1 | インデックス | 最初の論理チャネルを表す文字列を持つスタンダードストリングディスクリプタのインデックス番号 |
| 14 | bmControls | 2 | ビットマップ | このインプットターミナルに実装されているコントロールを設定 |
| 16 | iTerminal | 1 | インデックス | このインプットターミナルディスクリプタを表す文字列を持つスタンダードストリングディスクリプタのインデックス番号 |

表3.32 インプットターミナルディスクリプタの構造（ADC3.0）

| オフセット | フィールド | サイズ | 値の種類 | 解説 |
|---|---|---|---|---|
| 0 | bLength | 1 | 数値 | ディスクリプタの長さ（0x14） |
| 1 | bDescriptorType | 1 | 固定値 | CS_INTERFACE（0x24） |
| 2 | bDescriptorSubtype | 1 | 固定値 | INPUT_TERMINAL（0x02） |
| 3 | bTerminalID | 1 | 数値 | ターミナル ID |
| 4 | wTerminalType | 2 | 固定値 | ターミナル タイプ |
| 6 | bAssocTerminal | 1 | 数値 | このインプットターミナルに関連付けられているアウトプットターミナルの ID |
| 7 | bCSourceID | 1 | 数値 | このインプットターミナルに接続されているクロックエンティティの ID |
| 8 | bmControls | 4 | ビットマップ | このインプットターミナルに実装されているコントロールを設定 |
| 12 | wClusterDescrID | 2 | 数値 | このインプットターミナルのクラスタディスクリプタの ID |
| 14 | wExTerminalDescrID | 2 | 数値 | このインプットターミナルの拡張ターミナルディスクリプタの ID |
| 16 | wConnectorsDescrID | 2 | 数値 | このインプットターミナルのコネクタディスクリプタの ID |
| 18 | wTerminalDescrStr | 2 | インデックス | このインプットターミナルディスクリプタを表すクラススペシフィックストリングディスクリプタのインデックス番号 |

- **bTerminalID**：このターミナルをトポロジ内で一意に決まる値で表します．

- **wTerminalType**：ターミナル タイプを設定します．ターミナル タイプは各 ADC に対応する規格書（*DEVICE CLASS DEFINITION FOR TERMINAL TYPES*）を参照してください．

- **bAssocTerminal**：このインプットターミナルに関連付けられているターミナルの ID を設定します．関連付けられているターミナルがない場合には 0x00 を設定します．

- **bCSourceID**：このインプットターミナルに接続されているクロックエンティティの ID を設定します．ADC2.0 と ADC3.0 で定義されています．

- **bNrChannels**：このインプットターミナルの論理チャネル数を設定します．ステレオ（2チャネル）であれば 0x02 を設定します．ADC1.0 と ADC2.0で定義されています．

- **wChannelConfig**：3.1.6 に示した **wChannelConfig** を表す表に記載のビットマップにしたがって論理チャネルの配置を設定します（ADC1.0）．

- **bmChannelConfig**：3.1.6 に示した **bmChannelConfig** を表す表に記載のビットマップにしたがって論理チャネルの配置を設定します（ADC2.0）．

- **iChannelNames**：最初の論理チャネルを表す文字列を持つスタンダードストリングディスクリプタのインデックス番号を設定します．ADC1.0 と ADC2.0で定義され

ています．

- **bmControls**：表3.26に示した2ビットの組合せで以下に示すビットマップでコントロールを表します．ADC2.0とADC3.0で定義されています．

  - ADC2.0

    | ビットの位置 | コントロール |
    |---|---|
    | D1～0 | Copy Protect Control |
    | D3～2 | Connector Control |
    | D5～4 | Overload Control |
    | D7～6 | Cluster Control |
    | D9～8 | Underflow Control |
    | D11～10 | Overflow Control |
    | D15～12 | 予約済み |

  - ADC3.0

    | ビットの位置 | コントロール |
    |---|---|
    | D1～0 | Insertion Control |
    | D3～2 | Overload Control |
    | D5～4 | Underflow Control |
    | D7～6 | Overflow Control |
    | D31～8 | 予約済み |

- **wClusterDescrID**：このインプットターミナルが参照するクラスタディスクリプタのIDを設定します．ADC3.0でのみ定義されています．

- **wExTerminalDescrID**：このインプットターミナルが参照する拡張ターミナルディスクリプタのIDを設定します．ADC3.0でのみ定義されています．

- **wConnectorsDescrID**：このインプットターミナルが参照するコネクタディスクリプタのIDを設定します．ADC3.0でのみ定義されています．

- **iTerminal**：このインプットターミナルディスクリプタを表す文字列を持つスタンダードストリングディスクリプタのインデックス番号を設定します．ADC1.0とADC2.0で定義されています．

- **wTerminalDescrStr**：このインプットターミナルディスクリプタを表すクラススペシフィックストリングディスクリプタのインデックス番号を設定します．ADC3.0でのみ定義されています．

(2) アウトプットターミナルディスクリプタ

アウトプットターミナルディスクリプタ（OTD）はアウトプットターミナル（OT）の情報を表すディスクリプタです．**アウトプットターミナルディスクリプタはADC1.0, 2.0, 3.0のすべてで異なる構造が定義されています．**

表3.33〜表3.35に各ADCで定義されているアウトプットターミナルディスクリプタの構造を示します．

表3.33 アウトプットターミナルディスクリプタの構造（ADC1.0）

| オフセット | フィールド | サイズ | 値の種類 | 解説 |
|---|---|---|---|---|
| 0 | bLength | 1 | 数値 | ディスクリプタの長さ（0x09） |
| 1 | bDescriptorType | 1 | 固定値 | CS_INTERFACE（0x24） |
| 2 | bDescriptorSubtype | 1 | 固定値 | OUTPUT_TERMINAL（0x03） |
| 3 | bTerminalID | 1 | 数値 | ターミナルID |
| 4 | wTerminalType | 2 | 固定値 | ターミナルタイプ |
| 6 | bAssocTerminal | 1 | 数値 | このアウトプットターミナルに関連付けられているインプットターミナルのID |
| 7 | bSourceID | 1 | 数値 | このアウトプットターミナルに接続されているユニットまたはターミナルのID |
| 8 | iTerminal | 1 | インデックス | このアウトプットターミナルディスクリプタを表す文字列を持つスタンダードストリングディスクリプタのインデックス番号 |

表3.34 アウトプットターミナルディスクリプタの構造（ADC2.0）

| オフセット | フィールド | サイズ | 値の種類 | 解説 |
|---|---|---|---|---|
| 0 | bLength | 1 | 数値 | ディスクリプタの長さ（0x0C） |
| 1 | bDescriptorType | 1 | 固定値 | CS_INTERFACE（0x24） |
| 2 | bDescriptorSubtype | 1 | 固定値 | OUTPUT_TERMINAL（0x03） |
| 3 | bTerminalID | 1 | 数値 | ターミナルID |
| 4 | wTerminalType | 2 | 固定値 | ターミナルタイプ |
| 6 | bAssocTerminal | 1 | 数値 | このアウトプットターミナルに関連付けられているインプットターミナルのID |
| 7 | bSourceID | 1 | 数値 | このアウトプットターミナルに接続されているユニットまたはターミナルのID |
| 8 | bCSourceID | 1 | 数値 | このアウトプットターミナルに接続されているクロックエンティティのID |
| 9 | bmControls | 2 | ビットマップ | このアウトプットターミナルに実装されているコントロールを設定 |
| 11 | iTerminal | 1 | インデックス | このアウトプットターミナルディスクリプタを表す文字列を持つスタンダードストリングディスクリプタのインデックス番号 |

## Chapter 3 オーディオインターフェースの実装

表 3.35 アウトプットターミナルディスクリプタの構造（ADC 3.0）

| オフセット | フィールド | サイズ | 値の種類 | 解説 |
|---|---|---|---|---|
| 0 | bLength | 1 | 数値 | ディスクリプタの長さ（0x13） |
| 1 | bDescriptorType | 1 | 固定値 | CS_INTERFACE（0x24） |
| 2 | bDescriptorSubtype | 1 | 固定値 | OUTPUT_TERMINAL（0x03） |
| 3 | bTerminalID | 1 | 数値 | ターミナル ID |
| 4 | wTerminalType | 2 | 固定値 | ターミナル タイプ |
| 6 | bAssocTerminal | 1 | 数値 | このアウトプットターミナルに関連付けられているインプットターミナルの ID |
| 7 | bSourceID | 1 | 数値 | このアウトプットターミナルに接続されているユニットまたはターミナルの ID |
| 8 | bCSourceID | 1 | 数値 | このアウトプットターミナルに接続されているクロックエンティティの ID |
| 9 | bmControls | 4 | ビットマップ | このアウトプットターミナルに実装されているコントロールを設定 |
| 13 | wExTerminalDescrID | 2 | 数値 | このアウトプットターミナルの拡張ターミナルディスクリプタの ID |
| 15 | wConnectorsDescrID | 2 | 数値 | このアウトプットターミナルのコネクタディスクリプタの ID |
| 17 | wTerminalDescrStr | 2 | インデックス | このアウトプットターミナルディスクリプタを表すクラススペシフィックストリングディスクリプタのインデックス番号 |

- **bTerminalID**：このターミナルをトポロジ内で一意に決まる値で表します．
- **wTerminalType**：ターミナル タイプを設定します．
  ターミナルタイプは各 ADC に対応する規格書（*DEVICE CLASS DEFINITION FOR TERMINAL TYPES*）を参照してください．
- **bAssocTerminal**：このアウトプットターミナルに関連付けられているターミナルの ID を設定します．関連付けられているターミナルがない場合には 0x00 を設定します．
- **bSourceID**：このアウトプットターミナルに接続されているユニットまたはターミナルの ID を設定します．
- **bCSourceID**：このアウトプットターミナルに接続されているクロックエンティティの ID を設定します．ADC 2.0 と ADC 3.0 で定義されています．
- **bmControls**：表 3.26 の 2 ビットの組合せで以下に示すビットマップでコントロールを表します．ADC 2.0 と ADC 3.0 で定義されています．

3.1 ディスクリプタの記述

- ADC 2.0

| ビットの位置 | コントロール |
|---|---|
| D1〜0 | Copy Protect Control |
| D3〜2 | Connector Control |
| D5〜4 | Overload Control |
| D7〜6 | Underflow Control |
| D9〜8 | Overflow Control |
| D15〜10 | 予約済み |

- ADC 3.0

| ビットの位置 | コントロール |
|---|---|
| D1〜0 | Insertion Control |
| D3〜2 | Overload Control |
| D5〜4 | Underflow Control |
| D7〜6 | Overflow Control |
| D31〜8 | 予約済み |

- **wExTerminalDescrID**：このアウトプットターミナルの拡張ターミナルディスクリプタの ID を設定します．ADC 3.0 でのみ定義されています．

- **wConnectorsDescrID**：このアウトプットターミナルのコネクタディスクリプタの ID を設定します．ADC 3.0 でのみ定義されています．

- **iTerminal**：このアウトプットターミナルディスクリプタを表す文字列を持つスタンダードストリングディスクリプタのインデックス番号を設定します．ADC 1.0 と ADC 2.0 で定義されています．

- **wTerminalDescrStr**：このアウトプットターミナルディスクリプタを表すクラススペシフィックストリングディスクリプタのインデックス番号を設定します．ADC 3.0 でのみ定義されています．

(3) 拡張ターミナルディスクリプタ

拡張ターミナルディスクリプタ（Extended Terminal descriptor）は ADC 3.0 で追加されました．拡張ターミナルディスクリプタは入出力ターミナルのチャネルについて付加的な情報を表し，入出力のターミナルディスクリプタの **wExTerminalDescrID** フィールドから参照されます．拡張ターミナルディスクリプタはハイケイパビリティディスクリプタによって記述します．

拡張ターミナルディスクリプタはヘッダを先頭に，共通ブロック（Common Block，オプショナル）に続き，ターミナルのクラスタのチャネル情報のブロックが配置されます．拡張ターミナルディスクリプタは**図 3.5** に示す階層構造をとり，ヘッダを除く各ブロックは後述のセグメントからなります．

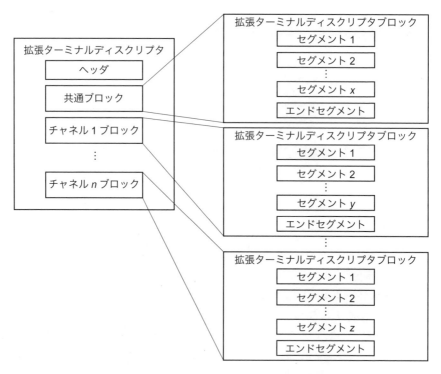

図 3.5　拡張ターミナルディスクリプタの構造

(a)　拡張ターミナルディスクリプタヘッダ

　拡張ターミナルディスクリプタヘッダは拡張ターミナルディスクリプタの先頭に配置され，ディスクリプタの長さやチャネルの数など，ディスクリプタの概要を表します．**表3.36** に拡張ターミナルディスクリプタヘッダの構造を示します．

　拡張ターミナルディスクリプタヘッダは，ADC 3.0 で規定される拡張ターミナルディスクリプタを構成する要素であり，拡張ターミナルディスクリプタヘッダもまた ADC 3.0 に対してのみ使用されます．以下同様に，拡張ターミナルディスクリプタを構成する要素はすべて ADC 3.0 に対してのみ使用されます．

3.1 ディスクリプタの記述

表 3.36 拡張ターミナルディスクリプタヘッダの構造

| オフセット | フィールド | サイズ | 値の種類 | 解説 |
|---|---|---|---|---|
| 0 | wLength | 2 | 数値 | 拡張ターミナルディスクリプタの長さ（0x0007） |
| 2 | bDescriptorType | 1 | 固定値 | CS_INTERFACE（0x24） |
| 3 | bDescriptorSubtype | 1 | 固定値 | EXTENDED_TERMINAL（0x04） |
| 4 | wDescriptorID | 2 | 数値 | 拡張ターミナルディスクリプタ ID |
| 6 | bNrChannels | 1 | 数値 | ターミナルのクラスタに含まれるチャネルの数 |

- **wDescriptorID**：1 以上（0 は予約済みで使用禁止）の一意に決まる値を設定します．入出力のターミナルディスクリプタの **wExTerminalDescrID** フィールドから参照される ID 番号を表します．
- **bNrChannels**：ターミナルの論理クラスタに含まれるチャネルの数を設定します．

(b) 拡張ターミナルディスクリプタブロック

拡張ターミナルディスクリプタ内では拡張ターミナルディスクリプタヘッダの後に，複数の拡張ターミナルディスクリプタブロックが続きます．最初の拡張ターミナルディスクリプタブロックは共通ブロック（Common Block）で，クラスタを構成するチャネルに応じた数のチャネルブロック（Channel Block）がこれに続きます．共通ブロックはオプショナルの扱いで実装は任意となっています．チャネルブロックは各チャネルの持つ物理的な特性の情報を持つセグメント（任意）からなり，これらに続き末尾にセグメントの終端を表すエンドセグメント（End Segment）を配置します．

■セグメント

セグメント（Segment）には共通ブロックセグメント（Common Block Segment）とチャネルブロックセグメント（Channel Block Segment）が定義されています．いずれのセグメントも**表 3.37** に示す構造を取ります．

表 3.37 セグメントに共通の構造

| オフセット | フィールド | サイズ | 値の種類 | 解説 |
|---|---|---|---|---|
| 0 | wLength | 2 | 数値 | セグメントの長さ（3+$n$） |
| 2 | bSegmentType | 1 | 固定値 | セグメントの種類 |
| 3〜 | セグメント固有 | $n$ | セグメント固有 | セグメント固有の情報 |

- **wLength**：wLength 自身を含むセグメントの長さを設定します．
- **bSegmentType**：以下に示す値を設定します．

| セグメントタイプ | 値 |
|---|---|
| SEGMENT_UNDEFINED | 0x00 |
| TERMINAL_VENDOR_DEFINED | 0x1F |
| CHANNEL_BANDWIDTH | 0x20 |
| CHANNEL_MAGNITUDE_RESPONSE | 0x21 |
| CHANNEL_MAGNITUDE/PHASE_RESPONSE | 0x22 |
| CHANNEL_POSITION_XYZ | 0x23 |
| CHANNEL_POSITION_R ΘΦ | 0x24 |
| CHANNEL_VENDOR_DEFINED | 0xFE |
| END_SEGMENT | 0xFF |

**セグメントの終端**

セグメントの末尾にはセグメントの終端を表すエンドセグメント（End Segment）が配置されます．**表3.38**にエンドセグメントの構造を示します．

**表3.38 エンドセグメントの構造**

| オフセット | フィールド | サイズ | 値の種類 | 解説 |
|---|---|---|---|---|
| 0 | wLength | 2 | 数値 | セグメントの長さ（0x0003） |
| 2 | bSegmentType | 1 | 固定値 | END_SEGMENT（0xFF） |

**共通ブロックセグメント**

共通ブロックセグメント（Common Block Segment）ではベンダー定義セグメント（Vendor-defined Segment）のみ定義されています．

**ベンダー定義セグメント**

ベンダー定義セグメントはベンダー独自のターミナル情報を共通ブロックに付加するセグメントです．**表3.39**にベンダー定義セグメントの構造を示します．

**表3.39 ベンダー定義セグメントの構造**

| オフセット | フィールド | サイズ | 値の種類 | 解説 |
|---|---|---|---|---|
| 0 | wLength | 2 | 数値 | セグメントの長さ（3+$n$） |
| 2 | bSegmentType | 1 | 固定値 | TERMINAL_VENDOR_DEFINED（0x1F） |
| 3～ | ベンダー固有 | $n$ | | ベンダー独自 |

**チャネルブロックセグメント**

チャネルブロックセグメント（Channel Block Segment）には帯域幅セグメント（Bandwidth Segment），振幅特性セグメント（Magnitude Response Segment），振幅/位相特性セグメント（Magnitude/Phase Response Segment），ポジションXYZセグメント

(Position XYZ Segment)，ポジション RΘΦ セグメント（Position RΘΦ Segment），ベンダー定義セグメント（Vendor-defined Segment）の 6 種類が定義されています．

帯域幅セグメント

帯域幅セグメントはチャネルのオーディオ帯域を表します．帯域の上限と下限のそれぞれの-3dB の周波数を Hz 単位で設定します．**表 3.40** に帯域幅セグメントの構造を示します．

表 3.40　帯域幅セグメントの構造

| オフセット | フィールド | サイズ | 値の種類 | 解説 |
|---|---|---|---|---|
| 0 | wLength | 2 | 数値 | セグメントの長さ（0x000B） |
| 2 | bSegmentType | 1 | 固定値 | CHANNEL_BANDWIDTH（0x20） |
| 3 | dMinFreq | 4 | 数値 | 下限の周波数（-3dB となるポイント） |
| 7 | dMaxFreq | 4 | 数値 | 上限の周波数（-3dB となるポイント） |

- **dMinFreq**：下限の周波数（-3dB となるポイント）を Hz 単位で設定します．
- **dMaxFreq**：上限の周波数（-3dB となるポイント）を Hz 単位で設定します．

振幅特性セグメント

振幅特性セグメントはチャネルの振幅特性を表します．振幅特性は［周波数，振幅］のペアの配列で表します．周波数は Hz で表します．振幅は＋127.9961 dB（0x7FFF）から-127.9961 dB（0x8001）まで 1/256 dB（0x0001）ステップで表します．なお，0x8000 は サイレンス（-∞ dB）と扱います．**表 3.41** に振幅特性セグメントの構造を示します．

表 3.41　振幅特性セグメントの構造

| オフセット | フィールド | サイズ | 値の種類 | 解説 |
|---|---|---|---|---|
| 0 | wLength | 2 | 数値 | セグメントの長さ（3+6$n$） |
| 2 | bSegmentType | 1 | 固定値 | CHANNEL_MAGNITUDE_RESPONSE（0x21） |
| 3 | dFreq(1) | 4 | 数値 | 最初の周波数ポイント |
| 7 | wMagnitude(1) | 2 | 数値 | 最初の振幅の値 |
| ⋮ | ⋮ | ⋮ | ⋮ | ⋮ |
| 3+6($n$-1) | dFreq($n$) | 4 | 数値 | 最後の周波数ポイント |
| 7+6($n$-1) | wMagnitude($n$) | 2 | 数値 | 最後の振幅の値 |

- **dFreq**：振幅特性の周波数を Hz で設定します．
- **wMagnitude**：振幅特性の振幅を dB で設定します．

振幅/位相特性セグメント

振幅/位相特性セグメントは前述の振幅特性セグメントに対してさらに位相の情報を加

えたものになります。［周波数，振幅，位相］のペアの配列で表します。周波数は Hz で表します。振幅は＋127.9961 dB（0x7FFF）から－127.9961 dB（0x8001）まで 1/256 dB（0x0001）ステップで表します。なお，0x8000 は サイレンス（－∞ dB）と扱います。位相は＋0.99996948242π から －π（0x8000）まで π/32768（0x0001）ステップで表します。**表 3.42** に振幅/位相特性セグメントの構造を示します。

**表 3.42　振幅/位相特性セグメントの構造**

| オフセット | フィールド | サイズ | 値の種類 | 解説 |
|---|---|---|---|---|
| 0 | wLength | 2 | 数値 | セグメントの長さ（3+8n） |
| 2 | bSegmentType | 1 | 固定値 | CHANNEL_MAGNITUDE/PHASE_RESPONSE（0x22） |
| 3 | dFreq(1) | 4 | 数値 | 最初の周波数ポイント |
| 7 | wMagnitude(1) | 2 | 数値 | 最初の振幅の値 |
| 9 | wPhase(1) | 2 | 数値 | 最初の位相の値 |
| ⋮ | ⋮ | ⋮ | | |
| 3+8($n$-1) | dFreq($n$) | 4 | 数値 | 最後の周波数ポイント |
| 7+8($n$-1) | wMagnitude($n$) | 2 | 数値 | 最後の振幅の値 |
| 9+8($n$-1) | wPhase($n$) | 2 | 数値 | 最後の位相の値 |

- **dFreq**：振幅特性の周波数を Hz で設定します。
- **wMagnitude**：振幅特性の振幅を dB で設定します。
- **wPhase**：振幅特性の位相を設定します。

**ポジション XYZ セグメント**

ポジション XYZ セグメントはチャネルに関連付けられた三次元直交座標（$x$, $y$, $z$）で表されたソースまたはシンクの位置情報を表します。各座標軸上での値は $\mu$m で表されます。0xFFFFFFFF はその座標軸上の位置が不明であるという特別な意味で用いられます。**表 3.43** にポジション XYZ セグメントの構造を示します。

**表 3.43　ポジション XYZ セグメントの構造**

| オフセット | フィールド | サイズ | 値の種類 | 解説 |
|---|---|---|---|---|
| 0 | wLength | 2 | 数値 | セグメントの長さ（0x000F） |
| 2 | bSegmentType | 1 | 固定値 | CHANNEL_POSITION_XYZ（0x23） |
| 3 | dX | 4 | 数値 | $x$ 軸上での位置 |
| 7 | dY | 4 | 数値 | $y$ 軸上での位置 |
| 11 | dZ | 4 | 数値 | $z$ 軸上での位置 |

- **dX**：チャネルに関連付けられたソースまたはシンクの $x$ 軸上での位置
- **dY**：チャネルに関連付けられたソースまたはシンクの $y$ 軸上での位置
- **dZ**：チャネルに関連付けられたソースまたはシンクの $z$ 軸上での位置

## ポジション R Θ Φ セグメント

　ポジション R Θ Φ セグメントはチャネルに関連付けられた三次元極座標（$r$, $\theta$, $\varphi$）で表されたソースまたはシンクの位置情報を表します．$r$の値は$\mu$m，$\theta$と$\varphi$は$\mu$rad で表されます．0xFFFFFFFF はその座標軸上の位置が不明であるという特別な意味で用いられます．**表 3.44** にポジション R Θ Φ セグメントの構造を示します．

表 3.44　ポジション R Θ Φ セグメントの構造

| オフセット | フィールド | サイズ | 値の種類 | 解説 |
|---|---|---|---|---|
| 0 | wLength | 2 | 数値 | セグメントの長さ（0x000F） |
| 2 | bSegmentType | 1 | 固定値 | CHANNEL_POSITION_R Θ Φ（0x24） |
| 3 | dR | 4 | 数値 | $r$軸上での位置 |
| 7 | dΘ | 4 | 数値 | $\theta$軸上での位置 |
| 11 | dΦ | 4 | 数値 | $\varphi$軸上での位置 |

- **dR**：チャネルに関連付けられたソースまたはシンクの$r$軸上での位置
- **dΘ**：チャネルに関連付けられたソースまたはシンクの$\theta$軸上での位置
- **dΦ**：チャネルに関連付けられたソースまたはシンクの$\varphi$軸上での位置

## ベンダー定義セグメント

　ベンダー定義セグメントはベンダー独自のチャネル情報をチャネルブロックに付加するセグメントです．**表 3.45** にベンダー定義セグメントの構造を示します．

表 3.45　ベンダー定義セグメントの構造

| オフセット | フィールド | サイズ | 値の種類 | 解説 |
|---|---|---|---|---|
| 0 | wLength | 2 | 数値 | セグメントの長さ（3＋$n$） |
| 2 | bSegmentType | 1 | 固定値 | CHANNEL_VENDOR_DEFINED（0xFE） |
| 3～ | ベンダー固有 | $n$ | | ベンダー独自 |

## (4) コネクタディスクリプタ

　コネクタディスクリプタ（Connectors descriptor）は ADC 3.0 で追加されました．コネクタディスクリプタはインプットターミナルまたはアウトプットターミナルに関連付けられるすべてのコネクタの特徴を［コネクタ ID，クラスタ ID，コネクタのタイプ，コネクタの属性，ストリングのインデックス番号，コネクタの色］を一組として列挙します．これらの情報をもとにホスト側のユーザインターフェースがよりわかりやすく表示できるようになります．デバイス設計者はユーザにわかりやすいように適切な値を選択することや，ストリングの表現を工夫することなどが求められています．コネクタディスクリプタはハイケイパビリティディスクリプタを使用します（従来型のディスクリプタでは定義しませ

ん）．表 3.46 にコネクタディスクリプタの構造を示します．

表 3.46 コネクタディスクリプタの構造

| オフセット | フィールド | サイズ | 値の種類 | 解説 |
|---|---|---|---|---|
| 0 | wLength | 2 | 数値 | ディスクリプタの長さ（7+11n） |
| 2 | bDescriptorType | 1 | 固定値 | CS_INTERFACE（0x24） |
| 3 | bDescriptorSubtype | 1 | 固定値 | CONNECTORS（0x0F） |
| 4 | wDescriptorID | 2 | 数値 | ディスクリプタ ID |
| 6 | bNrConnectors | 1 | 数値 | コネクタの数（n） |
| 7 | baConID（1） | 1 | 数値 | 最初のコネクタの ID |
| 8 | waClusterDescrID（1） | 2 | 数値 | 最初のコネクタのクラスタ ID |
| 10 | baConType（1） | 1 | 固定値 | 最初のコネクタのタイプ |
| 11 | bmaConAttributes（1） | 1 | ビットマップ | 最初のコネクタの属性 |
| 12 | waConDescrStr（1） | 2 | インデックス | 最初のコネクタを表すクラススペシフィックストリングディスクリプタのインデックス番号 |
| 14 | daConColor（1） | 4 | 数値 | 最初のコネクタの色 |
| ⋮ | ⋮ | ⋮ | ⋮ | ⋮ |
| 7+11(n−1) | baConID（n） | 1 | 数値 | 最後のコネクタの ID |
| 8+11(n−1) | waClusterDescrID（n） | 2 | 数値 | 最後のコネクタのクラスタ ID |
| 10+11(n−1) | baConType（n） | 1 | 固定値 | 最後のコネクタのタイプ |
| 11+11(n−1) | bmaConAttributes（n） | 1 | ビットマップ | 最後のコネクタの属性 |
| 12+11(n−1) | waConDescrStr（n） | 2 | インデックス | 最後のコネクタを表すクラススペシフィックストリングディスクリプタのインデックス番号 |
| 14+11(n−1) | daConColor（n） | 4 | 数値 | 最後のコネクタの色 |

- **wDescriptorID**：1 以上（0 は予約済みで使用禁止）の一意に決まる値を設定します．入出力のターミナルディスクリプタの **wConnectorsDescrID** フィールドから参照される ID 番号を表します．
- **bNrConnectors**：ターミナルに関連付けられているコネクタの数を設定します．
- **baConID**：コネクタの ID を設定します．ヘッドホンとマイクの信号を 1 つのコネクタに持つヘッドセットのような場合，アウトプットターミナルに関連付けられたコネクタディスクリプタ中の該当する **baConID** とインプットターミナルに関連付けられたコネクタディスクリプタ中の該当する **baConID** は同じ値になります．
- **waClusterDescrID**：コネクタのクラスタ ID を設定します．
- **baConType**：コネクタのタイプを以下に示す値を使用して設定します．

3.1 ディスクリプタの記述

| コネクタのタイプ | 値 |
|---|---|
| 未定義 | 0x00 |
| 2.5mm コネクタ | 0x01 |
| 3.5mm コネクタ | 0x02 |
| 6.35mm コネクタ | 0x03 |
| XLR/6.35mm コンボ コネクタ | 0x04 |
| XLR | 0x05 |
| OPTICAL/3.5mm コンボ コネクタ | 0x06 |
| RCA | 0x07 |
| BNC | 0x08 |
| バナナ | 0x09 |
| BINDING POST | 0x0A |
| SPEAKON | 0x0B |
| SPRING CLIP | 0x0C |
| SCREW TYPE | 0x0D |
| DIN | 0x0E |
| ミニ DIN | 0x0F |
| EUROBLOCK | 0x10 |
| USB TYPE-C | 0x11 |
| RJ-11 | 0x12 |
| RJ-45 | 0x13 |
| TOSLINK（S/PDIF 光学コネクタ） | 0x14 |
| HDMI | 0x15 |
| Mini-HDMI | 0x16 |
| Micro-HDMI | 0x17 |
| DP | 0x18 |
| Mini-DP | 0x19 |
| D-SUB | 0x1A |
| THUNDERBOLT | 0x1B |
| LIGHTNING | 0x1C |
| WIRELESS | 0x1D |
| USB STANDARD A | 0x1E |
| USB STANDARD B | 0x1F |
| USB MINI-B | 0x20 |
| USB MICRO-B | 0x21 |
| USB MICRO-AB | 0x22 |
| USB 3.0 MICRO-B | 0x23 |
| その他（このリストにないその他のタイプのコネクタ） | 0xFF |

- **bmaConAttributes**：コネクタの属性を以下に示す値を使用して設定します．

| ビット | 値（二進数） | 意味 |
|---|---|---|
| D1〜0（ジェンダー） | 00 | 中立 |
|  | 01 | オス |
|  | 10 | メス |
|  | 11 | 予約済み |
| D2（挿抜検出） | 0 | 挿抜検出に対応していない |
|  | 1 | 挿抜検出に対応している |
| D7〜3 | 00000 | 予約済みで 00000 を設定 |

- **waConDescrStr**：コネクタを表すクラススペシフィックストリングディスクリプタのインデックス番号を設定します．
- **daConColor**：コネクタの色を設定します．色を指定する場合には最上位のバイトに 0x00 を設定し残りの 3 バイトで RGB を設定します．色を指定しない場合には最上位のバイトに 0x01 を設定し残りの 3 バイトに 0x000000 を設定します．

(5) ミキサユニットディスクリプタ

ミキサユニットディスクリプタ（Mixer Unit descriptor，MUD）は最大 256 までのクラスタをミキシングするユニットを表すディスクリプタです．**ミキサユニットディスクリプタは ADC 1.0，2.0，3.0 のすべてで異なる構造が定義されています．**表 3.47〜表 3.49 に各 ADC で定義されているミキサユニットディスクリプタの構造を示します．

表 3.47 ミキサユニットディスクリプタの構造（ADC 1.0）

| オフセット | フィールド | サイズ | 値の種類 | 解説 |
|---|---|---|---|---|
| 0 | bLength | 1 | 数値 | ディスクリプタの長さ($10+p+N$) |
| 1 | bDescriptorType | 1 | 固定値 | CS_INTERFACE（0x24） |
| 2 | bDescriptorSubtype | 1 | 固定値 | MIXER_UNIT（0x04） |
| 3 | bUnitID | 1 | 数値 | ユニット ID |
| 4 | bNrInPins | 1 | 数値 | 入力の数（$p$） |
| 5 | baSourceID (1) | 1 | 数値 | 最初の入力に接続されるユニット ID またはターミナル ID |
| ⋮ | ⋮ | ⋮ | ⋮ | |
| $5+(p-1)$ | baSourceID ($p$) | 1 | 数値 | 最後の入力に接続されるユニット ID またはターミナル ID |
| $5+p$ | bNrChannels | 1 | 数値 | 出力の論理チャネルの数 |
| $6+p$ | wChannelConfig | 2 | ビットマップ | 論理チャネルの位置情報 |
| $8+p$ | iChannelNames | 1 | インデックス | 最初の論理チャネルを表す文字列を持つスタンダードストリングディスクリプタのインデックス番号 |

3.1 ディスクリプタの記述

| オフセット | フィールド | サイズ | 値の種類 | 解説 |
|---|---|---|---|---|
| 9+p | bmMixerControls | N | ビットマップ | プログラム可能かどうかを表す（ADC1.0の仕様書ではbmControlsと表現されています） |
| 9+p+N | iMixer | 1 | インデックス | このミキサユニットを表す文字列を持つスタンダードストリングディスクリプタのインデックス番号 |

表 3.48　ミキサユニットディスクリプタの構造（ADC2.0）

| オフセット | フィールド | サイズ | 値の種類 | 解説 |
|---|---|---|---|---|
| 0 | bLength | 1 | 数値 | ディスクリプタの長さ(13+p+N) |
| 1 | bDescriptorType | 1 | 固定値 | CS_INTERFACE（0x24） |
| 2 | bDescriptorSubtype | 1 | 固定値 | MIXER_UNIT（0x04） |
| 3 | bUnitID | 1 | 数値 | ユニットID |
| 4 | bNrInPins | 1 | 数値 | 入力の数(p) |
| 5 | baSourceID(1) | 1 | 数値 | 最初の入力に接続されるユニットIDまたはターミナルID |
| ⋮ | ⋮ | ⋮ | ⋮ | ⋮ |
| 5+(p−1) | baSourceID(p) | 1 | 数値 | 最後の入力に接続されるユニットIDまたはターミナルID |
| 5+p | bNrChannels | 1 | 数値 | 出力の論理チャネルの数 |
| 6+p | bmChannelConfig | 4 | ビットマップ | 論理チャネルの位置情報 |
| 10+p | iChannelNames | 1 | インデックス | 最初の論理チャネルを表す文字列を持つスタンダードストリングディスクリプタのインデックス番号 |
| 11+p | bmMixerControls | N | ビットマップ | プログラム可能かどうかを表す |
| 11+p+N | bmControls | 1 | ビットマップ | 実装されているコントロールを表す |
| 12+p+N | iMixer | 1 | インデックス | このミキサユニットを表す文字列を持つスタンダードストリングディスクリプタのインデックス番号 |

表 3.49　ミキサユニットディスクリプタの構造（ADC3.0）

| オフセット | フィールド | サイズ | 値の種類 | 解説 |
|---|---|---|---|---|
| 0 | bLength | 1 | 数値 | ディスクリプタの長さ(13+p+N) |
| 1 | bDescriptorType | 1 | 固定値 | CS_INTERFACE（0x24） |
| 2 | bDescriptorSubtype | 1 | 固定値 | MIXER_UNIT（0x05） |
| 3 | bUnitID | 1 | 数値 | ユニットID |
| 4 | bNrInPins | 1 | 数値 | 入力の数(p) |
| 5 | baSourceID(1) | 1 | 数値 | 最初の入力に接続されるユニットIDまたはターミナルID |
| ⋮ | ⋮ | ⋮ | ⋮ | ⋮ |
| 5+(p−1) | baSourceID(p) | 1 | 数値 | 最後の入力に接続されるユニットIDまたはターミナルID |

| オフセット | フィールド | サイズ | 値の種類 | 解説 |
|---|---|---|---|---|
| 5 + p | wClusterDescrID | 2 | 数値 | このミキサユニットの出力のクラスタを表すクラスタディスクリプタ ID |
| 7 + p | bmMixerControls | N | ビットマップ | プログラム可能かどうかを表す |
| 7 + p + N | bmControls | 4 | ビットマップ | 実装されているコントロールを表す |
| 11 + p + N | wMixerDescrStr | 2 | インデックス | このミキサユニットを表す文字列を持つクラススペシフィックストリングディスクリプタのインデックス番号 |

- **bUnitID**：このユニットをトポロジ内で一意に決まる値で表します．
- **bNrInPins**：このミキサユニットの入力ピンの数（ミキサユニットの入力に接続されるクラスタの数）を設定します．
- **baSourceID**：入力ピンに接続されるユニット ID またはターミナル ID を設定します．
- **bNrChannels**：このミキサユニットの出力ピンに接続される論理チャネルの数を設定します．ADC 1.0 と ADC 2.0 で定義されています．
- **wChannelConfig**：3.1.6 に示した wChannelConfig を表す表に記載のビットマップにしたがって論理チャネルの配置を設定します．ADC 1.0 で定義されています．
- **bmChannelConfig**：3.1.6 に示した bmChannelConfig を表す表に記載のビットマップにしたがって論理チャネルの配置を設定します．ADC 2.0 で定義されています．
- **wClusterDescrID**：このミキサユニットの出力ピンに接続されるクラスタディスクリプタの ID を設定します．ADC 3.0 でのみ定義されています．
- **iChannelNames**：最初の論理チャネルを表す文字列を持つスタンダードストリングディスクリプタのインデックス番号を設定します．ADC 1.0 と ADC 2.0 で定義されています．
- **bmMixerControls**：ミキサユニットのプログラム可能な場所を二次元配列で示します．

    **bmMixerControls** の [$u$, $v$] で表されるビットが 1 にセットされている場合，入力チャネル $u$ と出力チャネル $v$ の間のミキサコントロールはプログラム可能であることを示します．ミキサコントロールはミキサコントロールユニット番号（Mixer Control Number, MCN）で表され，ホストからは MCN を使用して制御されます．MCN は以下の式によって求められます（**図 3.6**）．

$$MCN = (u-1) \cdot m + (v-1)$$

    ※ ADC 1.0 の仕様書では **bmControls** と表現されていますが，使用方法が ADC 2.0，3.0 の **bmMixerControls** と同じため，本書では ADC 2.0，3.0 の表記に合わせて **bmMixerControls** とします．

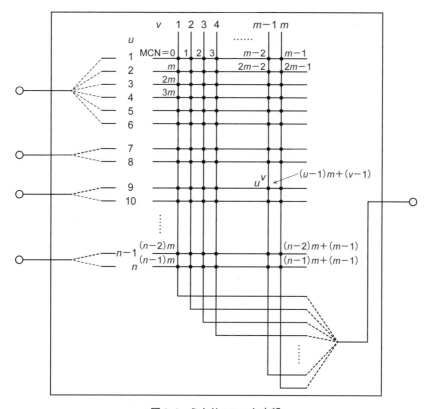

図 3.6 ミキサユニット内部

- **bmControls**：前述の通り ADC 1.0 の仕様書で **bmControls** と表現されている内容は **bmMixerControls** に相当します．

ADC 2.0, 3.0 では **bmControls** によってミキサユニットの持つコントロールを以下に示す値を使用して表します．設定は表 3.26 に従います．ADC 2.0 と ADC 3.0 では同じ機能でもビットの割り当てが異なるため注意が必要です．

- **ADC 2.0**

| ビットの位置 | コントロール |
|---|---|
| D1〜0 | Cluster Control |
| D3〜2 | Underflow Control |
| D5〜4 | Overflow Control |
| D7〜6 | 予約済み |

- ADC 3.0

| ビットの位置 | コントロール |
|---|---|
| D1〜0 | Underflow Control |
| D3〜2 | Overflow Control |
| D31〜4 | 予約済み |

- **iMixer**：このミキサユニットを表す文字列を持つスタンダードストリングディスクリプタのインデックス番号を設定します．
  ADC1.0 と ADC2.0 で定義されています．
- **wMixerDescrStr**：このミキサユニットを表す文字列を持つクラススペシフィックストリングディスクリプタのインデックス番号を設定します．
  ADC3.0 でのみ定義されています．

(6) セレクタユニットディスクリプタ

セレクタユニットディスクリプタ（Selector Unit descriptor，SUD）は，複数の入力の中から一つを選択して出力するユニットを表すディスクリプタです．**セレクタユニットディスクリプタは ADC1.0，2.0，3.0 のすべてで異なる構造が定義されています**．表 3.50 〜表 3.52 に各 ADC で定義されているセレクタユニットディスクリプタの構造を示します．

表 3.50 セレクタユニットディスクリプタの構造（ADC1.0）

| オフセット | フィールド | サイズ | 値の種類 | 解説 |
|---|---|---|---|---|
| 0 | bLength | 1 | 数値 | ディスクリプタの長さ（6＋$p$） |
| 1 | bDescriptorType | 1 | 固定値 | CS_INTERFACE（0x24） |
| 2 | bDescriptorSubtype | 1 | 固定値 | SELECTOR_UNIT（0x05） |
| 3 | bUnitID | 1 | 数値 | ユニット ID |
| 4 | bNrInPins | 1 | 数値 | 入力の数（$p$） |
| 5 | baSourceID（1） | 1 | 数値 | 最初の入力に接続されるユニット ID またはターミナル ID |
| ⋮ | ⋮ | ⋮ | ⋮ | ⋮ |
| 5＋（$p$−1） | baSourceID（$p$） | 1 | 数値 | 最後の入力に接続されるユニット ID またはターミナル ID |
| 5＋$p$ | iSelector | 1 | インデックス | このセレクタユニットを表す文字列を持つスタンダードストリングディスクリプタのインデックス番号 |

## 3.1 ディスクリプタの記述

表 3.51 セレクタユニットディスクリプタの構造 (ADC 2.0)

| オフセット | フィールド | サイズ | 値の種類 | 解説 |
|---|---|---|---|---|
| 0 | bLength | 1 | 数値 | ディスクリプタの長さ(7+p) |
| 1 | bDescriptorType | 1 | 固定値 | CS_INTERFACE (0x24) |
| 2 | bDescriptorSubtype | 1 | 固定値 | SELECTOR_UNIT (0x05) |
| 3 | bUnitID | 1 | 数値 | ユニット ID |
| 4 | bNrInPins | 1 | 数値 | 入力の数 (p) |
| 5 | baSourceID (1) | 1 | 数値 | 最初の入力に接続されるユニット ID またはターミナル ID |
| ⋮ | ⋮ | ⋮ | ⋮ | ⋮ |
| 5+(p−1) | baSourceID (p) | 1 | 数値 | 最後の入力に接続されるユニット ID またはターミナル ID |
| 5+p | bmControls | 1 | ビットマップ | 実装されているコントロールを表す |
| 6+p | iSelector | 1 | インデックス | このセレクタユニットを表す文字列を持つスタンダードストリングディスクリプタのインデックス番号 |

表 3.52 セレクタユニットディスクリプタの構造 (ADC 3.0)

| オフセット | フィールド | サイズ | 値の種類 | 解説 |
|---|---|---|---|---|
| 0 | bLength | 1 | 数値 | ディスクリプタの長さ(11+p) |
| 1 | bDescriptorType | 1 | 固定値 | CS_INTERFACE (0x24) |
| 2 | bDescriptorSubtype | 1 | 固定値 | SELECTOR_UNIT (0x06) |
| 3 | bUnitID | 1 | 数値 | ユニット ID |
| 4 | bNrInPins | 1 | 数値 | 入力の数 (p) |
| 5 | baSourceID (1) | 1 | 数値 | 最初の入力に接続されるユニット ID またはターミナル ID |
| ⋮ | ⋮ | ⋮ | ⋮ | ⋮ |
| 5+(p−1) | baSourceID (p) | 1 | 数値 | 最後の入力に接続されるユニット ID またはターミナル ID |
| 5+p | bmControls | 4 | ビットマップ | 実装されているコントロールを表す |
| 9+p | wSelectorDescrStr | 2 | インデックス | このセレクタユニットを表す文字列を持つクラススペシフィックストリングディスクリプタのインデックス番号 |

- **bUnitID**：このユニットをトポロジ内で一意に決まる値で表します．
- **bNrInPins**：このセレクタユニットの入力ピンの数（セレクタユニットの入力に接続されるクラスタの数）を設定します．
- **baSourceID**：入力ピンに接続されるユニット ID またはターミナル ID を設定します．
- **bmControls**：セレクタユニットの持つコントロールを以下に示す値を使用して表します．設定は表 3.26 に従います．ADC 2.0, 3.0 で定義されています．

- ADC 2.0

| ビットの位置 | コントロール |
|---|---|
| D1〜0 | セレクタコントロール |
| D7〜2 | 予約済み |

- ADC 3.0

| ビットの位置 | コントロール |
|---|---|
| D1〜0 | セレクタコントロール |
| D31〜2 | 予約済み |

- **iSelector**：このセレクタユニットを表す文字列を持つスタンダードストリングディスクリプタのインデックス番号を設定します．ADC1.0 と ADC2.0 で定義されています．
- **wSelectorDescrStr**：このセレクタユニットを表す文字列を持つクラススペシフィックストリングディスクリプタのインデックス番号を設定します．ADC3.0 でのみ定義されています．

(7) フィーチャーユニットディスクリプタ

フィーチャーユニットディスクリプタ（Feature Unit descriptor，FUD）は，入力されたオーディオデータに対して様々な制御を行って出力するユニットを表すディスクリプタです．**フィーチャーユニットディスクリプタは ADC1.0, 2.0, 3.0 のすべてで異なる構造が定義されています．** 表3.53〜表3.55 に各 ADC で定義されているフィーチャーユニットディスクリプタの構造を示します．

表 3.53 フィーチャーユニットディスクリプタの構造（ADC1.0）

| オフセット | フィールド | サイズ | 値の種類 | 解説 |
|---|---|---|---|---|
| 0 | bLength | 1 | 数値 | ディスクリプタの長さ ($7+(ch+1) \cdot n$) |
| 1 | bDescriptorType | 1 | 固定値 | CS_INTERFACE（0x24） |
| 2 | bDescriptorSubtype | 1 | 固定値 | FEATURE_UNIT（0x06） |
| 3 | bUnitID | 1 | 数値 | ユニット ID |
| 4 | bSourceID | 1 | 数値 | 入力に接続されるユニット ID またはターミナル ID |
| 5 | bControlSize | 1 | 数値 | bmaControls の1要素のサイズ（$n$） |
| 6 | bmaControls(0) | $n$ | ビットマップ | マスタチャネルに対して持つ機能 |
| $6+n$ | bmaControls(1) | $n$ | ビットマップ | チャネル1に対して持つ機能 |
| ⋮ | ⋮ | ⋮ | ⋮ | ⋮ |
| $6+(ch \cdot n)$ | bmaControls($ch$) | $n$ | ビットマップ | チャネル $ch$ に対して持つ機能 |

## 3.1 ディスクリプタの記述

| オフセット | フィールド | サイズ | 値の種類 | 解説 |
|---|---|---|---|---|
| $6+(ch+1)\cdot n$ | iFeature | 1 | インデックス | このフィーチャーユニットを表す文字列を持つスタンダードストリングディスクリプタのインデックス番号 |

**表 3.54** フィーチャーユニットディスクリプタの構造（ADC 2.0）

| オフセット | フィールド | サイズ | 値の種類 | 解説 |
|---|---|---|---|---|
| 0 | bLength | 1 | 数値 | ディスクリプタの長さ ($6+4(ch+1)$) |
| 1 | bDescriptorType | 1 | 固定値 | CS_INTERFACE（0x24） |
| 2 | bDescriptorSubtype | 1 | 固定値 | FEATURE_UNIT（0x06） |
| 3 | bUnitID | 1 | 数値 | ユニットID |
| 4 | bSourceID | 1 | 数値 | 入力に接続されるユニットIDまたはターミナルID |
| 5 | bmaControls(0) | 4 | ビットマップ | マスタチャネルに対して持つ機能 |
| 9 | bmaControls(1) | 4 | ビットマップ | チャネル1に対して持つ機能 |
| ⋮ | ⋮ | ⋮ | ⋮ | ⋮ |
| $5+4ch$ | bmaControls($ch$) | 4 | ビットマップ | チャネル $ch$ に対して持つ機能 |
| $5+4(ch+1)$ | iFeature | 1 | インデックス | このフィーチャーユニットを表す文字列を持つスタンダードストリングディスクリプタのインデックス番号 |

**表 3.55** フィーチャーユニットディスクリプタの構造（ADC 3.0）

| オフセット | フィールド | サイズ | 値の種類 | 解説 |
|---|---|---|---|---|
| 0 | bLength | 1 | 数値 | ディスクリプタの長さ ($7+4(ch+1)$) |
| 1 | bDescriptorType | 1 | 固定値 | CS_INTERFACE（0x24） |
| 2 | bDescriptorSubtype | 1 | 固定値 | FEATURE_UNIT（0x07） |
| 3 | bUnitID | 1 | 数値 | ユニットID |
| 4 | bSourceID | 1 | 数値 | 入力に接続されるユニットIDまたはターミナルID |
| 5 | bmaControls(0) | 4 | ビットマップ | マスタチャネルに対して持つコントロール |
| 9 | bmaControls(1) | 4 | ビットマップ | チャネル1に対して持つコントロール |
| ⋮ | ⋮ | ⋮ | ⋮ | ⋮ |
| $5+4ch$ | bmaControls($ch$) | 4 | ビットマップ | チャネル $ch$ に対して持つコントロール |
| $5+4(ch+1)$ | wFeatureDescrStr | 2 | インデックス | このフィーチャーユニットを表す文字列を持つクラススペシフィックストリングディスクリプタのインデックス番号 |

- **bUnitID**：このユニットをトポロジ内で一意に決まる値で表します．
- **bSourceID**：入力ピンに接続されるユニットIDまたはターミナルIDを設定します．
- **bControlSize**：**bmaControls**の1要素のサイズをバイトで設定します．
  ADC1.0でのみ定義されています．ADC1.0では**bmaControls**に10種類のコントロールが定義されており，下位ビットから割り当てられていますが，上位に割り当てられているコントロールを使用しないのであれば必ずしも2を指定する必要はなく，ミュートやボリュームのみを使用するのであれば1バイトを指定することができます．
- **bmaControls**：ADC1.0では以下に示すビットマップにしたがってフィーチャーユニットが実装するコントロールを設定します．
  最初の要素 **bmaControls(0)** はマスタチャネルを表し，以降は各論理チャネルに対して実装されているコントロールを表します．コントロールが実装されている場合には該当のビットを1に設定し，実装されていないコントロールのビットは0を設定します．

| ビットの位置 | コントロール |
| --- | --- |
| D0 | Mute |
| D1 | Volume |
| D2 | Bass |
| D3 | Mid |
| D4 | Treble |
| D5 | Graphic Equalizer |
| D6 | Automatic Gain |
| D7 | Delay |
| D8 | Bass Boost |
| D9 | Loudness |
| D10〜(8$n$−1) | 予約済み |

ADC2.0，3.0では以下に示すビットマップにしたがってフィーチャーユニットが実装するコントロールを設定します．**bmControls(0)** はマスタチャネルを表し，以降は各論理チャネルに対して実装されているコントロールを表します．設定は**表3.26**に従います．

| ビットの位置 | コントロール |
| --- | --- |
| D1〜0 | Mute Control |
| D3〜2 | Volume Control |
| D5〜4 | Bass Control |
| D7〜6 | Mid Control |
| D9〜8 | Treble Control |
| D11〜10 | Graphic Equalizer Control |

## 3.1 ディスクリプタの記述

| ビットの位置 | コントロール |
|---|---|
| D13 〜 12 | Automatic Gain Control |
| D15 〜 14 | Delay Control |
| D17 〜 16 | Bass Boost Control |
| D19 〜 18 | Loudness Control |
| D21 〜 20 | Input Gain Control |
| D23 〜 22 | Input Gain Pad Control |
| D25 〜 24 | Phase Inverter Control |
| D27 〜 26 | Underflow Control |
| D29 〜 28 | Overflow Control |
| D31 〜 30 | 予約済み |

- **iFeature**：このフィーチャーユニットを表す文字列を持つスタンダードストリングディスクリプタのインデックス番号を設定します．ADC1.0とADC2.0で定義されています．
- **wFeatureDescrStr**：このフィーチャーユニットを表す文字列を持つクラススペシフィックストリングディスクリプタのインデックス番号を設定します．ADC3.0でのみ定義されています．

(8) サンプリングレートコンバータユニットディスクリプタ

サンプリングレートコンバータユニットディスクリプタ（Sampling Rate Converter Unit descriptor，RUD）はADC2.0で導入されました．入力されたオーディオデータのサンプリング周波数の変換を行って出力するユニットを表すディスクリプタです．**サンプリングレートコンバータユニットディスクリプタはADC2.0とADC3.0で異なる構造が定義されています．表3.56と表3.57に各ADCで定義されているサンプリングレートコンバータユニットディスクリプタの構造を示します．**

表3.56 サンプリングレートコンバータユニットディスクリプタの構造（ADC2.0）

| オフセット | フィールド | サイズ | 値の種類 | 解説 |
|---|---|---|---|---|
| 0 | bLength | 1 | 数値 | ディスクリプタの長さ（0x08） |
| 1 | bDescriptorType | 1 | 固定値 | CS_INTERFACE（0x24） |
| 2 | bDescriptorSubtype | 1 | 固定値 | SAMPLE_RATE_CONVERTER（0x0D） |
| 3 | bUnitID | 1 | 数値 | ユニットID |
| 4 | bSourceID | 1 | 数値 | サンプリングレートコンバータユニットの入力に接続されるユニットIDまたはターミナルID |
| 5 | bCSourceInID | 1 | 数値 | サンプリングレートコンバータユニットの入力に接続されるクロックエンティティのID |

| オフセット | フィールド | サイズ | 値の種類 | 解説 |
|---|---|---|---|---|
| 6 | bCSourceOutID | 1 | 数値 | サンプリングレートコンバータユニットの出力に接続されるクロックエンティティのID |
| 7 | iSRC | 1 | インデックス | このフィーチャーユニットを表す文字列を持つスタンダードストリングディスクリプタのインデックス番号 |

表 3.57 サンプリングレートコンバータユニットディスクリプタの構造（ADC 3.0）

| オフセット | フィールド | サイズ | 値の種類 | 解説 |
|---|---|---|---|---|
| 0 | bLength | 1 | 数値 | ディスクリプタの長さ（0x09） |
| 1 | bDescriptorType | 1 | 固定値 | CS_INTERFACE（0x24） |
| 2 | bDescriptorSubtype | 1 | 固定値 | SAMPLE_RATE_CONVERTER（0x0E） |
| 3 | bUnitID | 1 | 数値 | ユニットID |
| 4 | bSourceID | 1 | 数値 | サンプリングレートコンバータユニットの入力に接続されるユニットIDまたはターミナルID |
| 5 | bCSourceInID | 1 | 数値 | サンプリングレートコンバータユニットの入力に接続されるクロックエンティティのID |
| 6 | bCSourceOutID | 1 | 数値 | サンプリングレートコンバータユニットの出力に接続されるクロックエンティティのID |
| 7 | wSRCDescrStr | 2 | インデックス | このフィーチャーユニットを表す文字列を持つクラススペシフィックストリングディスクリプタのインデックス番号 |

- **bUnitID**：このユニットをトポロジ内で一意に決まる値で表します．
- **bSourceID**：入力ピンに接続されるユニットIDまたはターミナルIDを設定します．
- **bCSourceInID**：入力ピンに接続されるクロックエンティティのIDを設定します．
- **bCSourceOutID**：出力ピンに接続されるクロックエンティティのIDを設定します．
- **iSRC**：このサンプリングレートコンバータユニットを表す文字列を持つスタンダードストリングディスクリプタのインデックス番号を設定します．ADC2.0で定義されています．
- **wSRCDescrStr**：このサンプリングレートコンバータユニットを表す文字列を持つクラススペシフィックストリングディスクリプタのインデックス番号を設定します．ADC3.0で定義されています．

# 3.1 ディスクリプタの記述

## （9） プロセッシングユニットディスクリプタ

プロセッシングユニットディスクリプタ（Processing Unit descriptor, PUD）はオーディオデータに対して各種の加工を行うユニットを表すディスクリプタの総称で特定のユニットを表すディスクリプタではありません．プロセッシングユニットディスクリプタとして基本的な構造を定義し，それに基づいてオーディオファンクションに実装されている実際のユニットを表します．ADC1.0 で定義されていたプロセッシングユニットディスクリプタの一部のタイプは ADC2.0 で導入されたイフェクトユニットディスクリプタ（後述）に分離されています．**プロセッシングユニットディスクリプタの基本構造は ADC1.0，2.0，3.0 のすべてで異なる構造が定義されています．**

プロセッシングユニットには以下のユニットに対するディスクリプタが定義されています．

- アップ/ダウン-ミックスプロセッシングユニットディスクリプタ
  （Up/Down-mix Processing Unit descriptor, ADC1.0, 2.0, 3.0）
- ドルビープロロジックプロセッシングユニットディスクリプタ
  （Dolby Prologic Processing Unit descriptor, ADC1.0, 2.0）
- ステレオ拡張プロセッシングユニットディスクリプタ
  （Stereo Extender Processing Unit descriptor, ADC2.0, 3.0）
- 3次元ステレオ拡張プロセッシングユニットディスクリプタ
  （3D-Stereo Extender Processing Unit descriptor, ADC1.0）
- リバーブレーションプロセッシングユニットディスクリプタ
  （Reverberation Processing Unit descriptor, ADC1.0）
- コーラスプロセッシングユニットディスクリプタ
  （Chorus Processing Unit descriptor, ADC1.0）
- ダイナミックレンジ圧縮プロセッシングユニットディスクリプタ
  （Dynamic Range Compressor Processing Unit descriptor, ADC1.0）
- マルチファンクションプロセッシングユニット
  （Multi-Function Processing Unit, ADC3.0）

詳細については各 ADC のドキュメントを参照してください．また，別途本ディスクリプタの解説がダウンロードで入手できます．

## （10） イフェクトユニットディスクリプタ

イフェクトユニットディスクリプタ（Effect Unit descriptor, EUD）は ADC2.0 で導入されました．イフェクトユニットディスクリプタはプロセッシングユニットディスクリ

タと同様にオーディオデータに対して各種の加工を行うユニットを表すディスクリプタの総称で特定のユニットを表すディスクリプタではありません．イフェクトユニットディスクリプタとして基本的な構造を定義し，それに基づいてオーディオファンクションに実装されている実際のユニットを表します．イフェクトユニットディスクリプタは ADC2.0, 3.0 で異なる構造が定義されています．

**イフェクトユニットには以下のユニットに対するディスクリプタが定義されています．**

- パラメトリックイコライザセクションイフェクトユニットディスクリプタ
（Parametric Equalizer Section Effect Unit descriptor）
- リバーブレーションイフェクトユニットディスクリプタ
（Reverberation Effect Unit descriptor）
- モジュレーションディレイイフェクトユニットディスクリプタ
（Modulation Delay Effect Unit descriptor）
- ダイナミックレンジ圧縮イフェクトユニットディスクリプタ
（Dynamic Range Compressor Effect Unit descriptor）

詳細については各 ADC のドキュメントを参照してください．また，別途本ディスクリプタの解説がダウンロードで入手できます．

### (11) 拡張ユニットディスクリプタ

拡張ユニットディスクリプタ（Extension Unit Descriptor, XUD）はベンダー固有の処理を実装する目的で用意されています．**拡張ユニットディスクリプタは ADC 1.0, 2.0, 3.0 のすべてで異なる構造が定義されています．**

詳細については各 ADC のドキュメントを参照してください．また，別途本ディスクリプタの解説がダウンロードで入手できます．

### (12) クロックソースディスクリプタ

クロックソースディスクリプタ（Clock Source Descriptor, CSD）は ADC 2.0 で定義されました．オーディオファンクションで使用されるクロック源の特徴を表します．**クロックソースディスクリプタは ADC2.0 と ADC3.0 で異なる構造が定義されています．**表 3.58 と表 3.59 に各 ADC で定義されているクロックソースディスクリプタの基本構造を示します．

> ※規格書では *Clock Source Entity descriptor* という表記と *Clock Source Descriptor* という表記が混在していますが，本書ではクロックソースディスクリプタ（Clock Source Descriptor）に統一します．

3.1 ディスクリプタの記述 **115**

表 3.58 クロックソースディスクリプタの構造（ADC 2.0）

| オフセット | フィールド | サイズ | 値の種類 | 解説 |
|---|---|---|---|---|
| 0 | bLength | 1 | 数値 | ディスクリプタの長さ（0x08） |
| 1 | bDescriptorType | 1 | 固定値 | CS_INTERFACE（0x24） |
| 2 | bDescriptorSubtype | 1 | 固定値 | CLOCK_SOURCE（0x0A） |
| 3 | bClockID | 1 | 数値 | クロックソースエンティティのID |
| 4 | bmAttributes | 1 | 固定値 | クロックの属性について設定する |
| 5 | bmControls | 1 | ビットマップ | 実装されているコントロールについて設定する |
| 6 | bAssocTerminal | 1 | 固定値 | このクロックソースのクロック源が特定のターミナルである場合はそのターミナル ID を設定する |
| 7 | iClockSource | 1 | インデックス | このクロックソースを表す文字列を持つスタンダードストリングディスクリプタのインデックス番号 |

表 3.59 クロックソースディスクリプタの構造（ADC 3.0）

| オフセット | フィールド | サイズ | 値の種類 | 解説 |
|---|---|---|---|---|
| 0 | bLength | 1 | 数値 | ディスクリプタの長さ（0x0C） |
| 1 | bDescriptorType | 1 | 固定値 | CS_INTERFACE（0x24） |
| 2 | bDescriptorSubtype | 1 | 固定値 | CLOCK_SOURCE（0x0B） |
| 3 | bClockID | 1 | 数値 | クロックソースエンティティのID |
| 4 | bmAttributes | 1 | 固定値 | クロックの属性について設定する |
| 5 | bmControls | 4 | ビットマップ | 実装されているコントロールについて設定する |
| 9 | bReferenceTerminal | 1 | 固定値 | このクロックソースのクロック源が特定のターミナルである場合はそのターミナル ID を設定する |
| 10 | wClockSourceStr | 2 | インデックス | このクロックソースを表す文字列を持つクラススペシフィックストリングディスクリプタのインデックス番号 |

- **bClockID**：このクロックエンティティをトポロジ内で一意に決まる値で表します（他のユニット ID やターミナル ID とも重複しないようにします）．
- **bmAttributes**：クロックのタイプについて設定します．
  - **ADC 2.0**
    ADC 2.0 では以下に示すビットマップにしたがって属性を設定します．

| ビットの位置 | クロックの属性 | |
|---|---|---|
| D1〜0 | 以下に示す値を設定します | |
| | 値（二進数） | クロックのタイプ |
| | 00 | 外部からのクロック |
| | 01 | 内部の固定クロック |
| | 10 | 内部の可変クロック |
| | 11 | 内部のプログラム可能なクロック |
| D2 | 0：クロックがホストとは独立して動作している場合<br>1：クロックがSOFに同期している場合 | |
| D7〜3 | 予約済み（0を設定） | |

- **ADC 3.0**

ADC 3.0では以下に示すビットマップにしたがって属性を設定します．

| ビットの位置 | クロックの属性 |
|---|---|
| D0 | 0：外部からのクロック<br>1：内部のクロック |
| D1 | 0：クロックがホストとは独立して動作している場合<br>1：クロックがSOFに同期している場合 |
| D7〜2 | 予約済み（0を設定） |

- **bmControls**：このクロックエンティティに実装されているコントロールについて設定します．

 - **ADC 2.0**

ADC 2.0では以下に示すビットマップにしたがって実装する機能を設定します．設定は表3.26に従います．

| ビットの位置 | コントロール |
|---|---|
| D1〜0 | サンプリング周波数コントロール |
| D3〜2 | クロックバリディティコントロール（クロックバリディティコントロールリクエストによってクロックの状態が読み出せる） |
| D7〜4 | 予約済み（0を設定） |

- **ADC 3.0**

ADC 3.0では以下に示すビットマップにしたがって実装する機能を設定します．設定は表3.26に従います．

| ビットの位置 | コントロール |
|---|---|
| D1〜0 | サンプリング周波数コントロール |
| D3〜2 | クロックバリディティコントロール（クロックバリディティコントロールリクエストによってクロックの状態が読み出せる） |
| D31〜4 | 予約済み（0を設定） |

- **bAssocTerminal**：このクロックエンティティのクロック源が特定のターミナルである場合はそのターミナル ID を設定します．ADC2.0 で定義されています．
- **bReferenceTerminal**：このクロックエンティティのクロック源が特定のターミナルである場合はそのターミナル ID を設定します．ADC3.0 で定義されています．
- **iClockSource**：このクロックエンティティを表す文字列を持つスタンダードストリングディスクリプタのインデックス番号を設定します．ADC2.0 で定義されています．
- **wClockSourceStr**：このクロックエンティティを表すクラススペシフィックストリングディスクリプタのインデックス番号を設定します．ADC3.0 で定義されています．

**(13) クロックセレクタディスクリプタ**

クロックセレクタディスクリプタ（Clock Selector Descriptor，CXD）は ADC2.0 で定義されました．**クロックセレクタの実装状態を表します．クロックセレクタディスクリプタは ADC2.0 と ADC3.0 で異なる構造が定義されています．**表3.60 と表3.61 に各 ADC で定義されているクロックセレクタディスクリプタの基本構造を示します．

※規格書では *Clock Selector Entity descriptor* という表記と *Clock Selector Descriptor* という表記が混在していますが，本書ではクロックセレクタディスクリプタ（Clock Selector Descriptor）に統一します．

表 3.60 クロックセレクタディスクリプタの構造（ADC2.0）

| オフセット | フィールド | サイズ | 値の種類 | 解説 |
|---|---|---|---|---|
| 0 | bLength | 1 | 数値 | ディスクリプタの長さ（$7+p$） |
| 1 | bDescriptorType | 1 | 固定値 | CS_INTERFACE（0x24） |
| 2 | bDescriptorSubtype | 1 | 固定値 | CLOCK_SELECTOR（0x0B） |
| 3 | bClockID | 1 | 数値 | クロックセレクタエンティティの ID |
| 4 | bNrInPins | 1 | 数値 | 入力の数（$p$） |
| 5 | baCSourceID（1） | 1 | 数値 | 最初の入力に接続されるクロックエンティティの ID |
| ⋮ | ⋮ | ⋮ | ⋮ | ⋮ |
| $5+(p-1)$ | baCSourceID（$p$） | 1 | 数値 | 最後の入力に接続されるクロックエンティティの ID |
| $5+p$ | bmControls | 1 | ビットマップ | このクロックセレクタに実装されているコントロールについて設定する |
| $6+p$ | iClockSelector | 1 | インデックス | このクロックセレクタを表す文字列を持つスタンダードストリングディスクリプタのインデックス番号 |

## 表3.61 クロックセレクタディスクリプタの構造（ADC3.0）

| オフセット | フィールド | サイズ | 値の種類 | 解説 |
|---|---|---|---|---|
| 0 | bLength | 1 | 数値 | ディスクリプタの長さ（11+$p$） |
| 1 | bDescriptorType | 1 | 固定値 | CS_INTERFACE（0x24） |
| 2 | bDescriptorSubtype | 1 | 固定値 | CLOCK_SELECTOR（0x0C） |
| 3 | bClockID | 1 | 数値 | クロックセレクタエンティティのID |
| 4 | bNrInPins | 1 | 数値 | 入力の数（$p$） |
| 5 | baCSourceID（1） | 1 | 数値 | 最初の入力に接続されるクロックエンティティのID |
| ⋮ | ⋮ | ⋮ | ⋮ | |
| 5+($p$−1) | baCSourceID（$p$） | 1 | 数値 | 最後の入力に接続されるクロックエンティティのID |
| 5+$p$ | bmControls | 4 | ビットマップ | このクロックセレクタに実装されているコントロールについて設定する |
| 9+$p$ | wCSelectorDescrStr | 2 | インデックス | このクロックセレクタを表す文字列を持つクラススペシフィックストリングディスクリプタのインデックス番号 |

- **bClockID**：このクロックセレクタエンティティをトポロジ内で一意に決まる値で表します．
- **bNrInPins**：このクロックセレクタの入力ピンの数（クロックセレクタの入力に接続されるクロックエンティティの数）を設定します．
- **baSourceID**：入力ピンに接続されるクロックエンティティのIDを設定します．
- **bmControls**：このクロックセレクタに実装されているコントロールについて設定します．

-**ADC2.0**

ADC2.0では以下に示すビットマップにしたがって実装する機能を設定します．設定は表3.26に従います．

| ビットの位置 | コントロール |
|---|---|
| D1〜0 | クロックセレクタコントロール |
| D7〜2 | 予約済み（0を設定） |

-**ADC3.0**

ADC3.0では以下に示すビットマップにしたがって実装する機能を設定します．設定は表3.26に従います．

| ビットの位置 | コントロール |
|---|---|
| D1〜0 | クロックセレクタコントロール |
| D31〜2 | 予約済み（0を設定） |

- **iClockSelector**：このクロックセレクタを表す文字列を持つスタンダードストリングディスクリプタのインデックス番号を設定します．ADC2.0で定義されています．
- **wCSelectorDescrStr**：このクロックセレクタを表す文字列を持つクラススペシフィックストリングディスクリプタのインデックス番号を設定します．ADC3.0で定義されています．

## (14) クロックマルチプライヤディスクリプタ

クロックマルチプライヤディスクリプタ（Clock Multiplier Descriptor，CMD）はADC2.0で定義されました．クロックの逓倍/分周の実装状態を表します．**クロックマルチプライヤディスクリプタはADC2.0とADC3.0で異なる構造が定義されています．表3.62と表3.63**に各ADCで定義されているクロックセレクタディスクリプタの構造を示します．

※規格書では Clock Multiplier Entity descriptor という表記と Clock Multiplier Descriptor という表記が混在していますが，本書ではクロックマルチプライヤディスクリプタ（Clock Multiplier Descriptor）に統一します．

表3.62 クロックマルチプライヤディスクリプタの構造（ADC2.0）

| オフセット | フィールド | サイズ | 値の種類 | 解説 |
|---|---|---|---|---|
| 0 | bLength | 1 | 数値 | ディスクリプタの長さ（0x07） |
| 1 | bDescriptorType | 1 | 固定値 | CS_INTERFACE（0x24） |
| 2 | bDescriptorSubtype | 1 | 固定値 | CLOCK_MULTIPLIER（0x0C） |
| 3 | bClockID | 1 | 数値 | クロックマルチプライヤエンティティのID |
| 4 | bCSourceID | 1 | 固定値 | このクロックマルチプライヤの入力に接続されているクロックエンティティのIDを設定 |
| 5 | bmControls | 1 | ビットマップ | 実装されているコントロールについて設定する |
| 6 | iClockMultiplier | 1 | インデックス | このクロックマルチプライヤを表す文字列を持つスタンダードストリングディスクリプタのインデックス番号 |

表3.63 クロックマルチプライヤディスクリプタの構造（ADC3.0）

| オフセット | フィールド | サイズ | 値の種類 | 解説 |
|---|---|---|---|---|
| 0 | bLength | 1 | 数値 | ディスクリプタの長さ（0x0B） |
| 1 | bDescriptorType | 1 | 固定値 | CS_INTERFACE（0x24） |
| 2 | bDescriptorSubtype | 1 | 固定値 | CLOCK_MULTIPLIER（0x0D） |
| 3 | bClockID | 1 | 数値 | クロックマルチプライヤエンティティのID |

## Chapter 3 オーディオインターフェースの実装

| オフセット | フィールド | サイズ | 値の種類 | 解説 |
|---|---|---|---|---|
| 4 | bCSourceID | 1 | 固定値 | このクロックマルチプライヤの入力に接続されているクロックエンティティのIDを設定 |
| 5 | bmControls | 4 | ビットマップ | 実装されているコントロールについて設定する |
| 9 | wCMultiplierDescrStr | 2 | インデックス | このクロックマルチプライヤを表すクラススペシフィックストリングディスクリプタのインデックス番号 |

- **bClockID**：このクロックエンティティをトポロジ内で一意に決まる値で表します（他のユニットID や ターミナルID とも重複しないようにします）．
- **bCSourceID**：このクロックマルチプライヤの入力に接続されているクロックエンティティのIDを設定します．
- **bmControls**：このクロックマルチプライヤに実装されているコントロールについて設定します．

　-**ADC2.0**

　ADC2.0では以下に示すビットマップにしたがって実装する機能を設定します．設定は表3.26に従います．

| ビットの位置 | コントロール |
|---|---|
| D1〜0 | クロック逓倍コントロール |
| D3〜2 | クロック分周コントロール |
| D7〜4 | 予約済み（0を設定） |

　-**ADC3.0**

　ADC3.0では以下に示すビットマップにしたがって実装する機能を設定します．設定は表3.26に従います．

| ビットの位置 | コントロール |
|---|---|
| D1〜0 | クロック逓倍コントロール |
| D3〜2 | クロック分周コントロール |
| D31〜4 | 予約済み（0を設定） |

- **iClockMultiplier**：このクロックマルチプライヤを表す文字列を持つストリングディスクリプタのインデックス番号を設定します．ADC2.0で定義されています．
- **wCMultiplierDescrStr**：このクロックマルチプライヤを表すクラススペシフィックストリングディスクリプタのインデックス番号を設定します．ADC3.0で定義されています．

## 3.1 ディスクリプタの記述

(15) パワードメインディスクリプタ

パワードメインディスクリプタ（Power Domain descriptor，PDD）は ADC 3.0 で定義されました．以下の 5 種類のみがパワードメインのメンバーに属することができます．

- インプットターミナル
- アウトプットターミナル
- イフェクトユニット
- プロセッシングユニット
- 拡張ユニット

表 3.64 にパワードメインディスクリプタの基本構造を示します．

**表 3.64　パワードメインディスクリプタの基本構造**

| オフセット | フィールド | サイズ | 値の種類 | 解説 |
|---|---|---|---|---|
| 0 | bLength | 1 | 数値 | ディスクリプタの長さ（11 + $p$） |
| 1 | bDescriptorType | 1 | 固定値 | CS_INTERFACE（0x24） |
| 2 | bDescriptorSubtype | 1 | 固定値 | POWER_DOMAIN（0x10） |
| 3 | bPowerDomainID | 1 | 数値 | パワードメインの ID |
| 4 | waRecoveryTime (1) | 2 | 数値 | D1 から D0 の状態へ移行するのにかかる時間（50 $\mu$ 秒単位） |
| 6 | waRecoveryTime (2) | 2 | 数値 | D2 から D0 の状態へ移行するのにかかる時間（50 $\mu$ 秒単位） |
| 8 | bNrEntities | 1 | 数値 | このパワードメインに属するメンバーの数（$p$） |
| 9 | baEntityID (1) | 1 | 数値 | このパワードメインに属する最初のメンバーの ID |
| ⋮ | ⋮ | ⋮ | ⋮ | ⋮ |
| 8 + $p$ | baEntityID ($p$) | 1 | 数値 | このパワードメインに属する最後のメンバーの ID |
| 9 + $p$ | wPDomainDescrStr | 2 | インデックス | このパワードメインを表す文字列を持つクラススペシフィックストリングディスクリプタのインデックス番号 |

- **bPowerDomainID**：トポロジ内で一意に決まる値で表します．
- **waRecoveryTime (1)**：D1 から D0 の状態へ移行するのにかかる時間を 50 $\mu$ 秒単位で設定します．
- **waRecoveryTime (2)**：D2 から D0 の状態へ移行するのにかかる時間を 50 $\mu$ 秒単位で設定します．
- **bNrEntities**：パワードメインに属するメンバーの数を設定します．
- **baEntityID**：このパワードメインに属するメンバーを列挙します．

- **wPDomainDescrStr**：このパワードメインを表すクラススペシフィックストリングディスクリプタのインデックス番号を設定します．

## 3.1.8 オーディオコントロールエンドポイントディスクリプタ

オーディオコントロール（Audio Control，AC）エンドポイントディスクリプタはオーディオコントロールに使用されるエンドポイントを表すためのディスクリプタです．オーディオインターフェースへの操作はエンドポイント0（デフォルトパイプ）を使用するため，エンドポイントディスクリプタは明示的にコンフィグレーションディスクリプタ中で記述しません．エンドポイントからの割り込みが必要な場合にはスタンダードACインタラプトエンドポイントディスクリプタを使用して明示的に記述します．

### (1) スタンダードACインタラプトエンドポイントディスクリプタ

スタンダードACインタラプトエンドポイントディスクリプタの構造はUSB本体の規格で定義されているスタンダードエンドポイントディスクリプタと同一です．ADC1.0では2バイトの拡張が行われています．スタンダードACインタラプトエンドポイントディスクリプタの使用は必須ではありません．表3.65と表3.66に各ADCで定義されているスタンダードACインタラプトエンドポイントディスクリプタの構造を示します．

表3.65 スタンダードACインタラプトエンドポイントディスクリプタの構造（ADC1.0）

| オフセット | フィールド | サイズ | 値の種類 | 解説 |
|---|---|---|---|---|
| 0 | bLength | 1 | 数値 | ディスクリプタの長さ（0x09） |
| 1 | bDescriptorType | 1 | 固定値 | ENDPOINT（0x05） |
| 2 | bEndpointAddress | 1 | エンドポイント | エンドポイントのアドレス |
| 3 | bmAttributes | 1 | ビットマップ | 転送タイプ（0x03） |
| 4 | wMaxPacketSize | 2 | 数値 | 最大パケットサイズ |
| 6 | bInterval | 1 | 数値 | ポーリング周期（2のべき乗） |
| 7 | bRefresh | 1 | 数値 | リフレッシュ周期（0x00） |
| 8 | bSynchAddress | 1 | 数値 | 同期アドレス（0x00） |

表3.66 スタンダードACインタラプトエンドポイントディスクリプタの構造（ADC2.0，3.0）

| オフセット | フィールド | サイズ | 値の種類 | 解説 |
|---|---|---|---|---|
| 0 | bLength | 1 | 数値 | ディスクリプタの長さ（0x07） |
| 1 | bDescriptorType | 1 | 固定値 | ENDPOINT（0x05） |
| 2 | bEndpointAddress | 1 | エンドポイント | エンドポイントのアドレス |
| 3 | bmAttributes | 1 | ビットマップ | 転送タイプ（0x03） |
| 4 | wMaxPacketSize | 2 | 数値 | 最大パケットサイズ |
| 6 | bInterval | 1 | 数値 | ポーリング周期（2のべき乗） |

3.1 ディスクリプタの記述 **123**

- **bEndpointAddress**：エンドポイントのアドレスを設定します．割り込みはデバイスからホストへの転送（IN）であるため，上位4ビットには0x8を設定します．下位4ビットにはエンドポイント番号を設定します．
- **bmAttributes**：転送タイプを指定します．割り込みを表す0x03を設定します．
- **wMaxPacketSize**：最大パケットサイズを設定します．
- **bInterval**：サービスインターバル（仮想フレーム）を表す係数で，フレームまたはマイクロフレームに対するポーリング周期を $2^{(bInterval-1)}$ で表します．ADC1.0では10msec以上が適当とされています．
- **bRefresh**：スタンダードACインタラプトエンドポイントディスクリプタでは0を設定します．ADC1.0でのみ定義されています．
- **bSynchAddress**：スタンダードACインタラプトエンドポイントディスクリプタでは0を設定します．ADC1.0でのみ定義されています．

## 3.1.9 オーディオストリーミングインターフェースディスクリプタ

オーディオストリーミング（Audio Streaming，AS）インターフェースディスクリプタはオーディオストリーミングのインターフェースを詳細に表すためのディスクリプタとして使用されます．スタンダードディスクリプタとクラススペシフィックディスクリプタの両方が定義されています．

### (1) スタンダードASインターフェースディスクリプタ

スタンダードASインターフェースディスクリプタは **bInterfaceClass**，**bInterfaceSubClass**，**bInterfaceProtocol** の3つのフィールドがADCによって規定されている点を除きUSB本体の規格書で定義されたスタンダードインターフェースディスクリプタと同じ仕様です．

表3.67にスタンダードASインターフェースディスクリプタの構造を示します．

表3.67 スタンダードASインターフェースディスクリプタの構造

| オフセット | フィールド | サイズ | 値の種類 | 解説 |
|---|---|---|---|---|
| 0 | bLength | 1 | 数値 | ディスクリプタの長さ（0x09） |
| 1 | bDescriptorType | 1 | 固定値 | INTERFACE（0x04） |
| 2 | bInterfaceNumber | 1 | 数値 | このインターフェースの番号 |
| 3 | bAlternateSetting | 1 | 数値 | このインターフェースの中でのオルタネイトセッティング番号 |
| 4 | bNumEndpoints | 1 | 数値 | このインターフェースが使用するエンドポイントの数 |
| 5 | bInterfaceClass | 1 | クラス | AUDIO（0x01） |
| 6 | bInterfaceSubClass | 1 | サブクラス | AUDIO_STREAMING（0x02） |

| オフセット | フィールド | サイズ | 値の種類 | 解説 |
|---|---|---|---|---|
| 7 | bInterfaceProtocol | 1 | プロトコル | このインターフェースのプロトコル |
| 8 | iInterface | 1 | インデックス | このインターフェースを表す文字列を持つスタンダードストリングディスクリプタのインデックス番号 |

- **bInterfaceNumber**：このインターフェースの番号を設定します．
- **bAlternateSetting**：このインターフェースの中でのオルタネイトセッティング番号を設定します．
- **bNumEndpoints**：このインターフェースが使用するエンドポイントの数を設定します（エンドポイント0を除く）．0（データエンドポイントなし），1（データエンドポイント），2（データエンドポイントと明示的なフィードバックエンドポイント）のいずれかの値を取ります．
- **bInterfaceClass**：このインターフェースのクラスを設定します．**AUDIO（0x01）**を設定します．すべてのUSBオーディオインターフェースにおけるインターフェースクラスの値は統一されている必要があります．
- **bInterfaceSubClass**：このインターフェースのサブクラスを設定します．**AUDIO_STREAMING（0x02）**を設定します．
- **bInterfaceProtocol**：
  ADC1.0では **IP_VERSION_01_00（0x00）** を設定します．
  ADC2.0では **IP_VERSION_02_00（0x20）** を設定します．
  ADC3.0では **IP_VERSION_03_00（0x30）** を設定します．
- **iInterface**：このインターフェースを表す文字列を持つスタンダードストリングディスクリプタのインデックス番号を設定します

（2）クラススペシフィック AS インターフェースディスクリプタ

クラススペシフィック AS インターフェースディスクリプタはオーディオストリーミングのインターフェースを規定したオーディオクラス固有のディスクリプタです．**ADC1.0，2.0，3.0のすべてで異なる構造が定義されています．表3.68～表3.70** に各 ADC で定義されているクラススペシフィック AS インターフェースディスクリプタの構造を示します．

## 3.1 ディスクリプタの記述

### 表 3.68 クラススペシフィック AS インターフェースディスクリプタの構造（ADC 1.0）

| オフセット | フィールド | サイズ | 値の種類 | 解説 |
|---|---|---|---|---|
| 0 | bLength | 1 | 数値 | ディスクリプタの長さ（0x07） |
| 1 | bDescriptorType | 1 | 固定値 | CS_INTERFACE（0x24） |
| 2 | bDescriptorSubtype | 1 | 固定値 | AS_GENERAL（0x01） |
| 3 | bTerminalLink | 1 | 数値 | このインターフェースが接続しているターミナル ID |
| 4 | bDelay | 1 | 数値 | データパスで発生するディレイをフレーム単位で設定 |
| 5 | wFormatTag | 2 | 数値 | このインターフェースが扱うオーディオフォーマットタグを設定 |

### 表 3.69 クラススペシフィック AS インターフェースディスクリプタの構造（ADC 2.0）

| オフセット | フィールド | サイズ | 値の種類 | 解説 |
|---|---|---|---|---|
| 0 | bLength | 1 | 数値 | ディスクリプタの長さ（0x10） |
| 1 | bDescriptorType | 1 | 固定値 | CS_INTERFACE（0x24） |
| 2 | bDescriptorSubtype | 1 | 固定値 | AS_GENERAL（0x01） |
| 3 | bTerminalLink | 1 | 数値 | このインターフェースが接続しているターミナル ID |
| 4 | bmControls | 1 | ビットマップ | このインターフェースがサポートするコントロールを表す |
| 5 | bFormatType | 1 | 数値 | このインターフェースのフォーマットタイプを設定 |
| 6 | bmFormats | 4 | ビットマップ | このインターフェースが扱うオーディオフォーマット |
| 10 | bNrChannels | 1 | 数値 | 出力のチャネル数 |
| 11 | bmChannelConfig | 4 | ビットマップ | 物理チャネルの配置 |
| 15 | iChannelNames | 1 | インデックス | 最初の論理チャネルを表す文字列を持つスタンダードストリングディスクリプタのインデックス番号 |

### 表 3.70 クラススペシフィック AS インターフェースディスクリプタの構造（ADC 3.0）

| オフセット | フィールド | サイズ | 値の種類 | 解説 |
|---|---|---|---|---|
| 0 | bLength | 1 | 数値 | ディスクリプタの長さ（0x17） |
| 1 | bDescriptorType | 1 | 固定値 | CS_INTERFACE（0x024） |
| 2 | bDescriptorSubtype | 1 | 固定値 | AS_GENERAL（0x01） |
| 3 | bTerminalLink | 1 | 数値 | このインターフェースが接続しているターミナル ID |
| 4 | bmControls | 4 | ビットマップ | このインターフェースがサポートするコントロールを表す |
| 8 | wClusterDescrID | 2 | 数値 | このインターフェースのクラスタディスクリプタの ID |
| 10 | bmFormats | 8 | ビットマップ | このインターフェースが扱うオーディオフォーマット |

## Chapter 3 オーディオインターフェースの実装

| オフセット | フィールド | サイズ | 値の種類 | 解説 |
|---|---|---|---|---|
| 18 | bSubslotSize | 1 | 数値 | 1つのオーディオサブスロットが使用するバイト数 |
| 19 | bBitResolution | 1 | 数値 | オーディオサブスロット内で有効なビット（ビット深度） |
| 20 | bmAuxProtocols | 2 | ビットマップ | 補助プロトコルについて設定する |
| 22 | bControlSize | 1 | 数値 | コントロールチャネルワードのサイズをバイトで表す |

- **bDescriptorSubtype**：ディスクリプタサブタイプを設定します．**AS_GENERAL**（**0x01**）を設定します．
- **bTerminalLink**：このインターフェースが接続しているターミナル ID を設定します．
- **bDelay**：データパスで発生する遅延をフレーム単位で設定します．ADC1.0 でのみ定義されています．
- **wFormatTag**：このインターフェースが扱うオーディオフォーマットタグを以下に示す値を使用して設定します．ADC1.0 でのみ定義されています．

| フォーマットタイプ | タグ名 | 値 |
|---|---|---|
| Type I | TYPE_I_UNDEFINED | 0x0000 |
| | PCM | 0x0001 |
| | PCM8 | 0x0002 |
| | IEEE_FLOAT | 0x0003 |
| | ALAW | 0x0004 |
| | MULAW | 0x0005 |
| Type II | TYPE_II_UNDEFINED | 0x1000 |
| | MPEG | 0x1001 |
| | AC-3 | 0x1002 |
| Type III | TYPE_III_UNDEFINED | 0x2000 |
| | IEC1937_AC_3 | 0x2001 |
| | IEC1937_MPEG-1_Layer1 | 0x2002 |
| | IEC1937_MPEG-1_Layer2/3 または IEC1937_MPEG-2_NOEXT | 0x2003 |
| | IEC1937_MPEG-2_EXT | 0x2004 |
| | IEC1937_MPEG-2_Layer1_LS | 0x2005 |
| | IEC1937_MPEG-2_Layer2/3_LS | 0x2006 |

- **bmControls**：このインターフェースに実装されているコントロールについて設定します．ADC2.0 と ADC3.0 で定義されています．
  - **ADC2.0**
  
  ADC2.0 では以下に示すビットマップにしたがってインターフェースが実装するコントロールを設定します．設定は表 3.26 に従います．

| ビットの位置 | コントロール |
|---|---|
| D1〜0 | Active Alternate Setting Control |
| D3〜2 | Valid Alternate Settings Control |
| D7〜4 | 予約済み（0 を設定） |

- **ADC3.0**

ADC3.0 では以下に示すビットマップにしたがってインターフェースが実装するコントロールを設定します．設定は表 3.26 に従います．

| ビットの位置 | コントロール |
|---|---|
| D1〜0 | Active Alternate Setting Control |
| D3〜2 | Valid Alternate Settings Control |
| D5〜4 | Audio Data Format Control |
| D31〜6 | 予約済み（0 を設定） |

- **wClusterDescrID**：このインターフェースのクラスタディスクリプタの ID を設定します
- **bFormatType**：このインターフェースが扱うオーディオフォーマットを以下に示す値を使用して設定します．ADC2.0 でのみ定義されています．

| プロセッシングユニットのタイプ | 値 |
|---|---|
| FORMAT_TYPE_UNDEFINED | 0x00 |
| FORMAT_TYPE_I | 0x01 |
| FORMAT_TYPE_II | 0x02 |
| FORMAT_TYPE_III | 0x03 |
| FORMAT_TYPE_IV | 0x04 |
| EXT_FORMAT_TYPE_I | 0x81 |
| EXT_FORMAT_TYPE_II | 0x82 |
| EXT_FORMAT_TYPE_III | 0x83 |

- **bmFormats**：このインターフェースが扱うオーディオフォーマットを以下に示すビットマップを使用して設定します．ADC2.0 と ADC3.0 で定義されています．
  - **ADC2.0**

| フォーマットタイプ | オーディオフォーマット | ビットの位置 |
|---|---|---|
| Type I | PCM | D0 |
| | PCM8 | D1 |
| | IEEE_FLOAT | D2 |
| | ALAW | D3 |
| | MULAW | D4 |
| | 予約済み（0 を設定） | D30〜5 |
| | TYPE_I_RAW_DATA | D31 |

| フォーマットタイプ | オーディオフォーマット | ビットの位置 |
|---|---|---|
| Type II | MPEG | D0 |
| | AC-3 | D1 |
| | WMA | D2 |
| | DTS | D3 |
| | 予約済み（0を設定） | D30～4 |
| | TYPE_II_RAW_DATA | D31 |
| Type III | IEC61937_AC-3 | D0 |
| | IEC61937_MPEG-1_Layer1 | D1 |
| | IEC61937_MPEG-1_Layer2/3 または IEC61937_MPEG-2_NOEXT | D2 |
| | IEC61937_MPEG-2_EXT | D3 |
| | IEC61937_MPEG-2_AAC_ADTS | D4 |
| | IEC61937_MPEG-2_Layer1_LS | D5 |
| | IEC61937_MPEG-2_Layer2/3_LS | D6 |
| | IEC61937_DTS-I | D7 |
| | IEC61937_DTS-II | D8 |
| | IEC61937_DTS-III | D9 |
| | IEC61937_ATRAC | D10 |
| | IEC61937_ATRAC2/3 | D11 |
| | TYPE_III_WMA | D12 |
| | 予約済み（0を設定） | D31～13 |
| Type IV | PCM | D0 |
| | PCM8 | D1 |
| | IEEE_FLOAT | D2 |
| | ALAW | D3 |
| | MULAW | D4 |
| | MPEG | D5 |
| | AC-3 | D6 |
| | WMA | D7 |
| | IEC61937_AC-3 | D8 |
| | IEC61937_MPEG-1_Layer1 | D9 |
| | IEC61937_MPEG-1_Layer2/3 または IEC61937_MPEG-2_NOEXT | D10 |
| | IEC61937_MPEG-2_EXT | D11 |
| | IEC61937_MPEG-2_AAC_ADTS | D12 |
| | IEC61937_MPEG-2_Layer1_LS | D13 |
| | IEC61937_MPEG-2_Layer2/3_LS | D14 |
| | IEC61937_DTS-I | D15 |
| | IEC61937_DTS-II | D16 |
| | IEC61937_DTS-III | D17 |
| | IEC61937_ATRAC | D18 |
| | IEC61937_ATRAC2/3 | D19 |
| | TYPE_III_WMA | D20 |
| | IEC60958_PCM | D21 |
| | 予約済み（0を設定） | D31～22 |

## - ADC 3.0

ADC 3.0 では Type II および拡張 Type II は仕様から削除されたため指定できません．

| オーディオフォーマット | ビットの位置 | 適用されるフォーマットタイプ | | |
|---|---|---|---|---|
| | | Type I | Type III | Type IV |
| PCM | D 0 | ○ | | ○ |
| PCM 8 | D 1 | ○ | | ○ |
| IEEE_FLOAT | D 2 | ○ | | ○ |
| ALAW | D 3 | ○ | | ○ |
| MULAW | D 4 | ○ | | ○ |
| DSD | D 5 | ○ | | ○ |
| RAW_DATA | D 6 | ○ | | ○ |
| PCM_IEC 60958 | D 7 | | ○ | ○ |
| AC-3 | D 8 | | ○ | ○ |
| MPEG-1_Layer 1 | D 9 | | ○ | ○ |
| MPEG-1_Layer 2/3 or MPEG-2_NOEXT | D 10 | | ○ | ○ |
| MPEG-2_EXT | D 11 | | ○ | ○ |
| MPEG-2_AAC_ADTS | D 12 | | ○ | ○ |
| MPEG-2_Layer 1_LS | D 13 | | ○ | ○ |
| MPEG-2_Layer 2/3_LS | D 14 | | ○ | ○ |
| DTS-I | D 15 | | ○ | ○ |
| DTS-II | D 16 | | ○ | ○ |
| DTS-III | D 17 | | ○ | ○ |
| ATRAC | D 18 | | ○ | ○ |
| ATRAC 2/3 | D 19 | | ○ | ○ |
| WMA | D 20 | | ○ | ○ |
| E-AC-3 | D 21 | | ○ | ○ |
| MAT | D 22 | | ○ | ○ |
| DTS-IV | D 23 | | ○ | ○ |
| MPEG-4_HE_AAC | D 24 | | ○ | ○ |
| MPEG-4_HE_AAC_V2 | D 25 | | ○ | ○ |
| MPEG-4_AAC_LC | D 26 | | ○ | ○ |
| DRA | D 27 | | ○ | ○ |
| MPEG-4_HE_AAC_SURROUND | D 28 | | ○ | ○ |
| MPEG-4_AAC_LC_SURROUND | D 29 | | ○ | ○ |
| MPEG-H_3D_AUDIO | D 30 | | ○ | ○ |
| AC 4 | D 31 | | ○ | ○ |
| MPEG-4_AAC_ELD | D 32 | | ○ | ○ |

- **bNrChannels**：出力に接続される物理チャネルの数を設定します．ADC 2.0 でのみ定義されています．

- **bmChannelConfig**：表 3.15 に示したビットマップにしたがって論理チャネルの配置を設定します．ADC 2.0 で定義されています．

- **bSubslotSize**：1 つのオーディオサブスロットが使用するバイト数を設定します．

ADC3.0でのみ定義されています．

Type Ⅰおよび拡張Type Ⅰフォーマットでは1，2，4，8のいずれかを設定します．
DSDフォーマットでは8を設定します．
Type Ⅲおよび拡張Type Ⅲフォーマットでは2を設定します．
Type Ⅳフォーマットでは使用しないため0を設定します．

- **bBitResolution**：オーディオサブスロット内で有効なビット（ビット深度）を設定します．ADC3.0でのみ定義されています．

  Type Ⅰおよび拡張Type Ⅰフォーマットではオーディオサブスロット内で実際に有効なビット（ビット深度）を設定します．DSDフォーマットでは64を設定します．
  Type Ⅲおよび拡張Type Ⅲフォーマットでは16を設定します．
  Type Ⅳフォーマットでは使用しないため0を設定します．

- **bmAuxProtocols**：拡張Type Ⅰおよび拡張Type Ⅲフォーマットで使用されます．いずれかの補助プロトコルが必要な場合にはビットマップで設定します．ADC3.0でのみ定義されています．

- **bControlSize**：拡張Type Ⅰフォーマットでのみ使用され，それ以外のフォーマットでは0を設定します．コントロールチャネルワードのサイズをバイトで表します．ADC3.0でのみ定義されています．

- **iChannelNames**：最初の論理チャネルを表す文字列を持つスタンダードストリングディスクリプタのインデックス番号を設定します．ADC2.0でのみ定義されています．

### (3) クラススペシフィックASフォーマットタイプディスクリプタ

クラススペシフィックASフォーマットタイプディスクリプタはクラススペシフィックASインターフェースディスクリプタに続いて記述され，オーディオストリームのオーディオデータフォーマットを表します．ADC3.0ではフォーマットタイプディスクリプタは定義されていません．

### (1) タイプⅠフォーマットタイプディスクリプタ

**タイプⅠフォーマットタイプディスクリプタはADC1.0とADC2.0で異なる構造が定義されています．表3.71～表3.73に各ADCで定義されているタイプⅠフォーマットタイプディスクリプタの構造を示します．**

## 3.1 ディスクリプタの記述

**表 3.71 タイプ I フォーマットタイプディスクリプタの構造**
**（ADC1.0でサンプリング周波数を連続した範囲で指定する場合）**

| オフセット | フィールド | サイズ | 値の種類 | 解説 |
|---|---|---|---|---|
| 0 | bLength | 1 | 数値 | ディスクリプタの長さ（0x0E） |
| 1 | bDescriptorType | 1 | 固定値 | CS_INTERFACE（0x24） |
| 2 | bDescriptorSubtype | 1 | 固定値 | FORMAT_TYPE（0x02） |
| 3 | bFormatType | 1 | 固定値 | FORMAT_TYPE_I（0x01） |
| 4 | bNrChannels | 1 | 数値 | 物理チャネルの数 |
| 5 | bSubframeSize | 1 | 数値 | 1つのオーディオサブフレームが使用するバイト数 |
| 6 | bBitResolution | 1 | 数値 | オーディオサブスロット内で有効なビット（ビット深度） |
| 7 | bSamFreqType | 1 | 数値 | 0 を設定 |
| 8 | tLowerSamFreq | 3 | 数値 | サンプリング周波数の下限を設定 |
| 11 | tUpperSamFreq | 3 | 数値 | サンプリング周波数の上限を設定 |

**表 3.72 タイプ I フォーマットタイプディスクリプタの構造**
**（ADC1.0でサンプリング周波数を離散的に指定する場合）**

| オフセット | フィールド | サイズ | 値の種類 | 解説 |
|---|---|---|---|---|
| 0 | bLength | 1 | 数値 | ディスクリプタの長さ（8+3n） |
| 1 | bDescriptorType | 1 | 固定値 | CS_INTERFACE（0x24） |
| 2 | bDescriptorSubtype | 1 | 固定値 | FORMAT_TYPE（0x02） |
| 3 | bFormatType | 1 | 固定値 | FORMAT_TYPE_I（0x01） |
| 4 | bNrChannels | 1 | 数値 | 物理チャネルの数 |
| 5 | bSubframeSize | 1 | 数値 | 1つのオーディオサブフレームが使用するバイト数 |
| 6 | bBitResolution | 1 | 数値 | オーディオサブスロット内で有効なビット（ビット深度） |
| 7 | bSamFreqType | 1 | 数値 | tSamFreq に列挙するサンプリング周波数の数（n） |
| 8 | tSamFreq[1] | 3 | 数値 | 最初のサンプリング周波数 |
| ⋮ | ⋮ | ⋮ | ⋮ | ⋮ |
| $8+3(n-1)$ | tSamFreq[n] | 3 | 数値 | 最後のサンプリング周波数 |

**表 3.73 タイプ I フォーマットタイプディスクリプタの構造（ADC2.0）**

| オフセット | フィールド | サイズ | 値の種類 | 解説 |
|---|---|---|---|---|
| 0 | bLength | 1 | 数値 | ディスクリプタの長さ（0x06） |
| 1 | bDescriptorType | 1 | 固定値 | CS_INTERFACE（0x24） |
| 2 | bDescriptorSubtype | 1 | 固定値 | FORMAT_TYPE（0x02） |
| 3 | bFormatType | 1 | 固定値 | FORMAT_TYPE_I（0x01） |
| 4 | bSubslotSize | 1 | 数値 | 1つのオーディオサブスロットが使用するバイト数 |
| 5 | bBitResolution | 1 | 数値 | オーディオサブスロット内で有効なビット（ビット深度） |

- **bNrChannels**：物理チャネルの数を設定します．ADC1.0で定義されています．
- **bSubframeSize**：1つのオーディオサブフレームが使用するバイト数を1，2，3，4のいずれかで設定します．ADC1.0で定義されています．
- **bSubslotSize**：1つのオーディオサブスロットが使用するバイト数を1，2，3，4のいずれかで設定します．ADC2.0で定義されています．
- **bBitResolution**：オーディオサブスロット内で有効なビット（ビット深度）を設定します．
- **bSamFreqType**：サンプリング周波数を連続した範囲で設定する場合には0を設定し，サンプリング周波数を離散的に指定する場合には列挙するサンプリング周波数の数を設定します．ADC1.0で定義されています．
- **tLowerSamFreq**：サンプリング周波数を連続した範囲で設定する場合にサンプリング周波数の下限を設定します．ADC1.0で定義されています．
- **tUpperSamFreq**：サンプリング周波数を連続した範囲で設定する場合にサンプリング周波数の上限を設定します．ADC1.0で定義されています．
- **tSamFreq**：サンプリング周波数を離散的に指定する場合にサンプリング周波数を列挙します．ADC1.0で定義されています．

(2) タイプIIフォーマットタイプディスクリプタ

**タイプIIフォーマットタイプディスクリプタはADC1.0とADC2.0で異なる構造が定義されています**．詳細については各ADCのドキュメントを参照してください．また，別途，本ディスクリプタの解説がダウンロードで入手できます．

(3) タイプIIIフォーマットタイプディスクリプタ

**タイプIIIフォーマットタイプディスクリプタはADC1.0とADC2.0で異なる構造が定義されています**．詳細については各ADCのドキュメントを参照してください．また，別途，本ディスクリプタの解説がダウンロードで入手できます．

(4) タイプIVフォーマットタイプディスクリプタ

**タイプIVフォーマットタイプディスクリプタはADC2.0で定義されています**．タイプIVフォーマットタイプディスクリプタ固有のフィールドはありません．詳細についてはADC2.0のドキュメントを参照してください．また，別途，本ディスクリプタの解説がダウンロードで入手できます．

## 3.1 ディスクリプタの記述

**(5) 拡張タイプ I フォーマットタイプディスクリプタ**

拡張タイプ I フォーマットタイプディスクリプタは ADC2.0 で定義されています。詳細については ADC2.0 のドキュメントを参照してください。また，別途，本ディスクリプタの解説がダウンロードで入手できます．

**(6) 拡張タイプ II フォーマットタイプディスクリプタ**

拡張タイプ II フォーマットタイプディスクリプタは ADC2.0 で定義されています。詳細については ADC2.0 のドキュメントを参照してください。また，別途，本ディスクリプタの解説がダウンロードで入手できます．

**(7) 拡張タイプ III フォーマットタイプディスクリプタ**

拡張タイプ III フォーマットタイプディスクリプタは ADC2.0 で定義されています。詳細については ADC2.0 のドキュメントを参照してください。また，別途，本ディスクリプタの解説がダウンロードで入手できます．

**(8) サイドバンドプロトコル**

サイドバンドプロトコル（Side Band Protocols）は拡張フォーマットで使用されます．ADC2.0 では高解像度タイムスタンプサイドバンドプロトコル（Presentation Timestamp Side Band Protocol）が定義されています．ADC3.0 では規格書の発行時点で個別のサイドバンドプロトコルの記述はありません．

**(4) クラススペシフィック AS エンコーダディスクリプタ**

クラススペシフィック AS エンコーダディスクリプタは ADC2.0 で定義されました．**ADC3.0 ではエンコーダおよびデコーダは削除されたため定義されていません．**

クラススペシフィック AS エンコーダディスクリプタでは以下の圧縮形式が定義されています．**bEncoder** に **OTHER_ENCODER** を指定してその他のエンコーダをベンダーが独自に実装することもできます．

- MPEG
- AC-3
- WMA
- DTS

詳細については ADC2.0 のドキュメントを参照してください．また，別途，本ディスクリプタの解説がダウンロードで入手できます．

(5) クラススペシフィック AS デコーダディスクリプタ

　ADC1.0ではフォーマットスペシフィックディスクリプタとしてデコーダに関するディスクリプタが定義されていました．ADC2.0ではクラススペシフィック AS デコーダディスクリプタとして定義されました．**ADC3.0ではエンコーダおよびデコーダは削除されたため定義されていません．**

　クラススペシフィック AS デコーダディスクリプタでは圧縮形式ごとに以下のディスクリプタが定義されています．**bDecoder** に **OTHER_DECODER** を指定してその他のデコーダをベンダーが独自に実装することもできます．
- MPEG
- AC-3
- WMA
- DTS

　詳細についてはADC2.0のドキュメントを参照してください．また，別途，本ディスクリプタの解説がダウンロードで入手できます．

(6) クラススペシフィック AS バリッドフリケンシーレンジディスクリプタ

　クラススペシフィック AS バリッドフリケンシーレンジディスクリプタ（Class-Specific AS Valid Frequency Range descriptor）は **ADC3.0でオーディオストリーミングインターフェースディスクリプタに追加されました．**

　クラススペシフィック AS バリッドフリケンシーレンジディスクリプタはそのオルタネイトセッティングが扱うことができるサンプリング周波数の範囲を表します．クラススペシフィック AS バリッドフリケンシーレンジディスクリプタでは **dMin** にサンプリング周波数の下限を **dMax** にサンプリング周波数の上限を Hz で表します．

　サンプリング周波数が **dMin** 以上 **dMax** 以下の範囲を選択した場合にのみオルタネイトセッティングが有効に機能する場合にはクラススペシフィック AS バリッドフリケンシーレンジディスクリプタは必ず記述しなければなりません．オーディオファンクションが動作可能ないずれのサンプリング周波数に対してもオルタネイトセッティングが有効に機能する場合にはクラススペシフィック AS バリッドフリケンシーレンジディスクリプタの記述を省略することが可能です．**表3.74** にクラススペシフィック AS バリッドフリケンシーレンジディスクリプタの構造を示します．

### 表3.74 クラススペシフィック AS バリッドフリケンシーレンジディスクリプタの構造

| オフセット | フィールド | サイズ | 値の種類 | 解説 |
|---|---|---|---|---|
| 0 | bLength | 1 | 数値 | ディスクリプタの長さ（0x0B） |
| 1 | bDescriptorType | 1 | 固定値 | CS_INTERFACE（0x24） |
| 2 | bDescriptorSubtype | 1 | 固定値 | AS_VALID_FREQ_RANGE（0x02） |
| 3 | dMin | 4 | 数値 | サンプリング周波数の下限（Hz） |
| 7 | dMax | 4 | 数値 | サンプリング周波数の上限（Hz） |

- **dMin**：サンプリング周波数の下限を **Hz** 単位で設定します．
- **dMax**：サンプリング周波数の上限を **Hz** 単位で設定します．

## 3.1.10 オーディオストリーミングエンドポイントディスクリプタ

オーディオストリーミング（Audio Streaming, AS）のエンドポイントに対してはオーディオデータエンドポイントとフィードバックエンドポイントの2種類が定義されています．前者はスタンダードディスクリプタとクラススペシフィックディスクリプタの両方が定義されており，後者はスタンダードディスクリプタのみが定義されています．

### (1) スタンダード AS アイソクロナスオーディオデータエンドポイントディスクリプタ

スタンダード AS アイソクロナスオーディオデータエンドポイントディスクリプタの構造は USB 本体の規格で定義されているスタンダードエンドポイントディスクリプタと同一です．ADC1.0 では2バイトの拡張が行われています．**表3.75** と**表3.76** にスタンダード AS アイソクロナスオーディオデータエンドポイントディスクリプタの構造を示します．

### 表3.75 スタンダード AS アイソクロナスオーディオデータエンドポイントディスクリプタの構造（ADC1.0）

| オフセット | フィールド | サイズ | 値の種類 | 解説 |
|---|---|---|---|---|
| 0 | bLength | 1 | 数値 | ディスクリプタの長さ（0x09） |
| 1 | bDescriptorType | 1 | 固定値 | ENDPOINT（0x05） |
| 2 | bEndpointAddress | 1 | 数値 | エンドポイントアドレスを設定 |
| 3 | bmAttributes | 1 | ビットマップ | エンドポイントの属性を設定 |
| 4 | wMaxPacketSize | 2 | 数値 | 最大パケットサイズ |
| 6 | bInterval | 1 | 数値 | ポーリング周期（2のべき乗） |
| 7 | bRefresh | 1 | 数値 | リフレッシュ周期 |
| 8 | bSynchAddress | 1 | 数値 | 同期アドレス |

表3.76 スタンダード AS アイソクロナスオーディオデータエンドポイント
ディスクリプタの構造（ADC2.0, 3.0）

| オフセット | フィールド | サイズ | 値の種類 | 解説 |
| --- | --- | --- | --- | --- |
| 0 | bLength | 1 | 数値 | ディスクリプタの長さ（0x07） |
| 1 | bDescriptorType | 1 | 固定値 | ENDPOINT（0x05） |
| 2 | bEndpointAddress | 1 | 数値 | エンドポイントアドレスを設定 |
| 3 | bmAttributes | 1 | ビットマップ | エンドポイントの属性を設定 |
| 4 | wMaxPacketSize | 2 | 数値 | 最大パケットサイズ |
| 6 | bInterval | 1 | 数値 | ポーリング周期（2のべき乗） |

- **bEndpointAddress**：エンドポイントのアドレスを設定します．最上位ビットは転送方向を表します．デバイスからホストへの転送（IN）の場合には1を，ホストからデバイスへの転送（OUT）の場合には0を設定します．下位4ビットにはエンドポイント番号を設定します．

- **bmAttributes**：エンドポイントの属性を以下の値を用いて設定します．ADC1.0ではD5〜4は定義されていません．

| ビットの位置 | 属性（二進数） | | |
| --- | --- | --- | --- |
| D1〜0 | 転送のタイプ<br>01（アイソクロナス）を設定 | | |
| D3〜2 | 同期のタイプ | | |
| | | 値（二進数） | 同期のタイプ |
| | | 01 | アシンクロナス同期 |
| | | 10 | アダプティブ同期 |
| | | 11 | シンクロナス同期 |
| D5〜4 | エンドポイントのタイプ | | |
| | | 値（二進数） | エンドポイントのタイプ |
| | | 00 | データ転送のためのエンドポイント |
| | | 10 | 暗黙のフィードバックを行うエンドポイント |
| D7〜6 | 予約済み（0を設定） | | |

- **wMaxPacketSize**：最大パケットサイズを設定します．

- **bInterval**：サービスインターバル（仮想フレーム）を表す係数で，フレームまたはマイクロフレームに対するポーリング周期を $2^{(bInterval-1)}$ で表します．ADC1.0では1を設定します．

- **bRefresh**：スタンダード AS アイソクロナスオーディオデータエンドポイントディスクリプタでは0を設定します．ADC1.0でのみ定義されています．

- **bSynchAddress**：同期のためのエンドポイントを伴う場合はそのエンドポイントアドレスを設定します．同期のためのエンドポイントを伴わない場合は0を設定しま

す．ADC1.0でのみ定義されています．

## (2) クラススペシフィック AS アイソクロナスオーディオデータエンドポイントディスクリプタ

クラススペシフィック AS アイソクロナスオーディオデータエンドポイントディスクリプタは ADC1.0，2.0，3.0のすべてで異なる構造が定義されています．
表 3.77 ～表 3.79 に各 ADC で定義されている構造を示します．

表 3.77 クラススペシフィック AS アイソクロナスオーディオデータ
エンドポイントディスクリプタの構造（ADC1.0）

| オフセット | フィールド | サイズ | 値の種類 | 解説 |
|---|---|---|---|---|
| 0 | bLength | 1 | 数値 | ディスクリプタの長さ（0x07） |
| 1 | bDescriptorType | 1 | 固定値 | CS_ENDPOINT（0x25） |
| 2 | bDescriptorSubtype | 1 | 数値 | EP_GENERAL（0x01） |
| 3 | bmAttributes | 1 | ビットマップ | エンドポイントが実装する機能を設定 |
| 4 | bLockDelayUnits | 1 | 数値 | wLockDelay の単位 |
| 5 | wLockDelay | 2 | 数値 | クロックが安定するまでの時間 |

表 3.78 クラススペシフィック AS アイソクロナスオーディオデータ
エンドポイントディスクリプタの構造（ADC2.0）

| オフセット | フィールド | サイズ | 値の種類 | 解説 |
|---|---|---|---|---|
| 0 | bLength | 1 | 数値 | ディスクリプタの長さ（0x08） |
| 1 | bDescriptorType | 1 | 固定値 | CS_ENDPOINT（0x25） |
| 2 | bDescriptorSubtype | 1 | 数値 | EP_GENERAL（0x01） |
| 3 | bmAttributes | 1 | ビットマップ | エンドポイントが実装する機能を設定 |
| 4 | bmControls | 1 | ビットマップ | エンドポイントが実装する機能を設定 |
| 5 | bLockDelayUnits | 1 | 数値 | wLockDelay の単位 |
| 6 | wLockDelay | 2 | 数値 | クロックが安定するまでの時間 |

表 3.79 クラススペシフィック AS アイソクロナスオーディオデータ
エンドポイントディスクリプタの構造（ADC3.0）

| オフセット | フィールド | サイズ | 値の種類 | 解説 |
|---|---|---|---|---|
| 0 | bLength | 1 | 数値 | ディスクリプタの長さ（0x0A） |
| 1 | bDescriptorType | 1 | 固定値 | CS_ENDPOINT（0x25） |
| 2 | bDescriptorSubtype | 1 | 数値 | EP_GENERAL（0x01） |
| 3 | bmControls | 4 | ビットマップ | エンドポイントが実装する機能を設定 |
| 7 | bLockDelayUnits | 1 | 数値 | wLockDelay の単位 |
| 8 | wLockDelay | 2 | 数値 | クロックが安定するまでの時間 |

- **bmAttributes**：エンドポイントが実装するコントロールを設定します．ADC1.0 と 2.0 で定義されています．
  **MaxPacketsOnly** がセットされた場合にはエンドポイントのデータは必ず **wMaxPacketSize** で示されたサイズのデータでなければならないことを表します．この場合には **wMaxPacketSize** 以下のサイズのデータを送らなければならない場合には **wMaxPacketSize** までの残りのデータは 0 で埋めなければなりません（null パケットは可）．
  - **ADC1.0**
  ADC1.0 では以下に示すビットマップにしたがってエンドポイントが実装するコントロールを設定します．

  | ビットの位置 | エンドポイントが実装するコントロール |
  | --- | --- |
  | D0 | サンプリング周波数コントロール |
  | D1 | ピッチコントロール |
  | D6～2 | 予約済み（0 を設定） |
  | D7 | MaxPacketsOnly |

  - **ADC2.0**
  ADC2.0 では以下に示すビットマップにしたがってエンドポイントが実装する機能を設定します．

  | ビットの位置 | エンドポイントが実装するコントロール |
  | --- | --- |
  | D6～0 | 予約済み（0 を設定） |
  | D7 | MaxPacketsOnly |

- **bmControls**：エンドポイントが実装するコントロールを設定します．
  - **ADC2.0**
  ADC2.0 では以下に示すビットマップにしたがってエンドポイントが実装するコントロールを設定します．設定は表 3.26 に従います．

  | ビットの位置 | コントロール |
  | --- | --- |
  | D1～0 | ピッチコントロール |
  | D3～2 | オーバーランコントロール |
  | D5～4 | アンダーランコントロール |
  | D7～6 | 予約済み（0 を設定） |

  - **ADC3.0**
  ADC3.0 では以下に示すビットマップにしたがってエンドポイントが実装するコントロールを設定します．設定は表 3.26 に従います．

| ビットの位置 | コントロール |
|---|---|
| D1〜0 | ピッチコントロール |
| D3〜2 | オーバーランコントロール |
| D5〜4 | アンダーランコントロール |
| D31〜6 | 予約済み（0を設定） |

- **bLockDelayUnits**：以下に示す値にしたがって **wLockDelay** の単位を設定します．この値はシンクロナスまたはアダプティブ同期方式の場合にのみ有効で，アシンクロナス同期方式の場合には 0 を設定します．

| 値 | 単位 |
|---|---|
| 0 | 未定義 |
| 1 | msec |
| 2 | デコード後の PCM サンプルの数 |
| 3〜255 | 予約済み |

- **wLockDelay**：クロックが安定するまでの時間を設定します．この値はシンクロナスまたはアダプティブ同期方式の場合にのみ有効で，アシンクロナス同期方式の場合には 0 を設定します．

〔3〕 スタンダード AS アイソクロナスフィードバックエンドポイントディスクリプタ

　スタンダード AS アイソクロナスフィードバックエンドポイントディスクリプタの構造は USB 本体の規格で定義されているスタンダードエンドポイントディスクリプタと同一です．ADC1.0 では 2 バイトの拡張が行われています．また，ADC1.0 ではスタンダード AS アイソクロナスシンクエンドポイントディスクリプタと呼ばれています．**表 3.80** にスタンダード AS アイソクロナスシンクエンドポイントディスクリプタの構造を，**表 3.81** にスタンダード AS アイソクロナスフィードバックエンドポイントディスクリプタの構造を示します．

**表 3.80** スタンダード AS アイソクロナスシンクエンドポイントディスクリプタの構造（ADC1.0）

| オフセット | フィールド | サイズ | 値の種類 | 解説 |
|---|---|---|---|---|
| 0 | bLength | 1 | 数値 | ディスクリプタの長さ（0x09） |
| 1 | bDescriptorType | 1 | 固定値 | ENDPOINT（0x05） |
| 2 | bEndpointAddress | 1 | 数値 | エンドポイントアドレスを設定 |
| 3 | bmAttributes | 1 | ビットマップ | エンドポイントの属性を設定（0x01） |
| 4 | wMaxPacketSize | 2 | 数値 | 最大パケットサイズ |
| 6 | bInterval | 1 | 数値 | ポーリング周期（2のべき乗） |
| 7 | bRefresh | 1 | 数値 | リフレッシュ周期 |
| 8 | bSynchAddress | 1 | 数値 | 同期アドレス |

表3.81 スタンダードASアイソクロナスフィードバックエンドポイント
ディスクリプタの構造（ADC2.0, 3.0）

| オフセット | フィールド | サイズ | 値の種類 | 解説 |
|---|---|---|---|---|
| 0 | bLength | 1 | 数値 | ディスクリプタの長さ（0x07） |
| 1 | bDescriptorType | 1 | 固定値 | ENDPOINT（0x05） |
| 2 | bEndpointAddress | 1 | 数値 | エンドポイントアドレスを設定 |
| 3 | bmAttributes | 1 | ビットマップ | エンドポイントの属性を設定（0x11） |
| 4 | wMaxPacketSize | 2 | 数値 | 最大パケットサイズ |
| 6 | bInterval | 1 | 数値 | ポーリング周期（2のべき乗） |

- **bEndpointAddress**：エンドポイントのアドレスを設定します．
  最上位ビットは転送方向を表します．デバイスからホストへの転送（IN）の場合には1を，ホストからデバイスへの転送（OUT）の場合には0を設定します．
  下位4ビットにはエンドポイント番号を設定します．
- **bmAttributes**：エンドポイントの属性にアイソクロナス転送，フィードバックエンドポイントを表す値を設定します．ADC1.0では0x01を設定します．ADC2.0, 3.0では0x11を設定します．
- **wMaxPacketSize**：最大パケットサイズを設定します．
- **bInterval**：サービスインターバル（仮想フレーム）を表す係数で，フレームまたはマイクロフレームに対するポーリング周期を$2^{(bInterval-1)}$で表します．ADC1.0では1を設定します．
- **bRefresh**：同期のためのフィードバックデータが用意される周期を2のべき乗で設定します．**bRefresh**に設定できる値は1（$2^1 = 2$ msec）から9（$2^9 = 512$ msec）までと規定されています．ADC1.0でのみ定義されています．
- **bSynchAddress**：スタンダードASアイソクロナスシンクエンドポイントディスクリプタでは0を設定します．ADC1.0でのみ定義されています．

### 3.1.11 バイナリデバイスオブジェクトストア

バイナリデバイスオブジェクトストア（Binary Device Object Store, BOS）はUSB2.0のECNとして定義されました．USB3.1本体の規格書からも参照することができるため（*9.6.2 Binary Device Object Store*），詳細についてはUSB本体の規格書などを参照してください．

## 3.2 リクエストの処理

リクエストの処理もディスクリプタ同様 USB 本体の規格書で定義されたスタンダードリクエストと各デバイスクラス固有に定義されたクラススペシフィックリクエストがあります．

リクエストのセットアップデータは **bmRequestType** と **bRequest** によってリクエストの対象を判断します．

**bRequest** は USB 本体の規格書で定義されている値と ADC で定義されている値が重複している場合があるので注意が必要です．例えば **bRequest** に 0x01 が設定されていた場合，スタンダードリクエストであれば **CLEAR_FEATURE** となりますが，クラススペシフィックリクエストであれば **CUR**（ADC 1.0 では SET_CUR）となります．これらは **bmRequestType** の D6～5 の値によって判断します．また，**bmRequestType** の最上位ビットで転送方向を，**bmRequestType** の D4～0 の値によってリクエストの宛先を判断します．

コントロールパイプを使用するリクエストの処理は USB 本体の規格で定義されている手順に則って行います．

以下に実際のコンフィグレーションディスクリプタの読み出し処理をプロトコルアナライザでキャプチャした様子を示します．

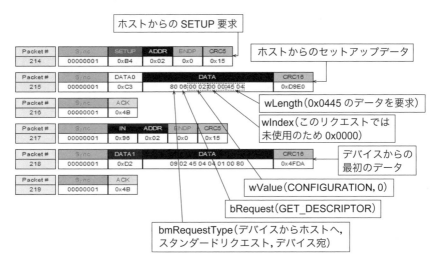

図 3.7 実際のコンフィグレーションディスクリプタの読み出し処理

「ホストからのセットアップデータ」と記された部分が表 3.82 に対応しています。デバイス側はこれに応答してコンフィグレーションディスクリプタの最初の 8 バイトを返しています。

### 3.2.1 スタンダードリクエスト

スタンダードリクエストは USB 本体の規格書で定義された通りに処理されるため，ADC では記述がありません。**表 3.82** にスタンダードリクエストのセットアップデータの基本的な構造を示します。スタンダードリクエストは **bmRequestType** の D6～5 が 0 であることによって判断します。

**表 3.82 スタンダードリクエストのセットアップデータの基本的な構造**

| オフセット | フィールド | サイズ | 値の種類 | 解説 |
|---|---|---|---|---|
| 0 | bmRequestType | 1 | ビットマップ | リクエストのタイプ |
| 1 | bRequest | 1 | 数値 | 具体的なリクエストを表す番号 |
| 2 | wValue | 2 | 数値 | 各リクエスト固有に定義されるデータを設定 |
| 4 | wIndex | 2 | 数値 | 各リクエスト固有に定義されるデータを設定 |
| 6 | wLength | 2 | 数値 | データステージで転送されるデータのサイズ |

- **bmRequestType**：以下に示す値（USB 本体の規格書で定義されたすべての値を含んでいます）が設定されます。リクエストの宛先（D4～0）の 31（ベンダースペシフィック）は USB3.1 で新しく定義されました。**wLength** が 0 の場合にはリクエストの転送方向（D7）は無視されます。

| ビットの位置 | 各ビットの持つ意味 | | |
|---|---|---|---|
| D4～0 | リクエストの宛先 | | |
| | 値 | 宛先 | |
| | 0 | デバイス | |
| | 1 | インターフェース | |
| | 2 | エンドポイント | |
| | 3 | その他 | |
| | 4～30 | 予約済み | |
| | 31 | ベンダースペシフィック | |
| D6～5 | リクエストのタイプ | | |
| | 値 | タイプ | |
| | 0 | スタンダードリクエスト | |
| | 1 | クラススペシフィックリクエスト | |
| | 2 | ベンダースペシフィックリクエスト | |
| | 3 | 予約済み | |

| ビットの位置 | 各ビットの持つ意味 | | |
|---|---|---|---|
| D7 | リクエストの転送方向 | | |
| | 値 | 転送方向 | |
| | 0 | ホストからデバイス | |
| | 1 | デバイスからホスト | |

- **bRequest**：具体的なリクエストを表す番号が設定されます．

USB3.1で定義されているスタンダードリクエストは以下の通りです．USB2.0では **SYNCH_FRAME（12）** までが使用できます．

| リクエスト | 値 |
|---|---|
| GET_STATUS | 0 |
| CLEAR_FEATURE | 1 |
| 予約済み | 2 |
| SET_FEATURE | 3 |
| 予約済み | 4 |
| SET_ADDRESS | 5 |
| GET_DESCRIPTOR | 6 |
| SET_DESCRIPTOR | 7 |
| GET_CONFIGURATION | 8 |
| SET_CONFIGURATION | 9 |
| GET_INTERFACE | 10 |
| SET_INTERFACE | 11 |
| SYNCH_FRAME | 12 |
| SET_ENCRYPTION | 13 |
| GET_ENCRYPTION | 14 |
| SET_HANDSHAKE | 15 |
| GET_HANDSHAKE | 16 |
| SET_CONNECTION | 17 |
| SET_SECURITY_DATA | 18 |
| GET_SECURITY_DATA | 19 |
| SET_WUSB_DATA | 20 |
| LOOPBACK_DATA_WRITE | 21 |
| LOOPBACK_DATA_READ | 22 |
| SET_INTERFACE_DS | 23 |
| SET_SEL | 48 |
| SET_ISOCH_DELAY | 49 |

- **wValue**：各リクエスト固有に定義されるデータが設定されます．
- **wIndex**：各リクエスト固有に定義されるデータが設定されます．
  宛先がインターフェースの場合（**bmRequestType** の下位5ビットが00001の場合）には以下に示すフォーマットでインターフェース番号が設定されます．

| ビット | D15 | D14 | D13 | D12 | D11 | D10 | D9 | D8 | D7 | D6 | D5 | D4 | D3 | D2 | D1 | D0 |
|---|---|---|---|---|---|---|---|---|---|---|---|---|---|---|---|---|
| 値 | 予約済み（0で埋める） | | | | | | | | インターフェース番号 | | | | | | | |

宛先がエンドポイントの場合（**bmRequestType** の下位 5 ビットが 00010 の場合）には以下に示すフォーマットでエンドポイント番号が設定されます．

| ビット | D15 | D14 | D13 | D12 | D11 | D10 | D9 | D8 | D7 | D6 | D5 | D4 | D3 | D2 | D1 | D0 |
|---|---|---|---|---|---|---|---|---|---|---|---|---|---|---|---|---|
| 値 | 予約済み（0で埋める） | | | | | | | | 方向 | 予約済み（0で埋める） | | | エンドポイント番号 | | | |

- **wLength**：転送されるデータの長さが設定されます．0 の場合にはデータステージは発生しません．

### 3.2.2 クラススペシフィックリクエスト

クラススペシフィックリクエストのセットアップデータの基本的な構造はスタンダードリクエストのセットアップデータの基本的な構造に非常に近い構造を取ります．クラススペシフィックリクエストは ADC1.0 の仕様書と ADC2.0，3.0 の仕様書とでは表現方法が大きく異なっていますが，基本的な考え方に大きな違いはありません．

セットアップデータに続いてデータが送られます．このデータをパラメータブロック（Parameter Block）と呼びます．

クラススペシフィックリクエストには以下の 6 種類があります．

- オーディオコントロールリクエスト
  （AudioControl Request）
- オーディオストリーミングリクエスト
  （AudioStreaming Request）
- メモリリクエスト
  （Memory Request）
- ゲットステータスリクエスト
  （Get Status Request）
  ADC1.0 で定義されています．
- クラススペシフィックストリングリクエスト
  （Class-specific String request）
  ADC3.0 で定義されています．
- ディスクリプタリクエスト
  （Descriptor Requests）

ADC3.0で定義されています．

クラススペシフィックストリングリクエストの構造については後述します．

表3.83にクラススペシフィックリクエストのセットアップデータの基本的な構造を示します．クラススペシフィックリクエストは **bmRequestType** のD6～5が01となります．

表3.83 クラススペシフィックリクエストのセットアップデータの基本的な構造

| オフセット | フィールド | サイズ | 値の種類 | 解説 |
|---|---|---|---|---|
| 0 | bmRequestType | 1 | ビットマップ | リクエストのタイプ |
| 1 | bRequest | 1 | 数値 | コントロールアトリビュート |
| 2 | wValue | 2 | 数値 | 各リクエスト固有に定義されるデータを設定 |
| 4 | wIndex | 2 | 数値 | 各リクエスト固有に定義されるデータを設定 |
| 6 | wLength | 2 | 数値 | データステージで転送されるデータのサイズ |

- **bmRequestType**：以下に示す値が設定されます．**wLength** が0の場合にはリクエストの転送方向（D7）は無視されます．

| ビットの位置 | 各ビットの持つ意味（二進数） | |
|---|---|---|
| D4～0 | リクエストの宛先 | |
| | 値 | 宛先 |
| | 00001 | インターフェース |
| | 00010 | エンドポイント |
| D6～5 | リクエストのタイプ<br>01：クラススペシフィックリクエスト | |
| D7 | リクエストの転送方向 | |
| | 値 | 転送方向 |
| | 0 | ホストからデバイス |
| | 1 | デバイスからホスト |

- **bRequest**：指定されたコントロールのどの属性を操作するかが以下の表の値を用いて設定されます．

  – **ADC1.0**

  ADC1.0では **SET**（設定する場合）と **GET**（読み出す場合）で **bRequest** の値が分けられています．

  **CUR** では，現在の値を設定（**SET**）または 読み出し（**GET**）の操作をします．
  **MIN** では，最小値を設定（**SET**）または 読み出し（**GET**）の操作をします．
  **MAX** では，最大値を設定（**SET**）または 読み出し（**GET**）の操作をします．
  **RES** では，分解能を設定（**SET**）または 読み出し（**GET**）の操作をします．
  **MEM** ではメモリへ書き込み（**SET**）または 読み出し（**GET**）の操作をします．

**STAT** は **GET** のみ定義されており，ステータスの読み出し操作をします．

| リクエスト | 値 |
|---|---|
| REQUEST_CODE_UNDEFINED | 0x00 |
| SET_CUR | 0x01 |
| SET_MIN | 0x02 |
| SET_MAX | 0x03 |
| SET_RES | 0x04 |
| SET_MEM | 0x05 |
| GET_CUR | 0x81 |
| GET_MIN | 0x82 |
| GET_MAX | 0x83 |
| GET_RES | 0x84 |
| GET_MEM | 0x85 |
| GET_STAT | 0xFF |

ADC2.0 と ADC3.0 では SET（設定する場合）と GET（読み出す場合）の区別はなく，**bmRequestType** の最上位ビット（D7）で転送方向を判断することになります（設定する場合 **bmRequestType** の最上位ビットは 0，読み出す場合 **bmRequestType** の最上位ビットは 1）．

**CUR** では，現在の値を設定（SET）または 読み出し（GET）の操作をします．

**RANGE** では，最小値，最大値，分解能の 3 つのパラメータをサブレンジとして，サブレンジを列挙することで設定（SET）または 読み出し（GET）の操作をします．

**MEM** ではメモリへ書き込み（SET）または 読み出し（GET）の操作をします．

**INTEN** では割り込みイネーブルの操作をします．ADC3.0 ではすべてのコントロールの **bRequest** に対して **INTEN** を設定することが可能です．本書では以下の説明では共通操作として説明し **bRequest** に対して個別に **INTEN** に関する記述はしていません．

- **ADC2.0**

| リクエスト | 値 |
|---|---|
| REQUEST_CODE_UNDEFINED | 0x00 |
| CUR | 0x01 |
| RANGE | 0x02 |
| MEM | 0x03 |

- **ADC3.0**

| リクエスト | 値 |
|---|---|
| REQUEST_CODE_UNDEFINED | 0x00 |
| CUR | 0x01 |
| RANGE | 0x02 |
| MEM | 0x03 |

| リクエスト | 値 |
|---|---|
| INTEN | 0x04 |
| STRING | 0x05 |
| HIGH_CAPABILITY_DESCRIPTOR | 0x06 |

- **wValue**

－メモリリクエストの場合

　メモリリクエストの場合は **wValue** にオフセットが設定されます．

－ゲットステータスリクエストの場合

　ゲットステータスリクエストの場合は **wValue** に 0 が設定されます．

－上記以外の場合

　以下に示すフォーマットで設定されます．

| ビット | D15 | D14 | D13 | D12 | D11 | D10 | D9 | D8 | D7 | D6 | D5 | D4 | D3 | D2 | D1 | D0 |
|---|---|---|---|---|---|---|---|---|---|---|---|---|---|---|---|---|
| 値 | コントロールセレクタ（CS） | | | | | | | | チャネル番号（CN） | | | | | | | |

コントロールセレクタ（CS）は操作する対象を設定します．ADC1.0 では，エンティティの中で操作可能なコントロールが 1 つだけの場合にはコントロールセレクタを明示する必要はないとされています．

チャネル番号（CN）は操作する論理チャネルを設定します．チャネルに関係のないコントロールが操作対象の場合にはチャネル番号にマスタチャネルを表す 0 を設定します．ミキサコントロールが操作対象の場合（CS = MU_MIXER_CONTROL）にはチャネル番号の代わりにミキサコントロール番号（Mixer Control Number，MCN）を下位バイトに設定します．

- **wIndex**：各リクエスト固有に定義されるデータが設定されます．

－宛先がインターフェースの場合

　**bmRequestType** の下位 5 ビットが 00001 の場合には以下に示すフォーマットでインターフェース番号が設定されます．

| ビット | D15 | D14 | D13 | D12 | D11 | D10 | D9 | D8 | D7 | D6 | D5 | D4 | D3 | D2 | D1 | D0 |
|---|---|---|---|---|---|---|---|---|---|---|---|---|---|---|---|---|
| 値 | エンティティ番号 | | | | | | | | インターフェース番号 | | | | | | | |

エンティティ番号にはオーディオファンクショントポロジのエンティティ番号（クロックエンティティ ID，ユニット ID，ターミナル ID，パワードメイン ID）を設定します．インターフェース自身を表す場合にはエンティティ番号に 0 を設定します．

－宛先がエンドポイントの場合

　**bmRequestType** の下位 5 ビットが 00010 の場合には以下に示すフォーマットでエン

ドポイント番号が設定されます．

| ビット | D15 | D14 | D13 | D12 | D11 | D10 | D9 | D8 | D7 | D6 | D5 | D4 | D3 | D2 | D1 | D0 |
|---|---|---|---|---|---|---|---|---|---|---|---|---|---|---|---|---|
| 値 | 予約済み（0で埋める） | | | | | | | | 方向 | 予約済み（0で埋める） | | | エンドポイント番号 | | | |

- **wLength**：転送されるデータの長さが設定されます．0の場合にはデータステージは発生しません．

**(1) オーディオコントロールリクエスト**

オーディオコントロールリクエストでは，すべて表3.83に示した構造を使用するため，以下の説明では重複する内容については説明していません．オーディオコントロールリクエストでは設定と読み出しで共通のパラメータブロックを使用します．

オーディオコントロールリクエストはオーディオファンクション内部のエンティティが持つオーディオコントロールに対する操作を行います．1つのエンティティに複数のコントロールが実装されている場合があり，これらはコントロールセレクタ（CS）で選択されます．

例えば，多くの場合1つのフィーチャーユニットにミュートコントロールとボリュームコントロールが実装されますが，このようなフィーチャーユニットでボリュームコントロールを操作する場合には，フィーチャーユニットのユニットIDとボリュームコントロールを表すコントロールセレクタによってコントローラが特定されます．さらにチャネル番号などによって詳細に指定されるコントロールもあります．

オーディオコントロールリクエストではリクエストの宛先を表す**bmRequestType**のD4～0はインターフェース（00001）となります

**(1) 共通コントロール操作**

ADC2.0ではいくつかの操作において共通の操作であるため，規格書ではそれらをまとめて定義するようになりました．ADC3.0でもこの方法が踏襲されています．ADC1.0ではプロセッシングユニットに対して同様に共通の操作が定義されています．

**(a) イネーブルコントロールリクエスト**

イネーブルコントロールリクエストはエンティティの機能またはエンティティ自体の動作をバイパスさせます．前述の通りセットアップデータの構造は表3.83に従います（以下同様）．

- **bRequest**：**CUR**のみ使用されます．

- **wValue**：コントロールセレクタには **XX_ENABLE_CONTROL** で表される番号が使用されます．ここで，最初の **XX** は操作対象のエンティティごとに設定された2文字に置き換えます（ステレオ拡張プロセッシングユニットコントロールリクエストの場合には **ST_EXT** に置き換えます．以下同様）．チャネル番号には 0 が設定されます．
- **wLength**：1 が設定されます．

イネーブルコントロールリクエストのパラメータブロックは**表 3.84** に示す構造を取ります．

表 3.84 イネーブルコントロールリクエストのパラメータブロック

| オフセット | フィールド | サイズ | 値の種類 | 解説 |
|---|---|---|---|---|
| 0 | bEnable | 1 | 真理値 | 有効（1）または無効（0） |

- **bEnable**
  有効（イネーブル）の場合には 1 が設定されます．
  無効（ディセーブル）の場合には 0 が設定されます．

(b) モードセレクトコントロールリクエスト

モードセレクトコントロールリクエストはエンティティの状態を操作する目的で使用されます．モードセレクトコントロールは ADC 3.0 では共通コントロール操作としては定義されていませんが，これは ADC 3.0 ではアップ/ダウン-ミックスプロセッシングユニットコントロールリクエストのみがモードセレクトコントロールを持つため共通とはいえないためです．ADC 3.0 ではアップ/ダウン-ミックスプロセッシングユニットコントロールリクエストもここで示した共通の処理となりますので，本書では共通コントロール操作に含めます．

- **bRequest**：ADC 1.0 では **CUR，MIN，MAX，RES** が使用されます．ADC 2.0 および ADC 3.0 では **CUR** のみ使用されます．
- **wValue**：コントロールセレクタには **XX_MODE_SELECT_CONTROL** で表される番号が使用されます．ここで，最初の **XX** は操作対象のエンティティごとに設定された2文字に置き換えます．チャネル番号には 0 が設定されます．
- **wLength**：1 が設定されます．

モードセレクトコントロールリクエストのパラメータブロックは**表 3.85** に示す構造を取ります．

表 3.85 モードセレクトコントロールリクエストのパラメータブロック

| オフセット | フィールド | サイズ | 値の種類 | 解説 |
|---|---|---|---|---|
| 0 | bMode | 1 | 数値 | 選択されるモードの番号 |

- **bMode**：選択されるモードの番号 が設定されます（1 からユニットがサポートする数まで）．ADC1.0 の **MIN**，**MAX** に対しては，1 からユニットがサポートする数まで設定できます．ADC1.0 の **RES** に対しては 1 が設定されます．

(c) クラスタコントロールリクエスト

クラスタコントロールリクエストはエンティティの現在の論理チャネルの配置を読み出します．クラスタコントロールへは読み出し動作のみ可能です．クラスタコントロールは **ADC2.0 でのみ定義されています**．

- **bRequest**：**CUR** のみ使用されます．
- **wValue**：コントロールセレクタには **XX_CLUSTER_CONTROL** で表される番号が使用されます．ここで，最初の **XX** は操作対象のエンティティごとに設定された 2 文字に置き換えます．チャネル番号には 0 が設定されます．
- **wLength**：6 が設定されます．

クラスタコントロールリクエストのパラメータブロックは**表 3.86** に示す構造を取ります．

表 3.86　クラスタコントロールリクエストのパラメータブロック

| オフセット | フィールド | サイズ | 値の種類 | 解説 |
|---|---|---|---|---|
| 0 | bNrChannels | 1 | 数値 | 出力オーディオチャネルクラスタに含まれる論理チャネルの数 |
| 1 | bmChannelConfig | 4 | ビットマップ | 論理チャネルの配置 |
| 5 | iChannelNames | 1 | インデックス | 最初の論理チャネルを表す文字列を持つスタンダードストリングディスクリプタのインデックス番号 |

- **bNrChannels**：出力オーディオチャネルクラスタに含まれる論理チャネルの数が設定されます．
- **bmChannelConfig**：以下に示すビットマップにしたがって論理チャネルの配置が設定されます．これは **3.1.6** の表 3.15 で示したオーディオチャネルクラスタディスクリプタの **bmChannelConfig** に対応しています．

| ビットの位置 | 論理チャネルの配置 |
|---|---|
| D0 | Front Left（FL） |
| D1 | Front Right（FR） |
| D2 | Front Center（FC） |
| D3 | Low Frequency Enhancement（LFE） |
| D4 | Back Left（BL） |
| D5 | Back Right（BR） |

| ビットの位置 | 論理チャネルの配置 |
| --- | --- |
| D 6 | Front Left of Center（FLC） |
| D 7 | Front Right of Center（FRC） |
| D 8 | Back Center（BC） |
| D 9 | Side Left（SL） |
| D 10 | Side Right（SR） |
| D 11 | Top Center（TC） |
| D 12 | Top Front Left（TFL） |
| D 13 | Top Front Center（TFC） |
| D 14 | Top Front Right（TFR） |
| D 15 | Top Back Left（TBL） |
| D 16 | Top Back Center（TBC） |
| D 17 | Top Back Right（TBR） |
| D 18 | Top Front Left of Center（TFLC） |
| D 19 | Top Front Right of Center（TFRC） |
| D 20 | Left Low Frequency Effects（LLFE） |
| D 21 | Right Low Frequency Effects（RLFE） |
| D 22 | Top Side Left（TSL） |
| D 23 | Top Side Right（TSR） |
| D 24 | Bottom Center（BC） |
| D 25 | Back Left of Center（BLC） |
| D 26 | Back Right of Center（BRC） |
| D 30 〜 27 | 予約済み |
| D 31 | Raw Data |

- **iChannelNames**：最初の論理チャネルを表す文字列を持つスタンダードストリングディスクリプタのインデックス番号が設定されます．

(d) アンダーフローコントロールリクエスト

アンダーフローコントロールリクエストはアンダーフローの発生状況を読み出します．最後に GetUnderFlow リクエストが発行されてからアンダーフローが発生したかどうかが読み出されます．アンダーフローコントロールへは読み出し動作のみ可能です．アンダーフローコントロールは **ADC 2.0 および ADC 3.0 で定義されています**．

- **bRequest**：**CUR** のみ使用されます．
- **wValue**：コントロールセレクタには **XX_UNDERFLOW_CONTROL** で表される番号が使用されます．ここで，最初の **XX** は操作対象のエンティティごとに設定された 2 文字に置き換えます．チャネル番号 には対象となるチャネル番号が設定されます．
- **wLength**：1 が設定されます．

アンダーフローコントロールリクエストのパラメータブロックは**表 3.87** に示す構造を取ります．

表 3.87 アンダーフローコントロールリクエストのパラメータブロック

| オフセット | フィールド | サイズ | 値の種類 | 解説 |
|---|---|---|---|---|
| 0 | bUnderflow | 1 | 真理値 | アンダーフローの発生状況 |

- **bUnderflow**
  真（1）の場合にはアンダーフローが発生したことを示します．
  偽（0）の場合にはアンダーフローが発生していないことを示します．

(e) オーバーフローコントロールリクエスト

オーバーフローコントロールリクエストはオーバーフローの発生状況を読み出します．最後に GetOverFlow リクエストが発行されてからオーバーフローが発生したかどうかが読み出されます．オーバーフローコントロールへは読み出し動作のみ可能です．オーバーフローコントロールは **ADC 2.0 および ADC 3.0 で定義されています**．

- **bRequest**：**CUR** のみ使用されます．
- **wValue**：コントロールセレクタには **XX_OVERFLOW_CONTROL** で表される番号が使用されます．ここで，最初の **XX** は操作対象のエンティティごとに設定された 2 文字に置き換えます．チャネル番号には対象となるチャネル番号が設定されます．
- **wLength**：1 が設定されます．

オーバーフローコントロールリクエストのパラメータブロックは**表 3.88** に示す構造を取ります．

表 3.88 オーバーフローコントロールリクエストのパラメータブロック

| オフセット | フィールド | サイズ | 値の種類 | 解説 |
|---|---|---|---|---|
| 0 | bOverflow | 1 | 真理値 | オーバーフローの発生状況 |

- **bOverflow**：真の場合にはオーバーフローが発生したことを示します．
  偽の場合にはオーバーフローが発生していないことを示します．

(f) レイテンシコントロールリクエスト

レイテンシコントロールリクエストはターミナルやユニットで発生する遅延を通知します．ターミナルの遅延は A-D コンバータや D-A コンバータ，エンコーダ，デコーダなどあらゆる遅延を含めなければなりません．レイテンシコントロールへは読み出し動作のみ可能です．レイテンシコントロールは **ADC 2.0 と ADC 3.0 で定義されています**．

- **bRequest**：**CUR** のみ使用されます．
- **wValue**：コントロールセレクタには **XX_LATENCY_CONTROL** で表される番号が使用されます．ここで，最初の **XX** は操作対象のエンティティごとに設定された 2 文字

## 3.2 リクエストの処理

に置き換えます．チャネル番号には 0 が設定されます．
- **wLength**：4 が設定されます．

レイテンシコントロールリクエストのパラメータブロックは**表 3.89** に示す構造を取ります．

表 3.89 レイテンシコントロールリクエストのパラメータブロック

| オフセット | フィールド | サイズ | 値の種類 | 解説 |
|---|---|---|---|---|
| 0 | dLatency | 4 | 数値 | レイテンシ（nsec） |

- **dLatency**：0 nsec（0x00000000）から 4,294,967,295 nsec（0xFFFFFFFF）まで 1 nsec（0x00000001）刻みで設定します．

(g) パワードメインコントロールリクエスト

パワードメインコントロールリクエストはオーディオファンクションに設定されたパワードメインの状態を選択的に制御します．パワードメインコントロールは読み書きどちらも可能です．パワードメインコントロールは **ADC 3.0 でのみ定義されています**．

- **bRequest**：**CUR** のみ使用されます．
- **wValue**：コントロールセレクタには **AC_POWER_DOMAIN_CONTROL（0x02）** が設定されます．チャネル番号には 0 が設定されます．エンティティ番号には目的のパワードメイン ID が設定されます．
- **wLength**：1 が設定されます．

パワードメインコントロールリクエストのパラメータブロックは**表 3.90** に示す構造を取ります．

表 3.90 パワードメインコントロールリクエストのパラメータブロック

| オフセット | フィールド | サイズ | 値の種類 | 解説 |
|---|---|---|---|---|
| 0 | bPower | 1 | 数値 | パワードメインの状態 |

- **bPower**：パワードメインの状態の D0 から D2 に対応して 0x00 から 0x02 を設定します．

(h) 割り込みイネーブルコントロールリクエスト

割り込みイネーブルコントロールリクエストは **ADC 3.0 でのみ定義されています**．コントロールの割り込みのイネーブル/ディセーブルを操作します．

- **bRequest**：**INTEN** が使用されます．
- **wValue**：メモリに対するリクエストの場合にはオフセットが設定されます．
その他のリクエストではコントロールセレクタには目的とするコントロールセレクタ

が，チャネル番号には対象となるチャネル番号が設定されます．
- **wLength**：1 が設定されます．

割り込みイネーブルコントロールリクエストのパラメータブロックは**表 3.91** に示す構造を取ります．

表 3.91　割り込みイネーブルコントロールリクエストのパラメータブロック

| オフセット | フィールド | サイズ | 値の種類 | 解説 |
|---|---|---|---|---|
| 0 | bINTEN | 1 | 真理値 | 有効（1）または無効（0）|

- **bINTEN**：

  有効（イネーブル）の場合には 1 が設定されます（デフォルト）．
  無効（ディセーブル）の場合には 0 が設定されます．

### (2)　ターミナルコントロールリクエスト

ターミナルコントロールリクエストはターミナルのコントロールを操作します．ターミナルコントロールリクエストのコントロールセレクタの定義は**すべての ADC で異なります**．**表 3.92**〜**表 3.94** に各 ADC でコントロールセレクタに設定される値を示します．網掛け部分のコントロールセレクタは 3.2.2（1）(1) を参照してください．

表 3.92　コントロールセレクタに設定する値（ADC 1.0）

| コントロールセレクタ | 値 |
|---|---|
| TE_CONTROL_UNDEFINED | 0x00 |
| COPY_PROTECT_CONTROL | 0x01 |

表 3.93　コントロールセレクタに設定する値（ADC 2.0）

| コントロールセレクタ | 値 |
|---|---|
| TE_CONTROL_UNDEFINED | 0x00 |
| TE_COPY_PROTECT_CONTROL | 0x01 |
| TE_CONNECTOR_CONTROL | 0x02 |
| TE_OVERLOAD_CONTROL | 0x03 |
| TE_CLUSTER_CONTROL | 0x04 |
| TE_UNDERFLOW_CONTROL | 0x05 |
| TE_OVERFLOW_CONTROL | 0x06 |
| TE_LATENCY_CONTROL | 0x07 |

表 3.94　コントロールセレクタに設定する値（ADC 3.0）

| コントロールセレクタ | 値 |
|---|---|
| TE_CONTROL_UNDEFINED | 0x00 |
| TE_INSERTION_CONTROL | 0x01 |
| TE_OVERLOAD_CONTROL | 0x02 |

| コントロールセレクタ | 値 |
|---|---|
| TE_UNDERFLOW_CONTROL | 0x03 |
| TE_OVERFLOW_CONTROL | 0x04 |
| TE_LATENCY_CONTROL | 0x05 |

(a) コピープロテクトコントロールリクエスト

コピープロテクトコントロールリクエストはコピープロテクト機能を持つターミナルのコピープロテクションレベル (Copy Protection Level, CPL) を操作します．インプットターミナルでは読み出し，アウトプットターミナルでは設定のみが操作可能です．コピープロテクトコントロールは **ADC1.0** と **ADC2.0 で定義されています．**

- **bRequest**：**CUR** のみ使用されます．
- **wValue**：コントロールセレクタには ADC1.0 では COPY_PROTECT_CONTROL (0x01)，ADC2.0 では TE_COPY_PROTECT_CONTROL (0x01) が設定されます．チャネル番号には 0 が設定されます．
- **wLength**：1 が設定されます．

コピープロテクトコントロールリクエストのパラメータブロックは**表 3.95** に示す構造を取ります．

表 3.95　コピープロテクトコントロールリクエストのパラメータブロック

| オフセット | フィールド | サイズ | 値の種類 | 解説 |
|---|---|---|---|---|
| 0 | bCopyProtect | 1 | 数値 | コピープロテクションレベル |

- **bCopyProtect**：以下に示す値を用いてコピープロテクションレベルを設定します．
- 0x00 (CPL0)

  コピー制限なし
- 0x01 (CPL1)

  一世代のみコピー可能
- 0x02 (CPL2)

  コピー不可

(b) インサーション (コネクタ) コントロールリクエスト

インサーションコントロール (Insertion Control) リクエストは挿入検出機能を持つターミナルへのコネクタの挿入状況を取得します．インサーションコントロールへは読み出し動作のみ可能です．インサーションコントロールは **ADC2.0** と **ADC3.0 で定義されています．** ADC2.0 ではコネクタコントロール (Connector Control) リクエストとして定義されています．

ADC3.0ではコネクタディスクリプタの **bmaConAttributes** のビット2が1に設定されているコネクタに対してのみ有効となります．

- **bRequest**：**CUR** のみ使用されます．
- **wValue**：コントロールセレクタには **ADC2.0** では **TE_CONNECTOR_CONTROL**（0x02），**ADC3.0** では **TE_INSERTION_CONTROL**（0x01）が設定されます．チャネル番号には0が設定されます．
- **wLength**：ADC2.0では6が設定されます．ADC3.0では1+$n$が設定されます（$n$はバイト単位で表した **bmConInserted** のサイズ）．

ADC2.0のコネクタコントロールリクエストのパラメータブロックは**表3.96**に示す構造を取ります．

表3.96　コネクタコントロールリクエストのパラメータブロック（ADC2.0）

| オフセット | フィールド | サイズ | 値の種類 | 解説 |
|---|---|---|---|---|
| 0 | bNrChannels | 1 | 数値 | 現在接続されている物理チャネルの数 |
| 1 | bmChannelConfig | 4 | ビットマップ | チャネルの配置 |
| 5 | iChannelNames | 1 | インデックス | 最初の未定義の配置のチャネルを表す文字列を持つスタンダードストリングディスクリプタのインデックス番号 |

- **bNrChannels**：現在接続されている物理チャネルの数を設定します．
- **bmChannelConfig**：以下に示すビットマップにしたがってチャネルの配置を設定します．これは表3.15で示したオーディオチャネルクラスタディスクリプタの **bmChannelConfig** に対応しています．
接続されているチャネルはそのビットを1にし，接続されていないチャネルは0にします．

| ビットの位置 | 論理チャネルの配置 |
|---|---|
| D0 | Front Left（FL） |
| D1 | Front Right（FR） |
| D2 | Front Center（FC） |
| D3 | Low Frequency Enhancement（LFE） |
| D4 | Back Left（BL） |
| D5 | Back Right（BR） |
| D6 | Front Left of Center（FLC） |
| D7 | Front Right of Center（FRC） |
| D8 | Back Center（BC） |
| D9 | Side Left（SL） |
| D10 | Side Right（SR） |
| D11 | Top Center（TC） |
| D12 | Top Front Left（TFL） |

| ビットの位置 | 論理チャネルの配置 |
|---|---|
| D 13 | Top Front Center（TFC） |
| D 14 | Top Front Right（TFR） |
| D 15 | Top Back Left（TBL） |
| D 16 | Top Back Center（TBC） |
| D 17 | Top Back Right（TBR） |
| D 18 | Top Front Left of Center（TFLC） |
| D 19 | Top Front Right of Center（TFRC） |
| D 20 | Left Low Frequency Effects（LLFE） |
| D 21 | Right Low Frequency Effects（RLFE） |
| D 22 | Top Side Left（TSL） |
| D 23 | Top Side Right（TSR） |
| D 24 | Bottom Center（BC） |
| D 25 | Back Left of Center（BLC） |
| D 26 | Back Right of Center（BRC） |
| D 30 〜 27 | 予約済み |
| D 31 | Raw Data |

- **iChannelNames**：最初の未定義の配置のチャネルを表す文字列を持つスタンダードストリングディスクリプタのインデックス番号が設定されます．**bmChannelConfig** の 1 の数が **bNrChannels** よりも大きい場合に参照されます．

ADC 3.0 のインサーションコントロールリクエストのパラメータブロックは**表 3.97** に示す構造を取ります．

表 3.97　インサーションコントロールリクエストのパラメータブロック（ADC 3.0）

| オフセット | フィールド | サイズ | 値の種類 | 解説 |
|---|---|---|---|---|
| 0 | bSize | 1 | 数値 | bmConInserted のサイズをバイト単位で表す（$n$） |
| 1 | bmConInserted | $n$ | ビットマップ | 接続されているコネクタをビットマップで表す |

- **bSize**：bmConInserted のサイズをバイト単位で表します．
- **bmConInserted**：接続されているコネクタをビットマップで表します．接続されている場合には 1 を，接続されていない場合には 0 を設定します．
  もし $D_{i-1}$ ビットが 1 であった場合，コネクタディスクリプタに列挙されている対応するコネクタ **Connector(*i*)** が接続されていることを表します．

(c) オーバーロードコントロールリクエスト

オーバーロードコントロールリクエストはターミナルのオーバーロードの発生状況を取得します．オーバーロードコントロールは読み出しのみ可能です．オーバーロードコントロールは **ADC 2.0** と **ADC 3.0** で定義されています．

- **bRequest**：**CUR** のみ使用されます．

- **wValue**：コントロールセレクタには **TE_OVERLOAD_CONTROL** が設定されます．チャネル番号には読み出すチャネルが設定されます．
- **wLength**：1 が設定されます．

オーバーロードコントロールリクエストのパラメータブロックは**表 3.98** に示す構造を取ります．

表 3.98 オーバーロードコントロールリクエストのパラメータブロック

| オフセット | フィールド | サイズ | 値の種類 | 解説 |
|---|---|---|---|---|
| 0 | bOverLoad | 1 | 真理値 | オーバーロードの発生状況 |

- **bOverLoad**：オーバーロードの発生状況を設定します．
  真（1）の場合にはオーバーロードが発生したことを示します．
  偽（0）の場合にはオーバーロードが発生していないことを示します．

(3) ミキサユニットコントロールリクエスト

ミキサユニットコントロールリクエストはミキサユニットのコントロールを操作します．ミキサコントロールリクエストのコントロールセレクタの定義は**すべての ADC で異なります**．ADC 1.0 では定義されているコントロールが 1 つのため**コントロールセレクタは使用しません**．**表 3.99** に ADC 2.0 でコントロールセレクタに設定される値を，**表 3.100** に ADC 3.0 でコントロールセレクタに設定される値を示します．網掛け部分のコントロールセレクタは **3.2.2 (1)(1)** を参照してください．

表 3.99 コントロールセレクタに設定する値（ADC 2.0）

| コントロールセレクタ | 値 |
|---|---|
| MU_CONTROL_UNDEFINED | 0x00 |
| MU_MIXER_CONTROL | 0x01 |
| MU_CLUSTER_CONTROL | 0x02 |
| MU_UNDERFLOW_CONTROL | 0x03 |
| MU_OVERFLOW_CONTROL | 0x04 |
| MU_LATENCY_CONTROL | 0x05 |

表 3.100 コントロールセレクタに設定する値（ADC 3.0）

| コントロールセレクタ | 値 |
|---|---|
| MU_CONTROL_UNDEFINED | 0x00 |
| MU_MIXER_CONTROL | 0x01 |
| MU_UNDERFLOW_CONTROL | 0x02 |
| MU_OVERFLOW_CONTROL | 0x03 |
| MU_LATENCY_CONTROL | 0x04 |

(a) ミキサコントロールリクエスト

ミキサコントロールリクエストのパラメータブロックで使用される **wMixer** は **CUR, MIN, MAX** に対しては 1/256 dB（0x0001）刻みで +127.9961 dB（0x7FFF）から -127.9961 dB（0x8001）までの範囲を取ります．0x8000 はミュート（無音，$-\infty$ dB）を表し，必ず実装しなければなりません．**RES** に対しては 1/256 dB（0x0001）から +127.9961 dB（0x7FFF）までの範囲を取ります．**MIN** に対して 0x8000 は適用しません．

0x0100 = 1.0000dB，0x0001 = 0.00390625（1/256）dB，0x0000 = 0.0000dB，0xFFFF = -0.00390625（-1/256）dB，0xFF00 = -1.0000dB などとなります．

- **bRequest**：**CUR** または **RANGE** が使用されます．ADC 1.0 では **RANGE** の代わりに **SET_MIN, SET_MAX, SET_RES, GET_MIN, GET_MAX, GET_RES** が使用されます．
- **wValue**：
  - **ADC 1.0**
  上位バイト（コントロールセレクタに相当）には，1 番目の書式のパラメータブロックを使用する場合には入力チャネル番号（Input Channel Number，ICN）が設定されます（ミキサユニットの説明に対して ICN=$u$）．
  下位バイト（チャネル番号に相当）には，1 番目の書式のパラメータブロックを使用する場合には出力チャネル番号（Output Channel Number, OCN）が設定されます（ミキサユニットの説明に対して OCN=$v$）．
  2 番目の書式のパラメータブロックを使用する場合には 0xFFFF，3 番目の書式のパラメータブロックを使用する場合には 0x0000 が設定されます．
  - **ADC 2.0, 3.0**
  上位バイトにコントロールセレクタ **MU_MIXER_CONTROL（0x01）** が設定されます．下位バイト（チャネル番号に相当）にはミキサコントロール番号（Mixer Control Number, MCN）が設定されます．
- **wLength**：
  - **ADC 1.0**
  1 番目の書式のパラメータブロックを使用する場合には 2 が設定されます．
  2 番目の書式のパラメータブロックを使用する場合には（プログラム可能なミキサコントロールの数）×2 が設定されます．
  3 番目の書式のパラメータブロックを使用する場合には（ミキサコントロールの数）×2 が設定されます．

- ADC 2.0, 3.0

CUR では 2 が設定されます．

RANGE では 2＋（ミキサコントロールの数）×6 が設定されます．

ADC 1.0 のミキサコントロールリクエストのパラメータブロックは設定方法によって**表 3.101** から**表 3.103** に示す 3 通りの構造を取ります．

パラメータブロック書式 1：

表 3.101　ミキサコントロールリクエストのパラメータブロック書式 1（ADC 1.0）

| オフセット | フィールド | サイズ | 値の種類 | 解説 |
|---|---|---|---|---|
| 0 | wMixer | 2 | 数値 | 指定されたミキサコントロールの値 |

- **wMixer**：指定されたミキサコントロールの値が設定されます．

パラメータブロック書式 2：

表 3.102　ミキサコントロールリクエストのパラメータブロック書式 2（ADC 1.0）

| オフセット | フィールド | サイズ | 値の種類 | 解説 |
|---|---|---|---|---|
| 0 | wMixer（1） | 2 | 数値 | プログラム可能な最初のミキサコントロールの値 |
| ⋮ | ⋮ | ⋮ | ⋮ | ⋮ |
| 2（$n-1$） | wMixer（$n$） | 2 | 数値 | プログラム可能な最後のミキサコントロールの値 |

- **wMixer**：指定されたミキサコントロールの値が設定されます．

パラメータブロック書式 3：

表 3.103　ミキサコントロールリクエストのパラメータブロック書式 3（ADC 1.0）

| オフセット | フィールド | サイズ | 値の種類 | 解説 |
|---|---|---|---|---|
| 0 | wMixer（1） | 2 | 数値 | 最初のミキサコントロールの値 |
| ⋮ | ⋮ | ⋮ | ⋮ | ⋮ |
| 2（$n-1$） | wMixer（$n$） | 2 | 数値 | 最後のミキサコントロールの値 |

- **wMixer**：指定されたミキサコントロールの値が設定されます．

**表 3.104** および**表 3.105** に ADC 2.0 のパラメータブロックの構造を示します．

表 3.104　CUR に対するミキサコントロールリクエストのパラメータブロック（ADC 2.0, 3.0）

| オフセット | フィールド | サイズ | 値の種類 | 解説 |
|---|---|---|---|---|
| 0 | wMixer | 2 | 数値 | 指定されたミキサコントロールの値 |

- **wMixer**：指定されたミキサコントロールの値が設定されます．

## 3.2 リクエストの処理

表 3.105 **RANGE** に対するミキサコントロールリクエストのパラメータブロック（ADC 2.0, 3.0）

| オフセット | フィールド | サイズ | 値の種類 | 解説 |
|---|---|---|---|---|
| 0 | wNumSubRanges | 2 | 数値 | ［wMIN, wMAX, wRES］の組の数 ($n$) |
| 2 | wMIN (1) | 2 | 数値 | 最初のミキサコントロールの最小値 |
| 4 | wMAX (1) | 2 | 数値 | 最初のミキサコントロールの最大値 |
| 6 | wRES (1) | 2 | 数値 | 最初のミキサコントロールの分解能 |
| ⋮ | ⋮ | ⋮ | ⋮ | ⋮ |
| $2+6(n-1)$ | wMIN ($n$) | 2 | 数値 | 最後のミキサコントロールの最小値 |
| $4+6(n-1)$ | wMAX ($n$) | 2 | 数値 | 最後のミキサコントロールの最大値 |
| $6+6(n-1)$ | wRES ($n$) | 2 | 数値 | 最後のミキサコントロールの分解能 |

- **wMIN**：ミキサコントロールの最小値が設定されます．
- **wMAX**：ミキサコントロールの最大値が設定されます．
- **wRES**：ミキサコントロールの分解能が設定されます．

**(4) セレクタユニットコントロールリクエスト**

セレクタユニットコントロールリクエストはセレクタのコントロールを操作します．セレクタコントロールリクエストのコントロールセレクタの定義は **ADC 1.0 とそれ以外で異なります**．ADC 1.0 では定義されているコントロールが 1 つのためコントロールセレクタに 0 が設定されます．ADC 2.0 および ADC 3.0 では表 3.106 に示す値がコントロールセレクタに設定されます．網掛け部分のコントロールセレクタは 3.2.2 (1)(1) を参照してください．

表 3.106 コントロールセレクタに設定する値（ADC 2.0, 3.0）

| コントロールセレクタ | 値 |
|---|---|
| SU_CONTROL_UNDEFINED | 0x00 |
| SU_SELECTOR_CONTROL | 0x01 |
| SU_LATENCY_CONTROL | 0x02 |

**(a) セレクタコントロールリクエスト**

セレクタコントロールリクエストでは複数の入力を選択します．セレクタコントロールのパラメータブロックで使用される **bSelector** には 1 からセレクタユニットディスクリプタの **bNrInPins** で表された値までが設定されます．ADC 1.0 で **GET_MIN, GET_MAX** が指定された場合には設定可能な入力の範囲をレポートします．

- **bRequest**：ADC 2.0, 3.0 では **CUR** のみ使用されます．
  ADC 1.0 では **SET_CUR, GET_CUR, SET_MIN, SET_MAX, SET_RES, GET_MIN,**

GET_MAX，GET_RES が使用可能ですが，一般に SET_MIN，SET_MAX，SET_RES，GET_RES はサポートされません．

- wValue：

  –ADC1.0

  0x0000 が設定されます．

  –ADC2.0，3.0

  コントロールセレクタには **SU_SELECTOR_CONTROL**（0x01）が設定されます．チャネル番号には 0 が設定されます．

- wLength：1 が設定されます．

表 3.107 にセレクタコントロールリクエストのパラメータブロックの構造を示します．

表 3.107　セレクタコントロールリクエストのパラメータブロック

| オフセット | フィールド | サイズ | 値の種類 | 解説 |
|---|---|---|---|---|
| 0 | bSelector | 1 | 数値 | 指定されたセレクタコントロールの値 |

- bSelector：選択すべき入力の値が設定されます．ADC1.0 で GET_MIN，GET_MAX が指定された場合には設定可能な入力の範囲をレポートします．

(5)　フィーチャーユニットコントロールリクエスト

フィーチャーユニットコントロールリクエストはフィーチャーユニットのコントロールを操作します．フィーチャーユニットコントロールリクエストのコントロールセレクタの定義は **ADC1.0** とそれ以外で異なります．表 3.108 と表 3.109 に各 ADC でコントロールセレクタに設定される値を示します．網掛け部分のコントロールセレクタは **3.2.2 (1) (1)** を参照してください．

表 3.108　コントロールセレクタに設定する値（ADC1.0）

| コントロールセレクタ | 値 |
|---|---|
| FU_CONTROL_UNDEFINED | 0x00 |
| MUTE_CONTROL | 0x01 |
| VOLUME_CONTROL | 0x02 |
| BASS_CONTROL | 0x03 |
| MID_CONTROL | 0x04 |
| TREBLE_CONTROL | 0x05 |
| GRAPHIC_EQUALIZER_CONTROL | 0x06 |
| AUTOMATIC_GAIN_CONTROL | 0x07 |
| DELAY_CONTROL | 0x08 |
| BASS_BOOST_CONTROL | 0x09 |
| LOUDNESS_CONTROL | 0x0A |

表 3.109 コントロールセレクタに設定する値（ADC2.0, 3.0）

| コントロールセレクタ | 値 |
|---|---|
| FU_CONTROL_UNDEFINED | 0x00 |
| FU_MUTE_CONTROL | 0x01 |
| FU_VOLUME_CONTROL | 0x02 |
| FU_BASS_CONTROL | 0x03 |
| FU_MID_CONTROL | 0x04 |
| FU_TREBLE_CONTROL | 0x05 |
| FU_GRAPHIC_EQUALIZER_CONTROL | 0x06 |
| FU_AUTOMATIC_GAIN_CONTROL | 0x07 |
| FU_DELAY_CONTROL | 0x08 |
| FU_BASS_BOOST_CONTROL | 0x09 |
| FU_LOUDNESS_CONTROL | 0x0A |
| FU_INPUT_GAIN_CONTROL | 0x0B |
| FU_INPUT_GAIN_PAD_CONTROL | 0x0C |
| FU_PHASE_INVERTER_CONTROL | 0x0D |
| FU_UNDERFLOW_CONTROL | 0x0E |
| FU_OVERFLOW_CONTROL | 0x0F |
| FU_LATENCY_CONTROL | 0x10 |

(a) ミュートコントロールリクエスト

ミュートコントロールリクエストはフィーチャーユニットのミュートコントロールを操作します．

- **bRequest**：**CUR** のみ使用されます．
- **wValue**：コントロールセレクタには ADC1.0 では **MUTE_CONTROL（0x01）**，ADC2.0, 3.0 では **FU_MUTE_CONTROL（0x01）** が設定されます．
  チャネル番号には対象となるチャネルが設定されます．ADC1.0 で 2 番目の書式のパラメータブロックを使用する場合には 0xFF が設定されます．
- **wLength**：ADC1.0 の書式 2 のパラメータブロックが使用される場合にはチャネルの数（$n$）が設定されます．
  それ以外の場合は 1 が設定されます．

ADC1.0 のミュートコントロールリクエストのパラメータブロックは設定方法によって**表 3.110** および**表 3.111** に示す 2 通りの構造を取ります．
ADC2.0, 3.0 では**表 3.110** に示す書式 1 で使用されます．

## 164 Chapter 3 オーディオインターフェースの実装

パラメータブロック書式1：

表3.110 ミュートコントロールリクエストのパラメータブロック書式1
(ADC1.0, 2.0, 3.0)

| オフセット | フィールド | サイズ | 値の種類 | 解説 |
|---|---|---|---|---|
| 0 | bMute | 1 | 真理値 | ミュートの状態 |

- **bMute**：ミュートの状態を設定します．
  真（1）の場合にはミュート（消音）状態を表します．
  偽（0）の場合にはミュート（消音）状態ではないことを表します．

パラメータブロック書式2：

表3.111 ミュートコントロールリクエストのパラメータブロック書式2
(ADC1.0)

| オフセット | フィールド | サイズ | 値の種類 | 解説 |
|---|---|---|---|---|
| 0 | bMute (1) | 1 | 真理値 | 最初のミュートコントロールの状態 |
| ⋮ | ⋮ | ⋮ | ⋮ | ⋮ |
| $n-1$ | bMute ($n$) | 1 | 真理値 | 最後のミュートコントロールの状態 |

- **bMute**：ミュートの状態を設定します．
  真（1）の場合にはミュート（消音）状態を表します．
  偽（0）の場合にはミュート（消音）状態ではないことを表します．

(b) ボリュームコントロールリクエスト

ボリュームコントロールリクエストはフィーチャーユニットのボリュームコントロールを操作します．

ボリュームコントロールのパラメータブロックで使用される **wVolume** は **CUR**，**MIN**，**MAX** に対しては 1/256 dB（0x0001）刻みで +127.9961 dB（0x7FFF）から −127.9961 dB（0x8001）までの範囲を取ります．0x8000 はミュート（無音，−∞ dB）を表し，必ず実装しなければなりません．**RES** に対しては 1/256 dB（0x0001）から +127.9961 dB（0x7FFF）までの範囲を取ります．**MIN** に対して 0x8000 は適用しません．

0x0100 = 1.0000 dB，0x0001 = 0.00390625（1/256）dB，0x0000 = 0.0000 dB，0xFFFF = −0.00390625（−1/256）dB，0xFF00 = −1.0000 dB などとなります．

- **bRequest**：**CUR** または **RANGE** が使用されます．
  ADC1.0 では RANGE の代わりに **SET_MIN**，**SET_MAX**，**SET_RES**，**GET_MIN**，**GET_MAX**，**GET_RES** が使用されます．
- **wValue**：コントロールセレクタには ADC1.0 では **VOLUME_CONTROL**（**0x02**），

ADC2.0, 3.0 では **FU_VOLUME_CONTROL**（**0x02**）が設定されます。
チャネル番号には対象となるチャネルが設定されます。ADC1.0 で 2 番目の書式のパラメータブロックを使用する場合には 0xFF が設定されます。

- **wLength**：
  - **ADC1.0**
  1 番目の書式のパラメータブロックを使用する場合には 2 が設定されます。
  2 番目の書式のパラメータブロックを使用する場合には（ボリュームコントロールの数）×2 が設定されます。
  - **ADC2.0, 3.0**
  **CUR** では 2 が設定されます。
  **RANGE** では 2+6n が設定されます（n は **wNumSubRanges** の値）。

ADC1.0 のボリュームコントロールリクエストのパラメータブロックは設定方法によって**表 3.112** および**表 3.113** に示す 2 通りの構造を取ります。

パラメータブロック書式 1：

表 3.112 ボリュームコントロールリクエストのパラメータブロック書式 1（ADC1.0）

| オフセット | フィールド | サイズ | 値の種類 | 解説 |
|---|---|---|---|---|
| 0 | wVolume | 2 | 数値 | 指定されたボリュームコントロールの値 |

- **wVolume**：指定されたボリュームコントロールの値が設定されます。

パラメータブロック書式 2：

表 3.113 ボリュームコントロールリクエストのパラメータブロック書式 2（ADC1.0）

| オフセット | フィールド | サイズ | 値の種類 | 解説 |
|---|---|---|---|---|
| 0 | wVolume (1) | 2 | 数値 | 最初のボリュームコントロールの値 |
| ⋮ | ⋮ | ⋮ | ⋮ | ⋮ |
| 2(n−1) | wVolume (n) | 2 | 数値 | 最後のボリュームコントロールの値 |

- **wVolume**：指定されたボリュームコントロールの値が設定されます。

**表 3.114** および**表 3.115** に ADC2.0、ADC3.0 のパラメータブロックの構造を示します。

**表3.114 CUR に対するボリュームコントロールリクエストのパラメータブロック（ADC2.0, 3.0）**

| オフセット | フィールド | サイズ | 値の種類 | 解説 |
|---|---|---|---|---|
| 0 | wVolume | 2 | 数値 | 指定されたボリュームコントロールの値 |

- **wVolume**：指定されたボリュームコントロールの値が設定されます．

**表3.115 RANGE に対するボリュームコントロールリクエストのパラメータブロック（ADC2.0, 3.0）**

| オフセット | フィールド | サイズ | 値の種類 | 解説 |
|---|---|---|---|---|
| 0 | wNumSubRanges | 2 | 数値 | [wMIN, wMAX, wRES] の組の数 ($n$) |
| 2 | wMIN (1) | 2 | 数値 | 最初のボリュームコントロールの最小値 |
| 4 | wMAX (1) | 2 | 数値 | 最初のボリュームコントロールの最大値 |
| 6 | wRES (1) | 2 | 数値 | 最初のボリュームコントロールの分解能 |
| ⋮ | ⋮ | ⋮ | ⋮ | ⋮ |
| $2+6(n-1)$ | wMIN ($n$) | 2 | 数値 | 最後のボリュームコントロールの最小値 |
| $4+6(n-1)$ | wMAX ($n$) | 2 | 数値 | 最後のボリュームコントロールの最大値 |
| $6+6(n-1)$ | wRES ($n$) | 2 | 数値 | 最後のボリュームコントロールの分解能 |

- **wMIN**：ボリュームコントロールの最小値が設定されます．
- **wMAX**：ボリュームコントロールの最大値が設定されます．
- **wRES**：ボリュームコントロールの分解能が設定されます．

**(c) バスコントロールリクエスト**

バスコントロールリクエストはフィーチャーユニットのバスコントロールを操作します．

バスコントロールのパラメータブロックで使用される **bBass** は **CUR**, **MIN**, **MAX** に対しては 1/4 dB（0x01）刻みで +31.75 dB（0x7F）から −32.00 dB（0x80）までの範囲を取ります．**RES** に対しては 1/4 dB（0x01）から +31.75 dB（0x7F）までの範囲を取ります．

- **bRequest**：**CUR** または **RANGE** が使用されます．
  ADC1.0 では **RANGE** の代わりに **SET_MIN**, **SET_MAX**, **SET_RES**, **GET_MIN**, **GET_MAX**, **GET_RES** が使用されます．
- **wValue**：コントロールセレクタには ADC1.0 では **BASS_CONTROL**（0x03），ADC2.0, 3.0 では **FU_BASS_CONTROL**（0x03）が設定されます．

チャネル番号には対象となるチャネルが設定されます．ADC1.0で2番目の書式のパラメータブロックを使用する場合には0xFFが設定されます．

- wLength：
    - ADC1.0

    1番目の書式のパラメータブロックを使用する場合には1が設定されます．
    2番目の書式のパラメータブロックを使用する場合には バスコントロールの数が設定されます．

    - ADC2.0，3.0

    CUR では1が設定されます．
    RANGE では2+3$n$が設定されます（$n$ は wNumSubRanges の値）．

ADC1.0のバスコントロールリクエストのパラメータブロックは設定方法によって表3.116および表3.117に示す2通りの構造を取ります．

パラメータブロック書式1：

表3.116　バスコントロールリクエストのパラメータブロック書式1（ADC1.0）

| オフセット | フィールド | サイズ | 値の種類 | 解説 |
|---|---|---|---|---|
| 0 | bBass | 1 | 数値 | 指定されたバスコントロールの値 |

- bBass：指定されたバスコントロールの値が設定されます．

パラメータブロック書式2：

表3.117　バスコントロールリクエストのパラメータブロック書式2（ADC1.0）

| オフセット | フィールド | サイズ | 値の種類 | 解説 |
|---|---|---|---|---|
| 0 | bBass(1) | 1 | 数値 | 最初のバスコントロールの値 |
| ⋮ | ⋮ | ⋮ | ⋮ | ⋮ |
| $n-1$ | bBass($n$) | 1 | 数値 | 最後のバスコントロールの値 |

- bBass：指定されたバスコントロールの値が設定されます．

表3.118および表3.119にADC2.0のパラメータブロックの構造を示します．

表3.118　CURに対するバスコントロールリクエストのパラメータブロック（ADC2.0，3.0）

| オフセット | フィールド | サイズ | 値の種類 | 解説 |
|---|---|---|---|---|
| 0 | bBass | 1 | 数値 | 指定されたバスコントロールの値 |

- bBass：指定されたバスコントロールの値が設定されます．

表 3.119 RANGE に対するバスコントロールリクエストのパラメータブロック（ADC 2.0, 3.0）

| オフセット | フィールド | サイズ | 値の種類 | 解説 |
| --- | --- | --- | --- | --- |
| 0 | wNumSubRanges | 2 | 数値 | [bMIN, bMAX, bRES] の組の数 (n) |
| 2 | bMIN (1) | 1 | 数値 | 最初のバスコントロールの最小値 |
| 3 | bMAX (1) | 1 | 数値 | 最初のバスコントロールの最大値 |
| 4 | bRES (1) | 1 | 数値 | 最初のバスコントロールの分解能 |
| ⋮ | ⋮ | ⋮ | ⋮ | ⋮ |
| 2 + 3 (n − 1) | bMIN (n) | 1 | 数値 | 最後のバスコントロールの最小値 |
| 3 + 3 (n − 1) | bMAX (n) | 1 | 数値 | 最後のバスコントロールの最大値 |
| 4 + 3 (n − 1) | bRES (n) | 1 | 数値 | 最後のバスコントロールの分解能 |

- **bMIN**：バスコントロールの最小値が設定されます．
- **bMAX**：バスコントロールの最大値が設定されます．
- **bRES**：バスコントロールの分解能が設定されます．

(d) ミッドコントロールリクエスト

ミッドコントロールリクエストはフィーチャーユニットのミッドコントロールを操作します．

ミッドコントロールのパラメータブロックで使用される **bMid** は **CUR**，**MIN**，**MAX** に対しては 1/4 dB（0x01）刻みで +31.75 dB（0x7F）から −32.00 dB（0x80）までの範囲を取ります．**RES** に対しては 1/4 dB（0x01）から +31.75 dB（0x7F）までの範囲を取ります．

- **bRequest**：**CUR** または **RANGE** が使用されます．
  ADC 1.0 では **RANGE** の代わりに **SET_MIN**，**SET_MAX**，**SET_RES**，**GET_MIN**，**GET_MAX**，**GET_RES** が使用されます．
- **wValue**：コントロールセレクタには ADC 1.0 では **MID_CONTROL（0x04）**，ADC 2.0, 3.0 では **FU_MID_CONTROL（0x04）** が設定されます．
  チャネル番号には対象となるチャネルが設定されます．ADC 1.0 で 2 番目の書式のパラメータブロックを使用する場合には 0xFF が設定されます．
- **wLength**：
  - **ADC 1.0**
  1 番目の書式のパラメータブロックを使用する場合には 1 が設定されます．
  2 番目の書式のパラメータブロックを使用する場合には ミッドコントロールの数が設定されます．
  - **ADC 2.0, 3.0**
  **CUR** では 1 が設定されます．

RANGE では 2+3n が設定されます（n は **wNumSubRanges** の値）．

ADC1.0 のミッドコントロールリクエストのパラメータブロックは設定方法によって**表 3.120** および**表 3.121** に示す 2 通りの構造を取ります．

パラメータブロック書式 1：

表 3.120　ミッドコントロールリクエストのパラメータブロック書式 1（ADC1.0）

| オフセット | フィールド | サイズ | 値の種類 | 解説 |
|---|---|---|---|---|
| 0 | bMid | 1 | 数値 | 指定されたミッドコントロールの値 |

- **bMid**：指定されたミッドコントロールの値が設定されます．

パラメータブロック書式 2：

表 3.121　ミッドコントロールリクエストのパラメータブロック書式 2（ADC1.0）

| オフセット | フィールド | サイズ | 値の種類 | 解説 |
|---|---|---|---|---|
| 0 | bMid(1) | 1 | 数値 | 最初のミッドコントロールの値 |
| ⋮ | ⋮ | ⋮ | ⋮ | ⋮ |
| n−1 | bMid(n) | 1 | 数値 | 最後のミッドコントロールの値 |

- **bMid**：指定されたミッドコントロールの値が設定されます．

**表 3.122** および**表 3.123** に ADC2.0, 3.0 のパラメータブロックの構造を示します．

表 3.122　CUR に対するミッドコントロールリクエストのパラメータブロック（ADC2.0, 3.0）

| オフセット | フィールド | サイズ | 値の種類 | 解説 |
|---|---|---|---|---|
| 0 | bMid | 1 | 数値 | 指定されたミッドコントロールの値 |

- **bMid**：指定されたミッドコントロールの値が設定されます．

表 3.123　RANGE に対するミッドコントロールリクエストのパラメータブロック（ADC2.0, 3.0）

| オフセット | フィールド | サイズ | 値の種類 | 解説 |
|---|---|---|---|---|
| 0 | wNumSubRanges | 2 | 数値 | [bMIN, bMAX, bRES] の組の数 (n) |
| 2 | bMIN(1) | 1 | 数値 | 最初のミッドコントロールの最小値 |
| 3 | bMAX(1) | 1 | 数値 | 最初のミッドコントロールの最大値 |
| 4 | bRES(1) | 1 | 数値 | 最初のミッドコントロールの分解能 |
| ⋮ | ⋮ | ⋮ | ⋮ | ⋮ |
| 2+3(n−1) | bMIN(n) | 1 | 数値 | 最後のミッドコントロールの最小値 |
| 3+3(n−1) | bMAX(n) | 1 | 数値 | 最後のミッドコントロールの最大値 |
| 4+3(n−1) | bRES(n) | 1 | 数値 | 最後のミッドコントロールの分解能 |

- **bMIN**：ミッドコントロールの最小値が設定されます．
- **bMAX**：ミッドコントロールの最大値が設定されます．
- **bRES**：ミッドコントロールの分解能が設定されます．

**(e)　トレブルコントロールリクエスト**

トレブルコントロールリクエストはフィーチャーユニットのトレブルコントロールを操作します．

トレブルコントロールのパラメータブロックで使用される **bTreble** は **CUR**，**MIN**，**MAX** に対しては 1/4 dB（0x01）刻み で +31.75 dB（0x7F）から −32.00 dB（0x80）までの範囲を取ります．**RES** に対しては 1/4 dB（0x01）から +31.75 dB（0x7F）までの範囲を取ります．

- **bRequest**：**CUR** または **RANGE** が使用されます．
  ADC1.0 では **RANGE** の代わりに **SET_MIN**，**SET_MAX**，**SET_RES**，**GET_MIN**，**GET_MAX**，**GET_RES** が使用されます．
- **wValue**：コントロールセレクタには ADC1.0 では **TREBLE_CONTROL**（0x05），ADC2.0，3.0 では **FU_TREBLE_CONTROL**（0x05）が設定されます．
  チャネル番号には対象となるチャネルが設定されます．ADC1.0 で2番目の書式のパラメータブロックを使用する場合には 0xFF が設定されます．
- **wLength**：
  – **ADC1.0**
  1番目の書式のパラメータブロックを使用する場合には 1 が設定されます．
  2番目の書式のパラメータブロックを使用する場合には トレブルコントロールの数が設定されます．
  – **ADC2.0，3.0**
  **CUR** では 1 が設定されます．
  **RANGE** では 2+3$n$ が設定されます（$n$ は **wNumSubRanges** の値）．

ADC1.0 のトレブルコントロールリクエストのパラメータブロックは設定方法によって表3.124 および表3.125 に示す2通りの構造を取ります．

パラメータブロック書式1：

表3.124　トレブルコントロールリクエストのパラメータブロック書式1（ADC1.0）

| オフセット | フィールド | サイズ | 値の種類 | 解説 |
|---|---|---|---|---|
| 0 | bTreble | 1 | 数値 | 指定されたトレブルコントロールの値 |

3.2 リクエストの処理

- **bTreble**：指定されたトレブルコントロールの値が設定されます．

パラメータブロック書式2：

表3.125 トレブルコントロールリクエストのパラメータブロック書式2
（ADC1.0）

| オフセット | フィールド | サイズ | 値の種類 | 解説 |
|---|---|---|---|---|
| 0 | bTreble(1) | 1 | 数値 | 最初のトレブルコントロールの値 |
| ⋮ | ⋮ | ⋮ | ⋮ | ⋮ |
| $n-1$ | bTreble($n$) | 1 | 数値 | 最後のトレブルコントロールの値 |

- **bTreble**：指定されたトレブルコントロールの値が設定されます．

表3.126および表3.127にADC2.0，3.0のパラメータブロックの構造を示します．

表3.126 CURに対するトレブルコントロールリクエストのパラメータ
ブロック（ADC2.0，3.0）

| オフセット | フィールド | サイズ | 値の種類 | 解説 |
|---|---|---|---|---|
| 0 | bTreble | 1 | 数値 | 指定されたトレブルコントロールの値 |

- **bTreble**：指定されたトレブルコントロールの値が設定されます．

表3.127 RANGEに対するトレブルコントロールリクエストのパラメータ
ブロック（ADC2.0，3.0）

| オフセット | フィールド | サイズ | 値の種類 | 解説 |
|---|---|---|---|---|
| 0 | wNumSubRanges | 2 | 数値 | [bMIN, bMAX, bRES]の組の数($n$) |
| 2 | bMIN(1) | 1 | 数値 | 最初のトレブルコントロールの最小値 |
| 3 | bMAX(1) | 1 | 数値 | 最初のトレブルコントロールの最大値 |
| 4 | bRES(1) | 1 | 数値 | 最初のトレブルコントロールの分解能 |
| ⋮ | ⋮ | ⋮ | ⋮ | ⋮ |
| $2+3(n-1)$ | bMIN($n$) | 1 | 数値 | 最後のトレブルコントロールの最小値 |
| $3+3(n-1)$ | bMAX($n$) | 1 | 数値 | 最後のトレブルコントロールの最大値 |
| $4+3(n-1)$ | bRES($n$) | 1 | 数値 | 最後のトレブルコントロールの分解能 |

- **bMIN**：トレブルコントロールの最小値が設定されます．
- **bMAX**：トレブルコントロールの最大値が設定されます．
- **bRES**：トレブルコントロールの分解能が設定されます．

(f) グラフィックイコライザコントロールリクエスト

グラフィックイコライザコントロールリクエストはフィーチャーユニットのグラフィックイコライザコントロールを操作します．ADC ではサードオクターブイコライザをサポートします．イコライザの帯域は ANSI S1.11-1986 標準に準拠し，帯域番号 14（中心周波数 25 Hz）から 43（中心周波数 20 kHz）までの 30 帯域をカバーすることが可能です（**表 3.128**）．

グラフィックイコライザコントロールのパラメータブロックで使用される **bBand** は **CUR**, **MIN**, **MAX** に対しては 1/4 dB (0x01) 刻みで +31.75 dB (0x7F) から -32.00 dB (0x80) までの範囲を取ります．**RES** に対しては 1/4 dB (0x01) から +31.75 dB (0x7F) までの範囲を取ります．

表 3.128　グラフィックイコライザの帯域

| 帯域番号 | 中心周波数 | 帯域番号 | 中心周波数 | 帯域番号 | 中心周波数 |
|---|---|---|---|---|---|
| 14 | 25 Hz | 24* | 250 Hz | 34 | 2 500 Hz |
| 15* | 31.5 Hz | 25 | 315 Hz | 35 | 3 150 Hz |
| 16 | 40 Hz | 26 | 400 Hz | 36* | 4 000 Hz |
| 17 | 50 Hz | 27* | 500 Hz | 37 | 5 000 Hz |
| 18* | 63 Hz | 28 | 630 Hz | 38 | 6 300 Hz |
| 19 | 80 Hz | 29 | 800 Hz | 39* | 8 000 Hz |
| 20 | 100 Hz | 30* | 1 000 Hz | 40 | 10 000 Hz |
| 21* | 125 Hz | 31 | 1 250 Hz | 41 | 12 500 Hz |
| 22 | 160 Hz | 32 | 1 600 Hz | 42* | 16 000 Hz |
| 23 | 200 Hz | 33* | 2 000 Hz | 43 | 20 000 Hz |

＊で示された帯域はオクターブイコライザ

- **bRequest**：**CUR** または **RANGE** が使用されます．
  ADC 1.0 では **RANGE** の代わりに **SET_MIN**, **SET_MAX**, **SET_RES**, **GET_MIN**, **GET_MAX**, **GET_RES** が使用されます．
- **wValue**：コントロールセレクタには ADC 1.0 では **GRAPHIC_EQUALIZER_CONTROL (0x06)**，ADC 2.0, 3.0 では **FU_GRAPHIC_EQUALIZER_CONTROL (0x06)** が設定されます．チャネル番号には対象となるチャネルが設定されます．
- **wLength**：
  - **ADC 1.0**
  グラフィックイコライザコントロールがサポートする帯域の数（**bmBandsPresent** に設定された数）+4 が設定されます．
  - **ADC 2.0, 3.0**
  **CUR** ではグラフィックイコライザコントロールがサポートする帯域の数

（bmBandsPresent に設定された数）＋4 が設定されます．
RANGE では 2＋3$n$ が設定されます（$n$ は wNumSubRanges の値）．
ADC1.0 のグラフィックイコライザコントロールリクエストのパラメータブロックは CUR，MIN，MAX，RES のすべてで同じ構造を取ります．ADC2.0，3.0 では CUR のみ ADC1.0 と同様の構造を取ります．表3.129 にこれらのグラフィックイコライザコントロールリクエストのパラメータブロックの構造を示します．

表3.129　CUR に対するグラフィックイコライザコントロールリクエストの
　　　　　パラメータブロック（ADC1.0 は MAX，MIN，RES を含む）

| オフセット | フィールド | サイズ | 値の種類 | 解説 |
|---|---|---|---|---|
| 0 | bmBandsPresent | 4 | ビットマップ | 実装する帯域をビットマップで設定 |
| 4 | bBand(1) | 1 | 数値 | 最も低い周波数の帯域の設定値 |
| ⋮ | ⋮ | ⋮ | ⋮ | ⋮ |
| 4＋3($n$－1) | bBand($n$) | 1 | 数値 | 最も高い周波数の帯域の設定値 |

- **bmBandsPresent**：実装する帯域をビットマップで設定します．実装する帯域に1を設定します．D30，D31 は予約済みです．

| ビット | 帯域番号 | ビット | 帯域番号 | ビット | 帯域番号 |
|---|---|---|---|---|---|
| D0 | 14 | D10 | 24 | D20 | 34 |
| D1 | 15 | D11 | 25 | D21 | 35 |
| D2 | 16 | D12 | 26 | D22 | 36 |
| D3 | 17 | D13 | 27 | D23 | 37 |
| D4 | 18 | D14 | 28 | D24 | 38 |
| D5 | 19 | D15 | 29 | D25 | 39 |
| D6 | 20 | D16 | 30 | D26 | 40 |
| D7 | 21 | D17 | 31 | D27 | 41 |
| D8 | 22 | D18 | 32 | D28 | 42 |
| D9 | 23 | D19 | 33 | D29 | 43 |

- **bBand**：指定されたグラフィックイコライザコントロールの値が設定されます．

表3.130 に ADC2.0，3.0 の RANGE に対するパラメータブロックの構造を示します．

表3.130　RANGE に対するグラフィックイコライザコントロールリクエスト
　　　　　のパラメータブロック（ADC2.0，3.0）

| オフセット | フィールド | サイズ | 値の種類 | 解説 |
|---|---|---|---|---|
| 0 | wNumSubRanges | 2 | 数値 | [bMIN, bMAX, bRES]の組の数（$n$） |
| 2 | bMIN(1) | 1 | 数値 | 最初のトレブルコントロールの最小値 |
| 3 | bMAX(1) | 1 | 数値 | 最初のトレブルコントロールの最大値 |
| 4 | bRES(1) | 1 | 数値 | 最初のトレブルコントロールの分解能 |

| オフセット | フィールド | サイズ | 値の種類 | 解説 |
|---|---|---|---|---|
| ⋮ | ⋮ | ⋮ | ⋮ | |
| 2 + 3 ($n-1$) | bMIN ($n$) | 1 | 数値 | 最後のトレブルコントロールの最小値 |
| 3 + 3 ($n-1$) | bMAX ($n$) | 1 | 数値 | 最後のトレブルコントロールの最大値 |
| 4 + 3 ($n-1$) | bRES ($n$) | 1 | 数値 | 最後のトレブルコントロールの分解能 |

- **bMIN**：グラフィックイコライザコントロールの最小値が設定されます．
- **bMAX**：グラフィックイコライザコントロールの最大値が設定されます．
- **bRES**：グラフィックイコライザコントロールの分解能が設定されます．

(g) オートマチックゲインコントロールリクエスト

オートマチックゲインコントロールリクエストはフィーチャーユニットのオートマチックゲインコントロール（AGC）を操作します．

- **bRequest**：**CUR** のみ使用されます．
- **wValue**：コントロールセレクタには ADC1.0 では **AUTOMATIC_GAIN_CONTROL (0x07)**，ADC2.0, 3.0 では **FU_AUTOMATIC_GAIN_CONTROL (0x07)** が設定されます．チャネル番号には対象となるチャネルが設定されます．ADC1.0 で 2 番目の書式のパラメータブロックを使用する場合には 0xFF が設定されます．
- **wLength**：ADC1.0 の書式 2 のパラメータブロックが使用される場合にはチャネルの数（$n$）が設定されます．それ以外の場合は 1 が設定されます．

ADC1.0 のオートマチックゲインコントロールリクエストのパラメータブロックは設定方法によって 2 通りの構造を取ります．**表 3.131** および**表 3.132** に ADC1.0 のオートマチックゲインコントロールリクエストのパラメータブロックの構造を示します．

ADC2.0, 3.0 では**表 3.131** に示す書式 1 で使用されます．

パラメータブロック書式 1：

**表 3.131　オートマチックゲインコントロールリクエストのパラメータブロック書式 1（ADC1.0, 2.0, 3.0）**

| オフセット | フィールド | サイズ | 値の種類 | 解説 |
|---|---|---|---|---|
| 0 | bAGC | 1 | 真理値 | AGC の状態 |

- **bAGC**：AGC の状態を設定します．
  真（1）の場合には AGC が有効の状態を表します．
  偽（0）の場合には AGC が無効の状態を表します．

パラメータブロック書式2：

表 3.132 オートマチックゲインコントロールのパラメータブロック書式 2
　　　　　（ADC 1.0）

| オフセット | フィールド | サイズ | 値の種類 | 解説 |
|---|---|---|---|---|
| 0 | bAGC (1) | 1 | 真理値 | 最初の AGC の状態 |
| ︙ | ︙ | ︙ | ︙ | ︙ |
| n − 1 | bAGC (n) | 1 | 真理値 | 最後の AGC の状態 |

- **bAGC**：AGC の状態を設定します．
  真（1）の場合には AGC が有効の状態を表します．
  偽（0）の場合には AGC が無効の状態を表します．

(h) ディレイコントロールリクエスト

　ディレイコントロールリクエストはフィーチャーユニットのディレイコントロールを操作します．ディレイコントロールのパラメータブロックで使用される設定値は **ADC 1.0 と ADC 2.0, 3.0 とで異なります**．

　ADC 1.0 では 10.6 フォーマット（整数部 10 ビット，小数部 6 ビットの固定小数点数）の 2 バイトで表現され 0 msec（0x0000）から 1023.9844 msec（0xFFFF）の範囲を 1/64 msec（0x0001）刻みで設定します．

　ADC 2.0, 3.0 では 10.22 フォーマット（整数部 10 ビット，小数部 22 ビットの固定小数点数）の 4 バイトで表され，0 sec（0x00000000）から 1023.999999761581 sec（0xFFFFFFFF）の範囲を 1/4194304 sec（0x00000001）刻みで設定します．

- **bRequest**：**CUR** または **RANGE** が使用されます．
  ADC 1.0 では **RANGE** の代わりに **SET_MIN**，**SET_MAX**，**SET_RES**，**GET_MIN**，**GET_MAX**，**GET_RES** が使用されます．
- **wValue**：コントロールセレクタには ADC 1.0 では DELAY_CONTROL（0x08），ADC 2.0, 3.0 では FU_DELAY_CONTROL（0x08）が設定されます．チャネル番号には対象となるチャネルが設定されます．ADC1.0 で 2 番目の書式のパラメータブロックを使用する場合には 0xFF が設定されます．
- **wLength**：
  - **ADC 1.0**
    1 番目の書式のパラメータブロックを使用する場合には 2 が設定されます．
    2 番目の書式のパラメータブロックを使用する場合には（ディレイコントロールの数）×2 が設定されます．
  - **ADC 2.0, 3.0**

**CUR** では 4 が設定されます．

**RANGE** では 2 + 12n が設定されます（n は **wNumSubRanges** の値）．

ADC 1.0 のディレイコントロールリクエストのパラメータブロックは設定方法によって表 3.133 および表 3.134 に示す 2 通りの構造を取ります．

パラメータブロック書式 1：

表 3.133　ディレイコントロールリクエストのパラメータブロック書式 1（ADC 1.0）

| オフセット | フィールド | サイズ | 値の種類 | 解説 |
|---|---|---|---|---|
| 0 | wDelay | 2 | 数値 | 指定されたディレイコントロールの値 |

- **wDelay**：指定されたディレイコントロールの値が設定されます（msec）．

パラメータブロック書式 2：

表 3.134　ディレイコントロールリクエストのパラメータブロック書式 2（ADC 1.0）

| オフセット | フィールド | サイズ | 値の種類 | 解説 |
|---|---|---|---|---|
| 0 | wDelay (1) | 2 | 数値 | 最初のディレイコントロールの値 |
| ⋮ | ⋮ | ⋮ | ⋮ | ⋮ |
| 2 (n−1) | wDelay (n) | 2 | 数値 | 最後のディレイコントロールの値 |

- **wDelay**：指定されたディレイコントロールの値が設定されます（msec）．

表 3.135 および表 3.136 に ADC 2.0，3.0 のパラメータブロックの構造を示します．

表 3.135　CUR に対するディレイコントロールリクエストのパラメータブロック（ADC 2.0，3.0）

| オフセット | フィールド | サイズ | 値の種類 | 解説 |
|---|---|---|---|---|
| 0 | wDelay | 4 | 数値 | 指定されたディレイコントロールの値 |

- **wDelay**：指定されたディレイコントロールの値が設定されます（sec）．

表 3.136　RANGE に対するディレイコントロールリクエストのパラメータブロック（ADC 2.0，3.0）

| オフセット | フィールド | サイズ | 値の種類 | 解説 |
|---|---|---|---|---|
| 0 | wNumSubRanges | 2 | 数値 | [dMIN, dMAX, dRES] の組の数 (n) |
| 2 | dMIN (1) | 4 | 数値 | 最初のディレイコントロールの最小値 |
| 6 | dMAX (1) | 4 | 数値 | 最初のディレイコントロールの最大値 |

| オフセット | フィールド | サイズ | 値の種類 | 解説 |
|---|---|---|---|---|
| 10 | dRES(1) | 4 | 数値 | 最初のディレイコントロールの分解能 |
| ⋮ | ⋮ | ⋮ | ⋮ | ⋮ |
| $2+12(n-1)$ | dMIN($n$) | 4 | 数値 | 最後のディレイコントロールの最小値 |
| $6+12(n-1)$ | dMAX($n$) | 4 | 数値 | 最後のディレイコントロールの最大値 |
| $10+12(n-1)$ | dRES($n$) | 4 | 数値 | 最後のディレイコントロールの分解能 |

- **bMIN**：ディレイコントロールの最小値が設定されます（sec）。
- **bMAX**：ディレイコントロールの最大値が設定されます（sec）。
- **bRES**：ディレイコントロールの分解能が設定されます（sec）。

(i) バスブーストコントロールリクエスト

バスブーストコントロールリクエストはフィーチャーユニットのバスブーストコントロールを操作します。

- **bRequest**：**CUR** のみ使用されます。
- **wValue**：コントロールセレクタには ADC1.0 では **BASS_BOOST_CONTROL (0x09)**, ADC2.0, 3.0 では **FU_BASS_BOOST_CONTROL (0x09)** が設定されます。チャネル番号には対象となるチャネルが設定されます。ADC1.0 で 2 番目の書式のパラメータブロックを使用する場合には 0xFF が設定されます。
- **wLength**：ADC1.0 の書式 2 のパラメータブロックが使用される場合にはチャネルの数（$n$）が設定されます。
  それ以外の場合は 1 が設定されます。

ADC1.0 のバスブーストコントロールリクエストのパラメータブロックは設定方法によって 2 通りの構造を取ります。**表 3.137** および**表 3.138** に ADC1.0 のバスブーストコントロールリクエストのパラメータブロックの構造を示します。
ADC2.0, 3.0 では**表 3.137** に示す書式 1 で使用されます。

パラメータブロック書式 1：

表 3.137　バスブーストコントロールリクエストのパラメータブロック書式 1（ADC1.0, 2.0, 3.0）

| オフセット | フィールド | サイズ | 値の種類 | 解説 |
|---|---|---|---|---|
| 0 | bBassBoost | 1 | 真理値 | バスブーストの状態 |

- **bBassBoost**：バスブーストの状態を設定します。
  真（1）の場合にはバスブーストが有効の状態を表します。

偽（0）の場合にはバスブーストが無効の状態を表します．

パラメータブロック書式2：

表3.138 バスブーストコントロールリクエストのパラメータブロック書式2
（ADC1.0）

| オフセット | フィールド | サイズ | 値の種類 | 解説 |
|---|---|---|---|---|
| 0 | bBassBoost(1) | 1 | 真理値 | 最初のバスブーストの状態 |
| ⋮ | ⋮ | ⋮ | ⋮ | ⋮ |
| $n-1$ | bBassBoost($n$) | 1 | 真理値 | 最後のバスブーストの状態 |

- **bBassBoost**：バスブーストの状態を設定します．
  真（1）の場合にはバスブーストが有効の状態を表します．
  偽（0）の場合にはバスブーストが無効の状態を表します．

(j) ラウドネスコントロールリクエスト

ラウドネスコントロールリクエストはフィーチャーユニットのラウドネスコントロールを操作します．

- **bRequest**：**CUR** のみ使用されます．
- **wValue**：コントロールセレクタにはADC1.0では**LOUDNESS_CONTROL(0x0A)**，ADC2.0，3.0では**FU_LOUDNESS_CONTROL（0x0A）**が設定されます．
  チャネル番号には対象となるチャネルが設定されます．ADC1.0で2番目の書式のパラメータブロックを使用する場合には0xFFが設定されます．
- **wLength**：ADC1.0の書式2のパラメータブロックが使用される場合にはチャネルの数（$n$）が設定されます．それ以外の場合は1が設定されます．

ADC1.0のラウドネスコントロールリクエストのパラメータブロックは設定方法によって2通りの構造を取ります．**表3.139**および**表3.140**にADC1.0のラウドネスコントロールリクエストのパラメータブロックの構造を示します．ADC2.0，3.0では表3.139に示す書式1で使用されます．

パラメータブロック書式1：

表3.139 ラウドネスコントロールリクエストのパラメータブロック書式1
（ADC1.0，2.0，3.0）

| オフセット | フィールド | サイズ | 値の種類 | 解説 |
|---|---|---|---|---|
| 0 | bLoudness | 1 | 真理値 | ラウドネスの状態 |

- **bLoudness**：ラウドネスの状態を設定します．

真（1）の場合にはラウドネスが有効の状態を表します．
偽（0）の場合にはラウドネスが無効の状態を表します．

パラメータブロック書式2：

表3.140 ラウドネスコントロールリクエストのパラメータブロック書式2 (ADC1.0)

| オフセット | フィールド | サイズ | 値の種類 | 解説 |
| --- | --- | --- | --- | --- |
| 0 | bLoudness (1) | 1 | 真理値 | 最初のラウドネスの状態 |
| ⋮ | ⋮ | ⋮ | ⋮ | ⋮ |
| $n-1$ | bLoudness ($n$) | 1 | 真理値 | 最後のラウドネスの状態 |

- **bLoudness**：ラウドネスの状態を設定します．
  真（1）の場合にはラウドネスが有効の状態を表します．
  偽（0）の場合にはラウドネスが無効の状態を表します．

(k) インプットゲインコントロールリクエスト

インプットゲインコントロールリクエストはフィーチャーユニットのインプットゲインコントロールを操作します．インプットゲインコントロールは **ADC2.0，3.0 でのみ定義されています．**

インプットゲインコントロールリクエストのパラメータブロックで使用される **wInputGain** は CUR，MIN，MAX に対しては 1/256 dB（0x0001）刻み で＋127.9961 dB（0x7FFF）から－127.9961 dB（0x8001）までの範囲を取ります．RES に対しては 1/256 dB（0x0001）から＋127.9961 dB（0x7FFF）までの範囲を取ります．

0x0100＝1.0000 dB，0x0001＝0.00390625（1/256）dB，0x0000＝0.0000 dB，0xFFFF＝－0.00390625（－1/256）dB，0xFF00＝－1.0000 dB などとなります．

- **bRequest**：CUR または RANGE が使用されます．
- **wValue**：コントロールセレクタには **FU_INPUT_GAIN_CONTROL（0x0B）** が設定されます．チャネル番号には対象となるチャネルが設定されます．
- **wLength**：CUR では 2 が設定されます．
  RANGE では 2＋6$n$ が設定されます（$n$ は **wNumSubRanges** の値）．

表3.141 および表3.142 にパラメータブロックの構造を示します．

### 表3.141 CUR に対するインプットゲインコントロールリクエストのパラメータブロックの構造

| オフセット | フィールド | サイズ | 値の種類 | 解説 |
|---|---|---|---|---|
| 0 | wInputGain | 2 | 数値 | 指定されたインプットゲインコントロールの値 |

- **wInputGain**：指定されたインプットゲインコントロールの値が設定されます．

### 表3.142 RANGE に対するインプットゲインコントロールリクエストのパラメータブロックの構造

| オフセット | フィールド | サイズ | 値の種類 | 解説 |
|---|---|---|---|---|
| 0 | wNumSubRanges | 2 | 数値 | [wMIN, wMAX, wRES] の組の数 ($n$) |
| 2 | wMIN (1) | 2 | 数値 | 最初のインプットゲインコントロールの最小値 |
| 4 | wMAX (1) | 2 | 数値 | 最初のインプットゲインコントロールの最大値 |
| 6 | wRES (1) | 2 | 数値 | 最初のインプットゲインコントロールの分解能 |
| ⋮ | ⋮ | ⋮ | ⋮ | ⋮ |
| $2+6(n-1)$ | wMIN ($n$) | 2 | 数値 | 最後のインプットゲインコントロールの最小値 |
| $4+6(n-1)$ | wMAX ($n$) | 2 | 数値 | 最後のインプットゲインコントロールの最大値 |
| $6+6(n-1)$ | wRES ($n$) | 2 | 数値 | 最後のインプットゲインコントロールの分解能 |

- **wMIN**：インプットゲインコントロールの最小値が設定されます．
- **wMAX**：インプットゲインコントロールの最大値が設定されます．
- **wRES**：インプットゲインコントロールの分解能が設定されます．

(l) インプットゲインパッドコントロールリクエスト

インプットゲインパッドコントロールリクエストはフィーチャーユニットのインプットゲインパッドコントロールを操作します．**ADC 2.0，3.0 でのみ定義されています**．

インプットゲインパッドコントロールのパラメータブロックで使用される **wInputGainPad** は **CUR，MIN，MAX** に対しては 1/256 dB（0x0001）刻み で +127.9961 dB（0x7FFF）から −127.9961 dB（0x8001）までの範囲を取ります．**RES** に対しては 1/256 dB（0x0001）から +127.9961 dB（0x7FFF）までの範囲を取ります．

0x0100 = 1.0000 dB，0x0001 = 0.00390625（1/256）dB，0x0000 = 0.0000 dB，0xFFFF = −0.00390625（−1/256）dB，0xFF00 = −1.0000 dB などとなります．

- **bRequest**：**CUR** または **RANGE** が使用されます．
- **wValue**：コントロールセレクタには **FU_INPUT_GAIN_PAD_CONTROL（0x0C）** が設定されます．チャネル番号には対象となるチャネルが設定されます．

- **wLength**：CUR では 2 が設定されます．RANGE では 2+6n が設定されます（n は **wNumSubRanges** の値）．

表 3.143 および表 3.144 にパラメータブロックの構造を示します．

表 3.143 CUR に対するインプットゲインパッドコントロールリクエストの
パラメータブロックの構造

| オフセット | フィールド | サイズ | 値の種類 | 解説 |
|---|---|---|---|---|
| 0 | wInputGainPad | 2 | 数値 | 指定されたインプットゲインパッドコントロールの値 |

- **wInputGainPad**：指定されたインプットゲインパッドコントロールの値が設定されます．

表 3.144 RANGE に対するインプットゲインパッドコントロールリクエスト
のパラメータブロックの構造

| オフセット | フィールド | サイズ | 値の種類 | 解説 |
|---|---|---|---|---|
| 0 | wNumSubRanges | 2 | 数値 | [wMIN, wMAX, wRES] の組の数 ($n$) |
| 2 | wMIN (1) | 2 | 数値 | 最初のインプットゲインパッドコントロールの最小値 |
| 4 | wMAX (1) | 2 | 数値 | 最初のインプットゲインパッドコントロールの最大値 |
| 6 | wRES (1) | 2 | 数値 | 最初のインプットゲインパッドコントロールの分解能 |
| ⋮ | ⋮ | ⋮ | ⋮ | ⋮ |
| 2+6 ($n-1$) | wMIN ($n$) | 2 | 数値 | 最後のインプットゲインパッドコントロールの最小値 |
| 4+6 ($n-1$) | wMAX ($n$) | 2 | 数値 | 最後のインプットゲインパッドコントロールの最大値 |
| 6+6 ($n-1$) | wRES ($n$) | 2 | 数値 | 最後のインプットゲインパッドコントロールの分解能 |

- **wMIN**：インプットゲインパッドコントロールの最小値が設定されます．
- **wMAX**：インプットゲインパッドコントロールの最大値が設定されます．
- **wRES**：インプットゲインパッドコントロールの分解能が設定されます．

(m) フェーズインバータコントロールリクエスト

フェーズインバータコントロールリクエストはフィーチャーユニットのフェーズインバータコントロールを操作します．フェーズインバータコントロールは **ADC 2.0，3.0 でのみ定義されています．**

- **bRequest**：CUR のみ使用されます．
- **wValue**：コントロールセレクタには **FU_PHASE_INVERTER_CONTROL（0x0D）** が設定されます．チャネル番号には対象となるチャネルが設定されます．

- **wLength**：1 が設定されます．

フェーズインバータコントロールリクエストのパラメータブロックは**表3.145**に示す構造を取ります．

表3.145　フェーズインバータコントロールリクエストのパラメータブロックの構造

| オフセット | フィールド | サイズ | 値の種類 | 解説 |
| --- | --- | --- | --- | --- |
| 0 | bPhaseInverter | 1 | 真理値 | フェーズインバータの状態 |

- **bPhaseInverter**：フェーズインバータの状態を設定します．
  - 真（1）の場合にはフェーズインバータが有効の状態を表します．
  - 偽（0）の場合にはフェーズインバータが無効の状態を表します．

**(6) プロセッシングユニットコントロールリクエスト**

プロセッシングユニットコントロールリクエストはプロセッシングユニットのコントロールを操作します．詳細については各ADCのドキュメントを参照してください．また，別途本ディスクリプタの解説がダウンロードで入手できます．

**(7) イフェクトユニットコントロールリクエスト**

イフェクトユニットディスクリプタはADC2.0で導入されました．イフェクトユニットコントロールリクエストはイフェクトユニットのコントロールを操作します．詳細については各ADCのドキュメントを参照してください．また，別途本ディスクリプタの解説がダウンロードで入手できます．

**(8) 拡張ユニットコントロールリクエスト**

拡張ユニット（Extension Unit）はベンダー固有の処理を実装する目的で用意されているため，拡張ユニットコントロールリクエスト固有の定義はありません．このためADCでは共通コントロール操作に対するコントロールセレクタのみが定義されています．**コントロールセレクタはADC1.0，2.0，3.0のすべてで異なります．表3.146～表3.148**に各ADCで定義されているコントロールセレクタに設定される値を示します．

すべてのコントロールセレクタは共通コントロール操作です．**3.2.2 (1) (1)** を参照してください．

表3.146　コントロールセレクタに設定する値（ADC1.0）

| コントロールセレクタ | 値 |
| --- | --- |
| XU_CONTROL_UNDEFINED | 0x00 |
| XU_ENABLE_CONTROL | 0x01 |

### 表3.147　コントロールセレクタに設定する値（ADC 2.0）

| コントロールセレクタ | 値 |
| --- | --- |
| XU_CONTROL_UNDEFINED | 0x00 |
| XU_ENABLE_CONTROL | 0x01 |
| XU_CLUSTER_CONTROL | 0x02 |
| XU_UNDERFLOW_CONTROL | 0x03 |
| XU_OVERFLOW_CONTROL | 0x04 |
| XU_LATENCY_CONTROL | 0x05 |

### 表3.148　コントロールセレクタに設定する値（ADC 3.0）

| コントロールセレクタ | 値 |
| --- | --- |
| XU_CONTROL_UNDEFINED | 0x00 |
| XU_UNDERFLOW_CONTROL | 0x01 |
| XU_OVERFLOW_CONTROL | 0x02 |
| XU_LATENCY_CONTROL | 0x03 |

**(9) クロックソースコントロールリクエスト**

クロックソースコントロールはADC2.0で定義されました．クロックソースコントロールリクエストはクロックソースエンティティのコントロールを操作します．**表3.149**にコントロールセレクタに設定される値を示します．

### 表3.149　コントロールセレクタに設定する値

| コントロールセレクタ | 値 |
| --- | --- |
| CS_CONTROL_UNDEFINED | 0x00 |
| CS_SAM_FREQ_CONTROL | 0x01 |
| CS_CLOCK_VALID_CONTROL | 0x02 |

**(a) サンプリング周波数コントロールリクエスト**

サンプリング周波数コントロールリクエストはクロックソースコントロールのサンプリング周波数を設定します．

- **bRequest**：**CUR，RANGE** が使用されます．
- **wValue**：コントロールセレクタには **CS_SAM_FREQ_CONTROL（0x01）** が設定されます．チャネル番号には0が設定されます．
- **wLength**：**CUR** では4が設定されます．
  **RANGE** では $2+12n$ が設定されます（$n$ は **wNumSubRanges** の値）．

サンプリング周波数コントロールリクエストのパラメータブロックは**表3.150**および**表3.151**に示す構造を取ります．

**表3.150 サンプリング周波数コントロールリクエストのパラメータブロック（CUR）**

| オフセット | フィールド | サイズ | 値の種類 | 解説 |
|---|---|---|---|---|
| 0 | dSamFreq | 4 | 数値 | サンプリング周波数 |

- **dSamFreq**：指定されたサンプリング周波数コントロールのサンプリング周波数が設定されます．0 Hz（0x00000000）から4,294,967,295 Hz（0xFFFFFFFF）の範囲で1 Hz（0x00000001）刻みで設定されます．

**表3.151 サンプリング周波数コントロールリクエストのパラメータブロック（RANGE）**

| オフセット | フィールド | サイズ | 値の種類 | 解説 |
|---|---|---|---|---|
| 0 | wNumSubRanges | 2 | 数値 | [dMIN, dMAX, dRES]の組の数（$n$） |
| 2 | dMIN (1) | 4 | 数値 | 最初のサンプリング周波数コントロールの最小値 |
| 4 | dMAX (1) | 4 | 数値 | 最初のサンプリング周波数コントロールの最大値 |
| 6 | dRES (1) | 4 | 数値 | 最初のサンプリング周波数コントロールの分解能 |
| ⋮ | ⋮ | ⋮ | ⋮ | ⋮ |
| 2 + 12 ($n-1$) | dMIN ($n$) | 4 | 数値 | 最後のサンプリング周波数コントロールの最小値 |
| 6 + 12 ($n-1$) | dMAX ($n$) | 4 | 数値 | 最後のサンプリング周波数コントロールの最大値 |
| 10 + 12 ($n-1$) | dRES ($n$) | 4 | 数値 | 最後のサンプリング周波数コントロールの分解能 |

**dMIN，dMAX，dRES** のいずれも0 Hz（0x00000000）から4,294,967,295 Hz（0xFFFFFFFF）の範囲で1 Hz（0x00000001）刻みで設定されます．

- **dMIN**：サンプリング周波数コントロールの最小値が設定されます．
- **dMAX**：サンプリング周波数コントロールの最大値が設定されます．
- **dRES**：サンプリング周波数コントロールの分解能が設定されます．

**(b) クロックバリディティコントロールリクエスト**

クロックバリディティコントロールリクエストはクロックソースコントロールの有効性を設定します．

- **bRequest**：**CUR**のみ使用されます．
- **wValue**：コントロールセレクタには**CS_CLOCK_VALID_CONTROL**（0x02）が設定されます．チャネル番号には0が設定されます．
- **wLength**：1が設定されます．

クロックバリディティコントロールリクエストのパラメータブロックは**表3.152**に示す

構造を取ります．

表 3.152 クロックバリディティコントロールリクエストのパラメータブロック

| オフセット | フィールド | サイズ | 値の種類 | 解説 |
|---|---|---|---|---|
| 0 | bValidity | 1 | 真理値 | 有効性 |

- **bValidity**：指定されたクロックバリディティコントロールの有効性を以下に示す値で設定されます．
真（1）の場合にはクロックが有効の状態を表します（クロックが安定していて使用可能）．偽（0）の場合にはクロックが無効の状態を表します．

**(10) クロックセレクタコントロールリクエスト**

クロックセレクタコントロールは ADC2.0 で定義されました．**表 3.153** にコントロールセレクタに設定される値を示します．

表 3.153 コントロールセレクタに設定する値

| コントロールセレクタ | 値 |
|---|---|
| CX_CONTROL_UNDEFINED | 0x00 |
| CX_CLOCK_SELECTOR_CONTROL | 0x01 |

**(a) クロックセレクタコントロール**

クロックセレクタコントロールへのリクエストはクロックの切り替えを設定します．
- **bRequest**：CUR のみ使用されます．
- **wValue**：コントロールセレクタには **CX_CLOCK_SELECTOR_CONTROL (0x01)** が設定されます．チャネル番号には 0 が設定されます．
- **wLength**：1 が設定されます．

クロックセレクタコントロールのパラメータブロックは**表 3.154** に示す構造を取ります．

表 3.154 クロックセレクタコントロールのパラメータブロック

| オフセット | フィールド | サイズ | 値の種類 | 解説 |
|---|---|---|---|---|
| 0 | bSelector | 1 | 数値 | 選択するクロック |

- **bSelector**：選択するクロック入力を 1 からクロックセレクタディスクリプタの **bNrInPins** で設定された値までの範囲で設定されます．

## (11) クロックマルチプライヤコントロールリクエスト

クロックマルチプライヤコントロールはADC2.0で定義されました．クロックマルチプライヤコントロールリクエストはクロックマルチプライヤエンティティのコントロールを操作しクロックの逓倍/分周を操作します（P/Q）．表3.155にコントロールセレクタに設定される値を示します．

表3.155　コントロールセレクタに設定する値

| コントロールセレクタ | 値 |
|---|---|
| CM_CONTROL_UNDEFINED | 0x00 |
| CM_NUMERATOR_CONTROL | 0x01 |
| CM_DENOMINATOR_CONTROL | 0x02 |

### (a) ニューメレータコントロールリクエスト

ニューメレータコントロールリクエストはクロックマルチプライヤエンティティのニューメレータ（分子）コントロールを操作します．クロックマルチプライヤエンティティの係数 $P$ を操作することで逓倍率の操作を行います．

- **bRequest**：**CUR** または **RANGE** が使用されます．
- **wValue**：コントロールセレクタには **CM_NUMERATOR_CONTROL**（**0x01**）が設定されます．チャネル番号には0が設定されます．
- **wLength**：**CUR** では2が設定されます．
  **RANGE** では 2+6$n$ が設定されます（$n$ は **wNumSubRanges** の値）．

表3.156および表3.157にパラメータブロックの構造を示します．

表3.156　ニューメレータコントロールリクエストのパラメータブロックの構造（CUR）

| オフセット | フィールド | サイズ | 値の種類 | 解説 |
|---|---|---|---|---|
| 0 | wNumerator | 2 | 数値 | ニューメレータコントロールの $P$ 値 |

- **wNumerator**：ニューメレータコントロールの $P$ 値が設定されます．
  1（0x0001）から65,535（0xFFFF）までの範囲で設定されます．

3.2　リクエストの処理

表 3.157　ニューメレータコントロールリクエストのパラメータブロックの構造（RANGE）

| オフセット | フィールド | サイズ | 値の種類 | 解説 |
| --- | --- | --- | --- | --- |
| 0 | wNumSubRanges | 2 | 数値 | [wMIN, wMAX, wRES] の組の数 ($n$) |
| 2 | wMIN (1) | 2 | 数値 | 最初のニューメレータコントロールの最小値 |
| 4 | wMAX (1) | 2 | 数値 | 最初のニューメレータコントロールの最大値 |
| 6 | wRES (1) | 2 | 数値 | 最初のニューメレータコントロールの分解能 |
| ⋮ | ⋮ | ⋮ | ⋮ | ⋮ |
| $2+6(n-1)$ | wMIN ($n$) | 2 | 数値 | 最後のニューメレータコントロールの最小値 |
| $4+6(n-1)$ | wMAX ($n$) | 2 | 数値 | 最後のニューメレータコントロールの最大値 |
| $6+6(n-1)$ | wRES ($n$) | 2 | 数値 | 最後のニューメレータコントロールの分解能 |

- **wMIN**：ニューメレータコントロールの最小値が設定されます．
- **wMAX**：ニューメレータコントロールの最大値が設定されます．
- **wRES**：ニューメレータコントロールの分解能が設定されます．

(b)　デノミネータコントロールリクエスト

デノミネータコントロールリクエストはクロックマルチプライヤエンティティのデノミネータ（分母）コントロールを操作します．クロックマルチプライヤエンティティの 係数 $Q$ を操作することで分周率の操作を行います．

- **bRequest**：**CUR** または **RANGE** が使用されます．
- **wValue**：コントロールセレクタには **CM_DENOMINATOR_CONTROL（0x02）** が設定されます．チャネル番号には 0 が設定されます．
- **wLength**：**CUR** では 2 が設定されます．
  **RANGE** では $2+6n$ が設定されます（$n$ は **wNumSubRanges** の値）．

表 3.158 および表 3.159 にパラメータブロックの構造を示します．

表 3.158　デノミネータコントロールリクエストのパラメータブロックの構造（CUR）

| オフセット | フィールド | サイズ | 値の種類 | 解説 |
| --- | --- | --- | --- | --- |
| 0 | wDenominator | 2 | 数値 | デノミネータコントロールの $Q$ 値 |

- **wDenominator**：デノミネータコントロールの $Q$ 値が設定されます．
  1（0x0001）から 65,535（0xFFFF）までの範囲で設定されます．

表 3.159 デノミネータコントロールリクエストのパラメータブロックの構造 (RANGE)

| オフセット | フィールド | サイズ | 値の種類 | 解説 |
|---|---|---|---|---|
| 0 | wNumSubRanges | 2 | 数値 | [wMIN, wMAX, wRES] の組の数 ($n$) |
| 2 | wMIN (1) | 2 | 数値 | 最初のデノミネータコントロールの最小値 |
| 4 | wMAX (1) | 2 | 数値 | 最初のデノミネータコントロールの最大値 |
| 6 | wRES (1) | 2 | 数値 | 最初のデノミネータコントロールの分解能 |
| ⋮ | ⋮ | ⋮ | ⋮ | ⋮ |
| $2+6(n-1)$ | wMIN ($n$) | 2 | 数値 | 最後のデノミネータコントロールの最小値 |
| $4+6(n-1)$ | wMAX ($n$) | 2 | 数値 | 最後のデノミネータコントロールの最大値 |
| $6+6(n-1)$ | wRES ($n$) | 2 | 数値 | 最後のデノミネータコントロールの分解能 |

- **wMIN**：デノミネータコントロールの最小値が設定されます．
- **wMAX**：デノミネータコントロールの最大値が設定されます．
- **wRES**：デノミネータコントロールの分解能が設定されます．

## (2) オーディオストリーミングリクエスト

オーディオストリーミングリクエストはオーディオストリーミングインターフェースに対する操作を行います．

オーディオストリーミングリクエストではすべて**表 3.83** に示した構造を使用するため，以下の説明ではここに説明した内容と重複する内容については説明していません．オーディオストリーミングリクエストでは読み出しと設定で共通のパラメータブロックを使用します．

1つのエンティティに複数のコントロールが実装されている場合はコントロールセレクタ（CS）で選択されます．

### (1) インターフェースコントロールリクエスト

インターフェースコントロールリクエストは **ADC 2.0 と 3.0 で定義されています**．インターフェースコントロールリクエストはオーディオストリームインターフェースを操作します．

インターフェースコントロールリクエストではリクエストの宛先を表す **bmRequestType** の D4〜0 はインターフェース（00001）となります．

**表 3.160** にコントロールセレクタに設定される値を示します．

表3.160　コントロールセレクタに設定する値（ADC 2.0, 3.0）

| コントロールセレクタ | 値 |
|---|---|
| AS_CONTROL_UNDEFINED | 0x00 |
| AS_ACT_ALT_SETTING_CONTROL | 0x01 |
| AS_VAL_ALT_SETTINGS_CONTROL | 0x02 |
| AS_AUDIO_DATA_FORMAT_CONTROL | 0x03 |

(a) アクティブオルタネイトセッティングコントロールリクエスト

　アクティブオルタネイトセッティングコントロールリクエストは現在のオルタネイトセッティングを読み出します．様々な理由で最後にホストから設定されたオルタネイトセッティングが有効でなくなった場合には，ホストへ割り込みによって通知され，ホストはアクティブオルタネイトセッティングコントロールを通じて状況を確認します．デバイス側のインターフェース自身が特定のオルタネイトセッティングへ自発的に変更することはできないので，何らかの理由によって設定されたオルタネイトセッティングが有効でなくなった場合にはオルタネイトセッティングを0にリセットします．したがって，アクティブオルタネイトセッティングコントロールが返す **CUR** の値は最後にホストから設定されたオルタネイトセッティング番号か0かのいずれかになります．アクティブオルタネイトセッティングコントロールへは読み出し動作のみ可能です．

- **bRequest**：**CUR** のみ使用されます．
- **wValue**：コントロールセレクタには **AS_ACT_ALT_SETTING_CONTROL（0x01)** が設定されます．チャネル番号には0が設定されます．
- **wLength**：1が設定されます．

パラメータブロックを**表3.161**に示します．

表3.161　アクティブオルタネイトセッティングコントロールリクエストのパラメータブロック

| オフセット | フィールド | サイズ | 値の種類 | 解説 |
|---|---|---|---|---|
| 0 | bActiveAlt | 1 | 数値 | 現在のオルタネイトセッティング番号 |

- **bActiveAlt**：現在のオルタネイトセッティング番号が設定されます．

(b) バリッドオルタネイトセッティングコントロールリクエスト

　バリッドオルタネイトセッティングコントロールリクエストは現在有効なすべてのオルタネイトセッティングを読み出します．バリッドオルタネイトセッティングコントロールへは読み出し動作のみ可能です．ADC 3.0では，前述のアクティブオルタネイトセッティングコントロールを実装する場合にはバリッドオルタネイトセッティングコントロールも

必ず実装する必要があります．
- **bRequest**：**CUR** のみ使用されます．
- **wValue**：コントロールセレクタには **AS_VAL_ALT_SETTINGS_CONTROL（0x02）** が設定されます．チャネル番号には0が設定されます．
- **wLength**：1+ *n* が設定されます（*n* は **bSize** の値）．

バリッドオルタネイトセッティングコントロールのパラメータブロックを**表3.162**に示します．

表3.162 バリッドオルタネイトセッティングコントロールリクエストのパラメータブロック

| オフセット | フィールド | サイズ | 値の種類 | 解説 |
|---|---|---|---|---|
| 0 | bSize | 1 | 数値 | bmValidAltSettings のサイズ（*n* バイト） |
| 1 | bmValidAltSettings | *n* | ビットマップ | 現在有効なすべてのオルタネイトセッティングをビットマップで設定 |

- **bSize**：**bmValidAltSettings** のサイズをバイト単位で設定します．
- **bmValidAltSettings**：現在有効なすべてのオルタネイトセッティングをビットマップで表します．1の場合有効，0の場合無効を表します．

  ビットD0がオルタネイトセッティング0に相当し，常に有効である必要があります．ビットD1がオルタネイトセッティング1に相当し，以降同様に続きます．存在しないオルタネイトセッティングは0を設定します．

(c) オーディオデータフォーマットコントロールリクエスト

オーディオデータフォーマットコントロールリクエストは現在使用されているオーディオデータフォーマットを読み出します．オーディオデータフォーマットコントロールへは読み出し動作のみ可能です．

- **bRequest**：**CUR** のみ使用されます．
- **wValue**：コントロールセレクタには **AS_AUDIO_DATA_FORMAT_CONTROL（0x03）** が設定されます．チャネル番号には0が設定されます．
- **wLength**：ADC2.0では4が設定されます．ADC3.0では8が設定されます．

オーディオデータフォーマットコントロールリクエストのパラメータブロックを**表3.163**に示します．

## 3.2 リクエストの処理

**表3.163 オーディオデータフォーマットコントロールリクエストの
パラメータブロック**

| オフセット | フィールド | サイズ | 値の種類 | 解説 |
|---|---|---|---|---|
| 0 | bmFormats | 4 (ADC2.0)/<br>8 (ADC3.0) | ビットマップ | 現在使用されているオーディオ<br>データフォーマット |

- **bmFormats**：現在使用されているオーディオデータフォーマットをビットマップで表します．**クラススペシフィック AS インターフェースディスクリプタ**（3.1.9 (2)を参照）の **bmFormats** に対応するビットを設定します．1の場合有効，0の場合無効を表します．

### (2) エンコーダコントロールリクエスト

エンコーダコントロールリクエストは **ADC2.0 でのみ定義されています**．詳細については ADC2.0 のドキュメントを参照してください．また，別途本リクエストの解説がダウンロードで入手できます．

### (3) デコーダコントロールリクエスト

デコーダコントロールリクエストは **ADC1.0 と ADC2.0 で定義されています**．詳細については各 ADC のドキュメントを参照してください．また，別途本リクエストの解説がダウンロードで入手できます．

### (4) エンドポイントコントロールリクエスト

エンドポイントコントロールリクエストではリクエストの宛先を表す **bmRequestType** の D4～0 はエンドポイント（00010）となります．エンドポイントコントロールリクエストの定義は**ピッチコントロールを除き ADC1.0 と ADC2.0，3.0 とでは異なります**．
**表3.164** に ADC1.0 でコントロールセレクタに設定される値を，**表3.165** に ADC2.0, 3.0 でコントロールセレクタに設定される値を示します．

**表3.164 コントロールセレクタに設定する値（ADC1.0）**

| コントロールセレクタ | 値 |
|---|---|
| EP_CONTROL_UNDEFINED | 0x00 |
| SAMPLING_FREQ_CONTROL | 0x01 |
| PITCH_CONTROL | 0x02 |

**表3.165 コントロールセレクタに設定する値（ADC2.0, 3.0）**

| コントロールセレクタ | 値 |
|---|---|
| EP_CONTROL_UNDEFINED | 0x00 |
| EP_PITCH_CONTROL | 0x01 |

| コントロールセレクタ | 値 |
|---|---|
| EP_DATA_OVERRUN_CONTROL | 0x02 |
| EP_DATA_UNDERRUN_CONTROL | 0x03 |

(a) サンプリング周波数コントロールリクエスト

サンプリング周波数コントロールリクエストはエンドポイントのサンプリング周波数を設定します．サンプリング周波数コントロールは **ADC1.0 でのみ定義されています**．
- **bRequest**：**CUR，MIN，MAX，RES** が使用されます．
- **wValue**：コントロールセレクタには **SAMPLING_FREQ_CONTROL（0x01）** が設定されます．チャネル番号には 0 が設定されます．
- **wLength**：3 が設定されます．

サンプリング周波数コントロールリクエストのパラメータブロックは**表 3.166** に示す構造を取ります．

表 3.166 サンプリング周波数コントロールリクエストのパラメータブロック

| オフセット | フィールド | サイズ | 値の種類 | 解説 |
|---|---|---|---|---|
| 0 | tSampleFreq | 3 | 数値 | サンプリング周波数 |

- **tSampleFreq**：0 Hz（0x000000）から 8,388,607 Hz（0x7FFFFF）までの範囲を 1 Hz（0x0001）刻みで設定します．

(b) ピッチコントロールリクエスト

ピッチコントロールリクエストはアダプティブエンドポイントのピッチコントロールを操作します．
- **bRequest**：**CUR** のみが使用されます．
- **wValue**：コントロールセレクタには ADC1.0 では **PITCH_CONTROL（0x02）**，ADC2.0，3.0 では **EP_PITCH_CONTROL（0x01）** が設定されます．チャネル番号には 0 が設定されます．
- **wLength**：1 が設定されます．

ピッチコントロールリクエストのパラメータブロックは**表 3.167** に示す構造を取ります．

### 表3.167 ピッチコントロールリクエストのパラメータブロック

| オフセット | フィールド | サイズ | 値の種類 | 解説 |
|---|---|---|---|---|
| 0 | bPitchEnable | 1 | 真理値 | ピッチコントロールの有効/無効 |

- **bPitchEnable**：
  真（1）の場合にはピッチコントロールの有効を表します．
  偽（0）の場合にはピッチコントロールの無効を表します．

**(c) データオーバーランコントロールリクエスト**

データオーバーランコントロールリクエストはエンドポイントのデータオーバーラン（バッファのオーバーフロー）の状況を読み出します．データオーバーランコントロールは読み出し専用のコントロールです．データオーバーランコントロールは **ADC 2.0，3.0 でのみ定義されています．**

- **bRequest**：**CUR** のみが使用されます．
- **wValue**：コントロールセレクタには **EP_DATA_OVERRUN_CONTROL（0x02）**が設定されます．チャネル番号には0が設定されます．
- **wLength**：1が設定されます．

データオーバーランコントロールリクエストのパラメータブロックは**表3.168**に示す構造を取ります．

### 表3.168 データオーバーランコントロールリクエストのパラメータブロック

| オフセット | フィールド | サイズ | 値の種類 | 解説 |
|---|---|---|---|---|
| 0 | bOverrun | 1 | 真理値 | データオーバーランの状況 |

- **bOverrun**：最後に本リクエストによって読み出されてからオーバーランが発生したかどうかが読み出されます．
  真（1）の場合にはデータオーバーランが発生したことを表します．
  偽（0）の場合にはデータオーバーランが発生しなかったことを表します．

**(d) データアンダーランコントロールリクエスト**

データアンダーランコントロールリクエストはエンドポイントのデータアンダーラン（バッファのアンダーフロー）の状況を読み出します．データアンダーランコントロールは読み出し専用のコントロールです．データアンダーランコントロールは **ADC 2.0，3.0 でのみ定義されています．**

- **bRequest**：**CUR** のみが使用されます．
- **wValue**：コントロールセレクタには **EP_DATA_UNDERRUN_CONTROL（0x03）**

が設定されます．チャネル番号には 0 が設定されます．
- **wLength**：1 が設定されます．

データアンダーランコントロールリクエストのパラメータブロックは**表 3.169** に示す構造を取ります．

**表 3.169 データアンダーランコントロールリクエストのパラメータブロック**

| オフセット | フィールド | サイズ | 値の種類 | 解説 |
|---|---|---|---|---|
| 0 | bUnderrun | 1 | 真理値 | データアンダーランの状況 |

- **bUnderrun**：最後に本リクエストによって読み出されてからアンダーランが発生したかどうかが読み出されます．
  真（1）の場合にはデータアンダーランが発生したことを表します．
  偽（0）の場合にはデータアンダーランが発生しなかったことを表します．

〔3〕 メモリリクエスト

メモリリクエストでは，デバイスが持つメモリ領域を読み書きする手段を提供します．
- **bRequest**：**MEM** が使用されます．
- **wValue**：メモリのオフセットが設定されます．
- **wLength**：パラメータブロックの長さが設定されます．

メモリリクエストのパラメータブロックは実装に依存します．

〔4〕 ゲットステータスリクエスト

ゲットステータスリクエストは **ADC 1.0 でのみ定義されています**が，ADC 1.0 では利用されていません．
ゲットステータスリクエストはエンティティのステータスの情報を読み出します．
- **bRequest**：**GET_STAT** が使用されます．
- **wValue**：0 が設定されます．
- **wLength**：パラメータブロックの長さが設定されます．

ゲットステータスリクエストのパラメータブロックは ADC 1.0 では定義されていません．**ゲットステータスリクエストを受け取った場合には null パケットを返します．**

〔5〕 クラススペシフィックストリングリクエスト

クラススペシフィックストリングリクエストは **ADC 3.0 でのみ定義されています**．この導入によってスタンダードストリングディスクリプタの 255 バイトの制限を超えることが可能となりました．

表3.170にクラススペシフィックストリングリクエストのセットアップデータの基本的な構造を示します．

表3.170 クラススペシフィックストリングリクエストのセットアップデータの基本的な構造

| オフセット | フィールド | サイズ | 値の種類 | 解説 |
|---|---|---|---|---|
| 0 | bmRequestType | 1 | ビットマップ | 10100001（二進数） |
| 1 | bRequest | 1 | 数値 | STRING（0x05） |
| 2 | wValue | 2 | 数値 | wStrDescrID |
| 4 | wIndex | 2 | 数値 | iLANGID/インターフェース番号 |
| 6 | wLength | 2 | 数値 | データステージで転送されるデータのサイズ |

- **bmRequestType**：**10100001**（二進数）が設定されます．
- **bRequest**：**STRING（0x05）**が設定されます．
- **wValue**：クラススペシフィックストリングディスクリプタに設定された**wStrDescrID**に対応する値が設定されます．
- **wIndex**：以下に示す通り，上位バイトにクラススペシフィックストリングディスクリプタに設定された**iLangID**を設定し，下位バイトにはインターフェース番号を設定します．

| ビット | D15 | D14 | D13 | D12 | D11 | D10 | D9 | D8 | D7 | D6 | D5 | D4 | D3 | D2 | D1 | D0 |
|---|---|---|---|---|---|---|---|---|---|---|---|---|---|---|---|---|
| 値 | iLangID（言語番号） | | | | | | | | インターフェース番号 | | | | | | | |

- **wLength**：転送されるデータの長さが設定されます．

パラメータブロックには**3.1.2 (2)**で示した**クラススペシフィックストリングディスクリプタ**で示されたディスクリプタが読み出されます．

## (6) ハイケイパビリティディスクリプタリクエスト

ハイケイパビリティディスクリプタリクエストは**ADC 3.0でのみ定義されています**．前述のクラススペシフィックストリングリクエスト同様，ハイケイパビリティディスクリプタリクエストの導入によってスタンダードディスクリプタの255バイトの制限を超えることが可能となります．ハイケイパビリティディスクリプタリクエストはディスクリプタの動的な変化にも対応します．このため，たとえ255バイト以下のディスクリプタであってもハイケイパビリティディスクリプタが使用される場合があります．

表3.171にハイケイパビリティディスクリプタリクエストのセットアップデータの基本的な構造を示します．

**表 3.171 ハイケイパビリティディスクリプタリクエストのセットアップ
データの基本的な構造**

| オフセット | フィールド | サイズ | 値の種類 | 解説 |
|---|---|---|---|---|
| 0 | bmRequestType | 1 | ビットマップ | リクエストのタイプ |
| 1 | bRequest | 1 | 数値 | HIGH_CAPABILITY_DESCRIPTOR（0x06） |
| 2 | wValue | 2 | 数値 | wDescriptorID |
| 4 | wIndex | 2 | 数値 | 各リクエスト固有に定義されるデータを設定 |
| 6 | wLength | 2 | 数値 | データステージで転送されるデータのサイズ |

- **bmRequestType**：以下に示す値が設定されます．

| ビットの位置 | 各ビットの持つ意味（二進数） | |
|---|---|---|
| D4～0 | リクエストの宛先 | |
| | 値 | 宛先 |
| | 00001 | インターフェース |
| | 00010 | エンドポイント |
| D6～5 | リクエストのタイプ<br>01：クラススペシフィックリクエスト | |
| D7 | リクエストの転送方向<br>1：デバイスからホスト | |

- **bRequest**：HIGH_CAPABILITY_DESCRIPTOR（0x06）が設定されます．
- **wValue**：読み出しを行うディスクリプタの **wDescriptorID** の値が設定されます．
- **wIndex**：宛先に応じて以下のように設定されます．

  -宛先がインターフェースの場合　**bmRequestType** の下位 5 ビットが 00001 の場合には以下に示すフォーマットでインターフェース番号が設定されます．

| ビット | D15 | D14 | D13 | D12 | D11 | D10 | D9 | D8 | D7 | D6 | D5 | D4 | D3 | D2 | D1 | D0 |
|---|---|---|---|---|---|---|---|---|---|---|---|---|---|---|---|---|
| 値 | 0 | | | | | | | | インターフェース番号 | | | | | | | |

  -宛先がエンドポイントの場合　**bmRequestType** の下位 5 ビットが 00010 の場合には以下に示すフォーマットでエンドポイント番号が設定されます．

| ビット | D15 | D14 | D13 | D12 | D11 | D10 | D9 | D8 | D7 | D6 | D5 | D4 | D3 | D2 | D1 | D0 |
|---|---|---|---|---|---|---|---|---|---|---|---|---|---|---|---|---|
| 値 | 0 | | | | | | | | 方向 | 0 | | | エンドポイント番号 | | | |

- **wLength**：転送されるデータの長さが設定されます．

パラメータブロックには **wDescriptorID** に対応するハイケイパビリティディスクリプタの構造を取るクラススペシフィックディスクリプタが読み出されます．

## 3.3 割り込み

オーディオファンクションの状態が変化したことをホストに通知するために以下のような割り込みが用意されています．

- メモリの状態の変化
- コントロールの状態の変化
- クラススペシフィックストリングの変化（ADC3.0）

基本的にすべてのコントロールが割り込み要因となります．ホストが明示的に **CUR** によって設定を変更した場合には割り込みは発生しません．

ホストは割り込みを受け取ると，クラススペシフィックリクエストを発行してその詳細を読み出します．デバイス側ではこれらのリクエストを受け取ると，最後に発生した状況（最新の状態）をホストに送ります．

割り込みはエッジトリガの形式をとるため，ホストが明示的に割り込みを解除することはありません．

インタラプトエンドポイントにポーリング要求が発生した場合，デバイス側は以下のいずれかの動作をとります．

- 保留中の割り込みがない場合：NAK を返します．
- 通知すべき割り込みがある場合：割り込みデータメッセージを返します．割り込みデータメッセージの長さは6バイトで固定です．表 3.172 に割り込みデータメッセージフォーマットの構造を示します．

表 3.172 割り込みデータメッセージフォーマットの構造

| オフセット | フィールド | サイズ | 値の種類 | 解説 |
|---|---|---|---|---|
| 0 | bInfo | 1 | ビットマップ | リクエストのタイプ |
| 1 | bSourceType | 1 | 定数 | 割り込み要因のタイプ |
| 2 | wValue | 2 | 数値 | 下記参照 |
| 4 | wIndex | 2 | 数値 | 下記参照 |

**bInfo** の **D0** が1の場合にはベンダースペシフィックな応答のため以下のフォーマットに従う必要はありません．

- **bInfo**：以下に示す値が設定します．

| ビットの位置 | 各ビットの持つ意味 |
|---|---|
| D0 | ベンダースペシフィック |
| D1 | インターフェースまたはエンドポイント |
| D7～2 | 予約済み |

- **bSourceType**：割り込みがどのタイプで発生したかを以下の表にしたがって設定します．0x04 以上は **ADC 3.0 でのみ定義されています**．

| タイプ | 値 |
|---|---|
| REQUEST_CODE_UNDEFINED | 0x00 |
| CUR | 0x01 |
| RANGE | 0x02 |
| MEM | 0x03 |
| INTEN | 0x04 |
| STRING | 0x05 |
| HIGH_CAPABILITY_DESCRIPTOR | 0x06 |

- **wValue**：割り込み要因に応じて以下のように設定します．

  －メモリの場合

  オフセットを設定します．

  －ストリングの場合

  **wStrDescrID** を設定します．

  －ハイケイパビリティディスクリプタの場合

  **wDescriptorID** を設定します．

  －上記以外の場合

  以下に示すフォーマットで設定します．

| ビット | D15 | D14 | D13 | D12 | D11 | D10 | D9 | D8 | D7 | D6 | D5 | D4 | D3 | D2 | D1 | D0 |
|---|---|---|---|---|---|---|---|---|---|---|---|---|---|---|---|---|
| 値 | コントロールセレクタ（CS） | | | | | | | | チャネル番号（CN） | | | | | | | |

コントロールセレクタ（CS）は操作する対象を設定します．チャネル番号（CN）は操作する論理チャネルを設定します．チャネルに関係の無いコントロールが操作対象の場合にはチャネル番号にマスタチャネルを表す 0 を設定します．ミキサコントロールが操作対象の場合（CS = MU_MIXER_CONTROL）にはチャネル番号の代わりにミキサコントロール番号（Mixer Control Number，MCN）を下位バイトに設定します．

- **wIndex**：割り込み要因に応じて以下のように設定します．

  －割り込み要因がインターフェースの場合

  以下に示すフォーマットでエンティティ番号とインターフェース番号を設定します．

| ビット | D15 | D14 | D13 | D12 | D11 | D10 | D9 | D8 | D7 | D6 | D5 | D4 | D3 | D2 | D1 | D0 |
|---|---|---|---|---|---|---|---|---|---|---|---|---|---|---|---|---|
| 値 | エンティティ番号 | | | | | | | | インターフェース番号 | | | | | | | |

-割り込み要因がエンドポイントの場合

以下に示すフォーマットでエンドポイント番号を設定します．

| ビット | D15 | D14 | D13 | D12 | D11 | D10 | D9 | D8 | D7 | D6 | D5 | D4 | D3 | D2 | D1 | D0 |
|---|---|---|---|---|---|---|---|---|---|---|---|---|---|---|---|---|
| 値 | 0 | | | | | | | | 方向 | 0 | | | エンドポイント番号 | | | |

*Chapter 4*
# ベーシックオーディオデバイス

**本章のキーワード**
BADD／プロファイル／BAOF／BAIF／BAIOF

　ベーシックオーディオデバイスディフィニション（BADD）は BADD1.0 と BADD3.0 が策定されています．BADD1.0 は ADC1.0 をもとに策定された規格です．図1.2 に示したように BADD1.0 の策定（2009 年）は ADC2.0 が策定（2006 年）された後ですが，ADC1.0 をもとに策定された規格のため，ADC2.0 で定義される内容には対応していません．ハイスピード以上で動作可能な USB デバイスにおける ADC1.0 の位置づけはあいまいですが，USB2.0 本体の規格が策定（2000 年）された後に策定された BADD1.0 では，BADD1.0 準拠のデバイスのハイスピードでの動作は禁止する旨が明確に記述されています（BADD1.0 準拠のデバイスはフルスピードでのみ動作可能）．

　BADD3.0 は ADC3.0 をもとに策定された規格で ADC3.0 のサブセットとして定義されています．動作スピードもアイソクロナス転送をサポートするすべてのスピードで使用することができます．BADD3.0 は ADC3.0 のサブセットであり，BADD3.0 のプロファイルが想定する暗黙のクラススペシフィックディスクリプタは ADC3.0 で定義された内容に完全に準拠します．したがって本章で説明しているクラススペシフィックディスクリプタは ADC3.0 の実際の実装例となっています．例えば表4.11 に後述するインターフェースアソシエーションディスクリプタの構造は Chapter 3 の表3.13 インターフェースアソシエーションディスクリプタの構造に実際の値をあてはめたものとなっています．

　BADD3.0 はプロファイルを用いることでホストおよびデバイスの双方の負担軽減を目指しています．クラススペシフィックディスクリプタは宣言されないため，**BADD3.0 を実装するデバイスは本章で説明している構成に忠実にハードウェアの挙動を合わせる必要があります．**

　ADC3.0 に準拠するデバイスでは BADD3.0 の実装が必須ですが，BADD1.0 は ADC1.0 の機能を限定した定義にすぎないため実装は必須ではなく，活用できるケースも限定的でした．このようなことから，本書では BADD3.0 を中心に解説します．

## 4.1 BADD3.0の一般要求仕様

BADD3.0はプロファイルと呼ばれる固定的に定義された オーディオファンクションをいくつか定義しています．これらのファンクションはスタンダード IAD の **bFunctionSubClass** フィールドに指定されるプロファイル ID によって指定されます．BADD3.0のプロファイルは固定的に定義されているために，ホストはプロファイル ID を取得することでその挙動を完全に認識することができます．したがって，BADD3.0 に関するクラススペシフィックディスクリプタはデバイスのコンフィグレーションディスクリプタには記述しません（禁止）．スタンダードディスクリプタのみが記述されます．また BADD ではオーディオファンクションを構成する各ユニットはユーザの利用に適したデフォルト値をとることを強く推奨しています．

- **スピード**：USB で定義される，アイソクロナス転送をサポートするすべてのスピードで使用することができます（ロースピードを除くすべて）．
- **転送**：すべての BADD 3.0 オーディオストリーミングインターフェースは 1 ms に 1 回バースト転送を行うオルタネイトセッティング 1 を少なくとも持つ必要があります（オルタネイトセッティング 0 はこの数に含まない）．これ以外のバースト転送方法を持つオーディオストリーミングインターフェースを追加することも可能です．
- **同期**：シンクロナスまたはアシンクロナス同期方式のどちらかを使用します．ベーシックオーディオファンクションの同期方式は前述のいずれか一方の同期方式で統一されている必要があります．同期方式にアシンクロナス同期方式をとることで，シンクエンドポイントはソースエンドポイントとは独立して動作させることができます．このため，入力側のパワーメインを選択的に低消費電力状態にすることができます．
- **サンプリング周波数とビット深度**：すべての BADD 3.0 オーディオストリーミングインターフェースは 48 kHz のサンプリング周波数だけをサポートします．ビット深度は 16 ビットと 24 ビットの 2 種類をサポートしなければなりません．
- **クラスタ**：BADD3.0 ではモノラル（1 チャネル）クラスタまたはステレオ（2 チャネル）クラスタをサポートします．

BADD3.0 では，以下の 3 種類のファンクションのみ使用可能です．

- **ベーシックオーディオアウトプットファンクション**（Basic Audio Output Function, **BAOF**）：USB スピーカのような 1 つ以上のディジタルオーディオデータをアナログ出力に変換するファンクションです．いくつかの基本的なオーディオコントロール機能も用意されています．

## 4.3 トポロジ

- ベーシックオーディオインプットファンクション（Basic Audio Input Function, **BAIF**）：USB マイクのような 1 つ以上のアナログ入力をディジタルオーディオデータに変換するファンクションです．いくつかの基本的なオーディオコントロール機能も用意されています．
- ベーシックオーディオ I/O ファンクション（Basic Audio I/O Function, **BAIOF**）：USB ヘッドセットなどのような BAOF と BAIF の組合せのファンクションです．入力から出力へのループバックの経路（Side-tone mixing）も有します．

## 4.2 消費電力

BADD 1.0 準拠のデバイスではローパワー USB デバイスでなければなりません（100 mA 以下）．BADD 3.0 は ADC 3.0 に基づくことから，BADD 3.0 準拠のデバイスでは LPM/L1 をサポートしなければなりません．

### 4.2.1 パワードメイン

BADD 3.0 準拠のデバイスではオーディオ入力，オーディオ出力の各機能はそれぞれ独立したパワードメインを持たなければなりません．ホストは選択的にパワードメインを低消費電力状態に移行させることでデバイスの消費電力を抑えることができます．

## 4.3 トポロジ

### 4.3.1 BAOF トポロジ

BAOF は**図 4.1** に示す BAOF トポロジ（BAOFT）を使用します．

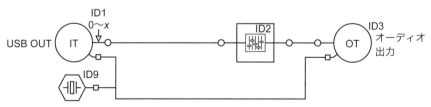

ID 1：ホストからデータを受け取るインプットターミナル
ID 2：フィーチャーユニット
ID 3：オーディオ出力のためのアウトプットターミナル
ID 9：クロックエンティティ
ID 10：パワードメイン
x：オーディオ出力のオーディオ信号（モノラル（x=1），ステレオ（x=2））

**図 4.1　BAOF トポロジ**

## 4.3.2 BAIF トポロジ

BAIF は図 4.2 に示す BAIF トポロジ（BAIFT）を使用します．

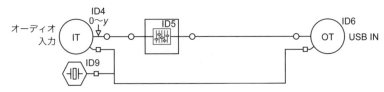

ID4：オーディオ入力のためのインプットターミナル
ID5：フィーチャーユニット
ID6：ホストへデータを送るアウトプットターミナル
ID9：クロックエンティティ
ID11：パワードメイン
$y$：オーディオ入力のオーディオ信号（モノラル（y=1），ステレオ（y=2））

図 4.2　BAIF トポロジ

## 4.3.3 BAIOF トポロジ

BAIOF は図 4.3 に示す BAIOF トポロジ（BAIOFT）を使用します．オーディオ入力はモノラルのみです．

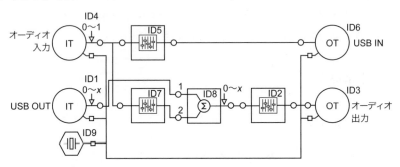

ID1：ホストからデータを受け取るインプットターミナル
ID2：フィーチャーユニット
ID3：オーディオ出力のためのアウトプットターミナル
ID4：オーディオ入力のためのインプットターミナル
ID5：フィーチャーユニット
ID6：ホストへデータを送るアウトプットターミナル
ID7：フィーチャーユニット
ID8：サイドトーンのためのミキサユニット．1と2の入力は等価に合成されます
ID9：クロックエンティティ
ID10：パワードメイン．インプットターミナル（ID1）およびアウトプットターミナル（ID3）が属します．
ID11：パワードメイン．インプットターミナル（ID4）およびアウトプットターミナル（ID6）が属します．
$x$：オーディオ出力のオーディオ信号（モノラル（x=1），ステレオ（x=2））

図 4.3　BAIOF トポロジ

## 4.4 ディスクリプタ

ホストはプロファイル ID を取得することでその挙動を完全に把握することができます．したがって，BADD に関する**クラススペシフィックディスクリプタはデバイスのコンフィグレーションディスクリプタには記述しません**．以下に示すディスクリプタのうち，クラススペシフィックディスクリプタはデバイスとホストの間で共有される暗黙の定義を表します．

限定されたプロファイルに対して一定の自由度を確保するためにスタンダードディスクリプタの特定のフィールドが利用されます．各表中の var で示される値はスタンダードディスクリプタによって決まる値です．これらの値については 4.6 節を参照してください．

### 4.4.1 インターフェースディスクリプタ

BADD に関するインターフェースディスクリプタとしてインターフェースアソシエーションディスクリプタが定義されています．

**(1) インターフェースアソシエーションディスクリプタ**

インターフェースアソシエーションディスクリプタはプロファイル ID に設定された ID によってインターフェースがどのような BADD のファンクションを持つかを表します．**表4.1** にインターフェースアソシエーションディスクリプタの構造を示します．

表4.1 インターフェースアソシエーションディスクリプタの構造

| オフセット | フィールド | サイズ | 値 | 解説 |
|---|---|---|---|---|
| 0 | bLength | 1 | 0x08 | ディスクリプタの長さ |
| 1 | bDescriptorType | 1 | 0x0B | INTERFACE_ASSOCIATION |
| 2 | bFirstInterface | 1 | 実装に依存 | このファンクションに関連付けられている最初のインターフェースの番号 |
| 3 | bInterfaceCount | 1 | var=IAD 1 | このアソシエーションに関連付けられているインターフェースの数 |
| 4 | bFunctionClass | 1 | 0x01 | AUDIO |
| 5 | bFunctionSubClass | 1 | 実装に依存 | プロファイル ID |
| 6 | bFunctionProtocol | 1 | 0x30 | IP_VERSION_03_00 |
| 7 | iFunction | 1 | インデックス | このインターフェースを表す文字列を持つスタンダードストリングディスクリプタのインデックス番号 |

- **bLength**：ディスクリプタの長さを設定します．

## Chapter 4 ベーシックオーディオデバイス

- **bDescriptorType**：INTERFACE_ASSOCIATION ディスクリプタタイプを設定します．
- **bFirstInterface**：このファンクションに関連付けられている最初のインターフェースの番号を設定します．デバイスの実装にあわせて適切に設定します．
- **bInterfaceCount**：このアソシエーションに関連付けられているインターフェースの数を設定します．プロファイルに応じて適切に設定されます．
- **bFunctionClass**：AUDIO を設定します．
- **bFunctionSubClass**：以下に示すプロファイル ID を設定します．

| プロファイル名 | プロファイル ID |
|---|---|
| GENERIC_I/O | 0x20 |
| HEADPHONE | 0x21 |
| SPEAKER | 0x22 |
| MICROPHONE | 0x23 |
| HEADSET | 0x24 |
| HEADSET_ADAPTER | 0x25 |
| SPEAKERPHONE | 0x26 |

- **bFunctionProtocol**：このファンクションのプロトコルを表します．BADD 3.0 では ADC 3.0 を表す **IP_VERSION_03_00**（0x30）を設定します．
- **iFunction**：このインターフェースを表す文字列を持つスタンダードストリングディスクリプタのインデックス番号を設定します．ストリングを用意しない場合は 0x00 を設定します．

### 4.4.2 オーディオコントロールインターフェースディスクリプタ

BADD に関するオーディオコントロールインターフェースディスクリプタにはスタンダードディスクリプタとクラススペシフィックディスクリプタがあります．

#### (1) スタンダード AC インターフェースディスクリプタ

スタンダード AC インターフェースディスクリプタは USB 本体の規格書で定義されたスタンダードインターフェースディスクリプタに準拠していますが，オーディオコントロールに特化した値が定義されています．表 4.2 にスタンダード AC インターフェースディスクリプタの構造を示します．

4.4 ディスクリプタ

表4.2 スタンダード AC インターフェースディスクリプタの構造

| オフセット | フィールド | サイズ | 値 | 解説 |
|---|---|---|---|---|
| 0 | bLength | 1 | 0x09 | ディスクリプタの長さ |
| 1 | bDescriptorType | 1 | 0x04 | INTERFACE |
| 2 | bInterfaceNumber | 1 | 実装に依存 | 実装されているオーディオコントロールインターフェースの数 |
| 3 | bAlternateSetting | 1 | 0x00 | オルタネイトセッティング0のみ |
| 4 | bNumEndpoints | 1 | 0x00 | ステータスエンドポイントは使用されません |
| 4 | bNumEndpoints | 1 | 0x01 | 1つのステータスインタラプトエンドポイントが使用されます |
| 5 | bInterfaceClass | 1 | 0x01 | AUDIO |
| 6 | bInterfaceSubClass | 1 | 0x01 | AUDIO_CONTROL |
| 7 | bInterfaceProtocol | 1 | 0x30 | IP_VERSION_03_00 |
| 8 | iInterface | 1 | インデックス | このインターフェースを表す文字列を持つスタンダードストリングディスクリプタのインデックス番号 |

それぞれのフィールドについて見ていきましょう．

- **bLength**：ディスクリプタの長さを設定します．
- **bDescriptorType**：INTERFACE ディスクリプタタイプを設定します．
- **bInterfaceNumber**：実装されているオーディオコントロールインターフェースの数を設定します．デバイスの実装にあわせて適切に設定します．
- **bAlternateSetting**：オルタネイトセッティング0のみが使用されます．
- **bNumEndpoints**：使用されるエンドポイントの数を設定します．ステータスエンドポイントが使用されない場合には0を，ステータスインタラプトエンドポイントが使用される場合には1を設定します．
- **bInterfaceClass**：このインターフェースのクラスを設定します．**AUDIO（0x01）** を設定します．
- **bInterfaceSubClass**：**AUDIO_CONTROL** を設定します．
- **bInterfaceProtocol**：準拠する ADC のレベルを表します．BADD3.0 では ADC3.0 を表す **IP_VERSION_03_00**（0x30）を設定します．
- **iInterface**：このインターフェースを表す文字列を持つスタンダードストリングディスクリプタのインデックス番号を設定します．ストリングを用意しない場合は 0x00 を設定します．

## (2) クラススペシフィック AC インターフェースヘッダディスクリプタ

クラススペシフィック AC インターフェースヘッダディスクリプタはレイテンシを表すために使用されます．表 4.3 にクラススペシフィック AC インターフェースヘッダディスクリプタの構造を示します．

**表 4.3　クラススペシフィック AC インターフェースヘッダディスクリプタの構造**

| オフセット | フィールド | サイズ | 値 | 解説 |
|---|---|---|---|---|
| 0 | bLength | 1 | 0x0A | ディスクリプタの長さ |
| 1 | bDescriptorType | 1 | 0x24 | CS_INTERFACE |
| 2 | bDescriptorSubtype | 1 | 0x01 | HEADER |
| 3 | bCategory | 1 | var=ACID1 | このオーディオファンクションの主たる用途を表すコード |
| 4 | wTotalLength | 2 | var=ACID2 | このクラススペシフィック AC インターフェースディスクリプタの長さ |
| 6 | bmControls | 4 | 0x00000001 | 読み取りのみ可能なレイテンシコントロール |

- **bLength**：ディスクリプタの長さが設定されます．
- **bDescriptorType**：**CS_INTERFACE** ディスクリプタタイプが設定されます．
- **bDescriptorSubtype**：**HEADER** が設定されます．
- **bCategory**：このオーディオファンクションのおもな用途を表すコードが設定されます．以下に示すカテゴリコードから該当する値が設定されます（BADD3.0 でサポートされている値のみ列挙しています）．

| オーディオファンクションカテゴリコード | 値 |
|---|---|
| MICROPHONE | 0x03 |
| HEADSET | 0x04 |
| GENERIC_I/O | 0x08 |
| HEADPHONE | 0x0D |
| GENERIC_SPEAKER | 0x0E |
| HEADSET_ADAPTER | 0x0F |
| SPEAKERPHONE | 0x10 |

- **wTotalLength**：クラススペシフィック AC インターフェースディスクリプタの長さが設定されます．
- **bmControls**：読み取りのみ可能なレイテンシコントロールが設定されます．

## (3) インプットターミナルディスクリプタ 1

表 4.4 に ID1 に対応するインプットターミナルディスクリプタの構造を示します．

## 4.4 ディスクリプタ

表 4.4 インプットターミナルディスクリプタの構造 (ID 1)

| オフセット | フィールド | サイズ | 値 | 解説 |
|---|---|---|---|---|
| 0 | bLength | 1 | 0x14 | ディスクリプタの長さ |
| 1 | bDescriptorType | 1 | 0x24 | CS_INTERFACE |
| 2 | bDescriptorSubtype | 1 | 0x02 | INPUT_TERMINAL |
| 3 | bTerminalID | 1 | 0x01 | ターミナル ID |
| 4 | wTerminalType | 2 | 0x0101 | USB ストリーミング |
| 6 | bAssocTerminal | 1 | 0x00 | このインプットターミナルに関連付けられているターミナルはない |
| 7 | bCSourceID | 1 | 0x09 | このインプットターミナルに接続されているクロックエンティティの ID |
| 8 | bmControls | 4 | 0x00000000 | 実装されているコントロールはない |
| 12 | wClusterDescrID | 2 | var=IT1D1 | このインプットターミナルのクラスタディスクリプタの ID |
| 14 | wExTerminalDescrID | 2 | 0x0000 | 拡張ターミナルディスクリプタは使用しない |
| 16 | wConnectorsDescrID | 2 | 0x0000 | コネクタディスクリプタは使用しない |
| 18 | wTerminalDescrStr | 2 | 0x0000 | ストリングディスクリプタは使用しない |

- **bLength**：ディスクリプタの長さが設定されます．
- **bDescriptorType**：**CS_INTERFACE** ディスクリプタタイプが設定されます．
- **bDescriptorSubtype**：**INPUT_TERMINAL** が設定されます．
- **bTerminalID**：ターミナル ID には 1 が設定されます．
- **wTerminalType**：ターミナルタイプには **USB ストリーミング**が設定されます．
- **bAssocTerminal**：このインプットターミナルに関連付けられているターミナルがないため 0x00 が設定されます．
- **bCSourceID**：このインプットターミナルに接続されているクロックエンティティの ID には 9 が設定されます．
- **bmControls**：実装されているコントロールがないため 0x00000000 が設定されます．
- **wClusterDescrID**：実装に応じて参照するクラスタディスクリプタの ID が設定されます．モノラルの場合には 0x0001，ステレオの場合には 0x0002 が設定されます．
- **wExTerminalDescrID**：拡張ターミナルディスクリプタは使用しないため 0x0000 が設定されます．
- **wConnectorsDescrID**：コネクタディスクリプタは使用しないため 0x0000 が設定されます．
- **wTerminalDescrStr**：ストリングディスクリプタは使用しないため 0x0000 が設定されます．

## (4) インプットターミナルディスクリプタ 4

表 4.5 に ID4 に対応するインプットターミナルディスクリプタの構造を示します．

表 4.5　インプットターミナルディスクリプタの構造（ID4）

| オフセット | フィールド | サイズ | 値 | 解説 |
|---|---|---|---|---|
| 0 | bLength | 1 | 0x14 | ディスクリプタの長さ |
| 1 | bDescriptorType | 1 | 0x24 | CS_INTERFACE |
| 2 | bDescriptorSubtype | 1 | 0x02 | INPUT_TERMINAL |
| 3 | bTerminalID | 1 | 0x04 | ターミナル ID |
| 4 | wTerminalType | 2 | var=IT4D1 | ターミナルタイプ |
| 6 | bAssocTerminal | 1 | var=IT4D2 | このインプットターミナルに関連付けられているターミナルの ID |
| 7 | bCSourceID | 1 | 0x09 | このインプットターミナルに接続されているクロックエンティティの ID |
| 8 | bmControls | 4 | var=IT4D3 | このインプットターミナルに実装されているコントロール |
| 12 | wClusterDescrID | 2 | var=IT4D4 | このインプットターミナルのクラスタディスクリプタの ID |
| 14 | wExTerminalDescrID | 2 | 0x0000 | 拡張ターミナルディスクリプタは使用しない |
| 16 | wConnectorsDescrID | 2 | var=IT4D5 | コネクタディスクリプタの ID |
| 18 | wTerminalDescrStr | 2 | 0x0000 | ストリングディスクリプタは使用しない |

- **bLength**：ディスクリプタの長さが設定されます．
- **bDescriptorType**：**CS_INTERFACE** ディスクリプタタイプが設定されます．
- **bDescriptorSubtype**：**INPUT_TERMINAL** が設定されます．
- **bTerminalID**：ターミナル ID には 4 が設定されます．
- **wTerminalType**：プロファイルに応じて該当するターミナルタイプが設定されます．
- **bAssocTerminal**：プロファイルに応じてこのインプットターミナルに関連付けられているターミナル ID が設定されます．
- **bCSourceID**：このインプットターミナルに接続されているクロックエンティティの ID には 9 が設定されます．
- **bmControls**：プロファイルに応じて該当するコントロールが設定されます．
- **wClusterDescrID**：実装に応じて参照するクラスタディスクリプタの ID が設定されます．モノラルの場合には 0x0001，ステレオの場合には 0x0002 が設定されます．
- **wExTerminalDescrID**：拡張ターミナルディスクリプタは使用しないため 0x0000 が設定されます．
- **wConnectorsDescrID**：プロファイルに応じてコネクタディスクリプタの ID が設定されます．

4.4 ディスクリプタ

- **wTerminalDescrStr**：ストリングディスクリプタは使用しないため 0x0000 が設定されます．

(5) アウトプットターミナルディスクリプタ 3

表 4.6 に ID3 に対応するアウトプットターミナルディスクリプタの構造を示します．

表 4.6　アウトプットターミナルディスクリプタの構造（ID3）

| オフセット | フィールド | サイズ | 値の種類 | 解説 |
|---|---|---|---|---|
| 0 | bLength | 1 | 0x13 | ディスクリプタの長さ |
| 1 | bDescriptorType | 1 | 0x24 | CS_INTERFACE |
| 2 | bDescriptorSubtype | 1 | 0x03 | OUTPUT_TERMINAL |
| 3 | bTerminalID | 1 | 0x03 | ターミナル ID |
| 4 | wTerminalType | 2 | var=OT3D1 | ターミナルタイプ |
| 6 | bAssocTerminal | 1 | var=OT3D2 | このインプットターミナルに関連付けられているターミナルの ID |
| 7 | bSourceID | 1 | 0x02 | このアウトプットターミナルに接続されているユニット ID |
| 8 | bCSourceID | 1 | 0x09 | このインプットターミナルに接続されているクロックエンティティの ID |
| 9 | bmControls | 4 | var=OT3D3 | このインプットターミナルに実装されているコントロール |
| 13 | wExTerminalDescrID | 2 | 0x0000 | 拡張ターミナルディスクリプタは使用しない |
| 15 | wConnectorsDescrID | 2 | var=OT3D4 | コネクタディスクリプタの ID |
| 17 | wTerminalDescrStr | 2 | 0x0000 | ストリングディスクリプタは使用しない |

- **bLength**：ディスクリプタの長さが設定されます．
- **bDescriptorType**：**CS_INTERFACE** ディスクリプタタイプが設定されます．
- **bDescriptorSubtype**：**INPUT_TERMINAL** が設定されます．
- **bTerminalID**：ターミナル ID には 3 が設定されます．
- **wTerminalType**：プロファイルに応じて該当するターミナルタイプが設定されます．
- **bAssocTerminal**：プロファイルに応じてこのインプットターミナルに関連付けられているターミナル ID が設定されます．
- **bSourceID**：このインプットターミナルに接続されているフィーチャーユニットの ID には 2 が設定されます．
- **bCSourceID**：このインプットターミナルに接続されているクロックエンティティの ID には 9 が設定されます．
- **bmControls**：プロファイルに応じて該当するコントロールが設定されます．
- **wExTerminalDescrID**：拡張ターミナルディスクリプタは使用しないため 0x0000 が設定されます．

- **wConnectorsDescrID**：プロファイルに応じてコネクタディスクリプタの ID が設定されます．
- **wTerminalDescrStr**：ストリングディスクリプタは使用しないため 0x00 が設定されます．

### (6) アウトプットターミナルディスクリプタ 6

表 4.7 に ID6 に対応するアウトプットターミナルディスクリプタの構造を示します．

表 4.7 アウトプットターミナルディスクリプタの構造（ID6）

| オフセット | フィールド | サイズ | 値の種類 | 解説 |
| --- | --- | --- | --- | --- |
| 0 | bLength | 1 | 0x13 | ディスクリプタの長さ |
| 1 | bDescriptorType | 1 | 0x24 | CS_INTERFACE |
| 2 | bDescriptorSubtype | 1 | 0x03 | OUTPUT_TERMINAL |
| 3 | bTerminalID | 1 | 0x06 | ターミナル ID |
| 4 | wTerminalType | 2 | 0x0101 | USB ストリーミング |
| 6 | bAssocTerminal | 1 | 0x00 | このインプットターミナルに関連付けられているターミナルはない |
| 7 | bSourceID | 1 | 0x05 | このアウトプットターミナルに接続されているユニット ID |
| 8 | bCSourceID | 1 | 0x09 | このインプットターミナルに接続されているクロックエンティティの ID |
| 9 | bmControls | 4 | 0x00000000 | このインプットターミナルに実装されているコントロールはない |
| 13 | wExTerminalDescrID | 2 | 0x0000 | 拡張ターミナルディスクリプタは使用しない |
| 15 | wConnectorsDescrID | 2 | 0x0000 | コネクタディスクリプタは使用しない |
| 17 | wTerminalDescrStr | 2 | 0x0000 | ストリングディスクリプタは使用しない |

- **bLength**：ディスクリプタの長さが設定されます．
- **bDescriptorType**：**CS_INTERFACE** ディスクリプタタイプが設定されます．
- **bDescriptorSubtype**：**INPUT_TERMINAL** が設定されます．
- **bTerminalID**：ターミナル ID には 6 が設定されます．
- **wTerminalType**：ターミナルタイプには **USB ストリーミング**が設定されます．
- **bAssocTerminal**：このインプットターミナルに関連付けられているターミナルがないため 0x00 が設定されます．
- **bSourceID**：このインプットターミナルに接続されているフィーチャーユニットの ID には 5 が設定されます．
- **bCSourceID**：このインプットターミナルに接続されているクロックエンティティの ID には 9 が設定されます．

- **bmControls**：実装されているコントロールがないため 0x00000000 が設定されます．
- **wExTerminalDescrID**：拡張ターミナルディスクリプタは使用しないため 0x0000 が設定されます．
- **wConnectorsDescrID**：コネクタディスクリプタは使用しないため 0x0000 が設定されます．
- **wTerminalDescrStr**：ストリングディスクリプタは使用しないため 0x0000 が設定されます．

〔7〕 コネクタディスクリプタ

BADD デバイスがヘッドセットアダプタプロファイルの場合は挿抜検出機能をサポートするために，挿抜検出コントロールの実装を表すコネクタディスクリプタが使用されます．コネクタディスクリプタが使用されるケースはヘッドセットアダプタプロファイルに限られるため，IT4 はモノラル（マイク），OT3 はステレオ（ヘッドフォン）のディスクリプタのみ定義されています．

(1) コネクタディスクリプタ（インプットターミナル）

表 4.8 にインプットターミナル ID4 に対応するコネクタディスクリプタの構造を示します．

表 4.8　コネクタディスクリプタの構造（ID4 に対応）

| オフセット | フィールド | サイズ | 値 | 解説 |
|---|---|---|---|---|
| 0 | wLength | 2 | 0x0012 | ディスクリプタの長さ |
| 2 | bDescriptorType | 1 | 0x24 | CS_INTERFACE |
| 3 | bDescriptorSubtype | 1 | 0x0F | CONNECTORS |
| 4 | wDescriptorID | 2 | 0x0003 | ディスクリプタ ID |
| 6 | bNrConnectors | 1 | 0x01 | コネクタの数は 1 |
| 7 | baConID (1) | 1 | 0x01 | コネクタの ID |
| 8 | waClusterDescrID (1) | 2 | 0x0001 | クラスタ ID（モノラルクラスタ） |
| 10 | baConType (1) | 1 | 0x02 | 3.5 mm コネクタ |
| 11 | bmaConAttributes (1) | 1 | 0x06 | 挿抜検出付きのメス |
| 12 | waConDescrStr (1) | 2 | 0x0000 | クラススペシフィックストリングディスクリプタは使用しない |
| 14 | daConColor (1) | 4 | 0x01000000 | コネクタの色は指定しない |

- **wLength**：ディスクリプタの長さが設定されます．コネクタディスクリプタはハイケイパビリティディスクリプタを使用するため 2 バイトで設定されます．
- **bDescriptorType**：CS_INTERFACE ディスクリプタタイプが設定されます．

- **bDescriptorSubtype**：**CONNECTORS** が設定されます．
- **wDescriptorID**：ディスクリプタ ID が設定されます．
- **bNrConnectors**：コネクタの数が設定されます．
- **baConID**：コネクタの ID が設定されます．
- **waClusterDescrID**：モノラルクラスタを設定します．後述のモノラルクラスタディスクリプタの 0x0001 が設定されます．
- **baConType**：コネクタのタイプを示す値を設定します．3.5 mm のコネクタが想定されており，0x02 が設定されます．
- **bmaConAttributes**：コネクタの属性を以下に示す値を使用して設定します．挿抜検出に対応している（D2）メス（D1～0）のコネクタである 0x06 が設定されます．
- **waConDescrStr**：ストリングは使用しないため 0x0000 が設定されます．
- **daConColor**：コネクタの色は 0x01000000 が設定されます．

(2) コネクタディスクリプタ（アウトプットターミナル）

表 4.9 にアウトプットターミナル ID3 に対応するコネクタディスクリプタの構造を示します．

表 4.9 コネクタディスクリプタの構造（ID3 に対応）

| オフセット | フィールド | サイズ | 値 | 解説 |
|---|---|---|---|---|
| 0 | wLength | 2 | 0x0012 | ディスクリプタの長さ |
| 2 | bDescriptorType | 1 | 0x24 | CS_INTERFACE |
| 3 | bDescriptorSubtype | 1 | 0x0F | CONNECTORS |
| 4 | wDescriptorID | 2 | 0x0004 | ディスクリプタ ID |
| 6 | bNrConnectors | 1 | 0x01 | コネクタの数は 1 |
| 7 | baConID (1) | 1 | 0x01 | コネクタの ID |
| 8 | waClusterDescrID (1) | 2 | 0x0002 | クラスタ ID（ステレオクラスタ） |
| 10 | baConType (1) | 1 | 0x02 | 3.5 mm コネクタ |
| 11 | bmaConAttributes (1) | 1 | 0x06 | 挿抜検出付きのメス |
| 12 | waConDescrStr (1) | 2 | 0x0000 | クラススペシフィックストリングディスクリプタは使用しない |
| 14 | daConColor (1) | 4 | 0x01000000 | コネクタの色は指定しない |

- **wLength**：ディスクリプタの長さが設定されます．コネクタディスクリプタはハイケイパビリティディスクリプタを使用するため 2 バイトで設定されます．
- **bDescriptorType**：**CS_INTERFACE** ディスクリプタタイプが設定されます．
- **bDescriptorSubtype**：**CONNECTORS** が設定されます．
- **wDescriptorID**：ディスクリプタ ID が設定されます．

- **bNrConnectors**：コネクタの数が設定されます．
- **baConID**：コネクタの ID が設定されます．
- **waClusterDescrID**：ステレオクラスタを設定します．後述のステレオクラスタディスクリプタの 0x0002 が設定されます．
- **baConType**：コネクタのタイプを示す値を設定します．3.5 mm のコネクタが想定されており，0x02 が設定されます．
- **bmaConAttributes**：コネクタの属性を以下に示す値を使用して設定します．挿抜検出に対応している（D2）メス（D1 ～ 0）のコネクタである 0x06 が設定されます．
- **waConDescrStr**：ストリングディスクリプタは使用しないため 0x0000 が設定されます．
- **daConColor**：コネクタの色は 0x01000000 が設定されます．

## (8) ミキサユニットディスクリプタ

表 4.10 に ID8 に対応するミキサユニットディスクリプタの構造を示します．

**表 4.10 ミキサユニットディスクリプタの構造**

| オフセット | フィールド | サイズ | 値 | 解説 |
|---|---|---|---|---|
| 0 | bLength | 1 | 0x10 | ディスクリプタの長さ |
| 1 | bDescriptorType | 1 | 0x24 | CS_INTERFACE |
| 2 | bDescriptorSubtype | 1 | 0x05 | MIXER_UNIT |
| 3 | bUnitID | 1 | 0x08 | ユニット ID |
| 4 | bNrInPins | 1 | 0x02 | 入力の数 |
| 5 | baSourceID（1） | 1 | 0x01 | 最初の入力に接続されるターミナル ID |
| 6 | baSourceID（2） | 1 | 0x07 | 最後の入力に接続されるユニット ID |
| 7 | wClusterDescrID | 2 | var=MUD1 | モノラルまたはステレオのクラスタディスクリプタ ID |
| 9 | bmMixerControls | 1 | 0x00 | プログラム可能なコントロールはない |
| 10 | bmControls | 4 | 0x00000000 | 実装されているコントロールはない |
| 14 | wMixerDescrStr | 2 | 0x0000 | クラススペシフィックストリングディスクリプタは使用しない |

- **bLength**：ディスクリプタの長さが設定されます．
- **bDescriptorType**：**CS_INTERFACE** ディスクリプタタイプが設定されます．
- **bDescriptorSubtype**：**MIXER_UNIT** が設定されます．
- **bUnitID**：ユニット ID には 8 が設定されます．
- **bNrInPins**：ミキサユニットの入力ピンは 2 が設定されます．

- **baSourceID**：最初の入力（1）にはターミナル ID1 が設定されます．最後の入力（2）にはターミナル ID7 が設定されます．
- **wClusterDescrID**：実装に応じて参照するクラスタディスクリプタの ID が設定されます．モノラルの場合には 0x0001，ステレオの場合には 0x0002 が設定されます．
- **bmMixerControls**：プログラム可能なコントロールはないため 0x00 が設定されます．
- **bmControls**：実装されているコントロールはないため 0x00 が設定されます．
- **wMixerDescrStr**：ストリングディスクリプタは使用しないため 0x0000 が設定されます．

## (9) フィーチャーユニットディスクリプタ 2

表 4.11 にモノラルの場合の ID2 に対応するフィーチャーユニットディスクリプタの構造を，表 4.12 にステレオの場合の ID2 に対応するフィーチャーユニットディスクリプタの構造を示します．

表 4.11 フィーチャーユニットディスクリプタの構造（ID2，モノラル）

| オフセット | フィールド | サイズ | 値 | 解説 |
|---|---|---|---|---|
| 0 | bLength | 1 | 0x0F | ディスクリプタの長さ |
| 1 | bDescriptorType | 1 | 0x24 | CS_INTERFACE |
| 2 | bDescriptorSubtype | 1 | 0x06 | FEATURE_UNIT |
| 3 | bUnitID | 1 | 0x02 | ユニット ID |
| 4 | bSourceID | 1 | var=FU2D1 | 入力に接続されるユニット ID またはターミナル ID |
| 5 | bmaControls（0） | 4 | 0x00000003 | ミュートコントロールをマスタチャネルに対して持つ |
| 9 | bmaControls（1） | 4 | 0x0000000C | ボリュームコントロールをチャネル 1 に対して持つ |
| 13 | wFeatureDescrStr | 2 | 0x0000 | クラススペシフィックストリングディスクリプタは使用しない |

表 4.12 フィーチャーユニットディスクリプタの構造（ID2，ステレオ）

| オフセット | フィールド | サイズ | 値 | 解説 |
|---|---|---|---|---|
| 0 | bLength | 1 | 0x13 | ディスクリプタの長さ |
| 1 | bDescriptorType | 1 | 0x24 | CS_INTERFACE |
| 2 | bDescriptorSubtype | 1 | 0x06 | FEATURE_UNIT |
| 3 | bUnitID | 1 | 0x02 | ユニット ID |
| 4 | bSourceID | 1 | var=FU2D1 | 入力に接続されるユニット ID またはターミナル ID |
| 5 | bmaControls（0） | 4 | 0x00000003 | ミュートコントロールをマスタチャネルに対して持つ |

| オフセット | フィールド | サイズ | 値 | 解説 |
|---|---|---|---|---|
| 9 | bmaControls（1） | 4 | 0x0000000C | ボリュームコントロールをチャネル1に対して持つ |
| 13 | bmaControls（2） | 4 | 0x0000000C | ボリュームコントロールをチャネル2に対して持つ |
| 17 | wFeatureDescrStr | 2 | 0x0000 | クラススペシフィックストリングディスクリプタは使用しない |

- **bLength**：ディスクリプタの長さが設定されます．
- **bDescriptorType**：**CS_INTERFACE** ディスクリプタタイプが設定されます．
- **bDescriptorSubtype**：**MIXER_UNIT** が設定されます．
- **bUnitID**：ユニット ID には 2 が設定されます．
- **bSourceID**：プロファイルに応じて入力ピンに接続されるユニット ID またはターミナル ID が設定されます．
- **bmaControls**：マスタチャネルにはミュートコントロールが設定されます．チャネル 1 および 2 にはボリュームコントロールが設定されます．
- **wFeatureDescrStr**：ストリングディスクリプタは使用しないため 0x0000 が設定されます．

〔10〕 フィーチャーユニットディスクリプタ 5

表 4.13 にモノラルの場合の ID 5 に対応するフィーチャーユニットディスクリプタの構造を，表 4.14 にステレオの場合の ID 5 に対応するフィーチャーユニットディスクリプタの構造を示します．

表 4.13 フィーチャーユニットディスクリプタの構造（ID 5，モノラル）

| オフセット | フィールド | サイズ | 値 | 解説 |
|---|---|---|---|---|
| 0 | bLength | 1 | 0x0F | ディスクリプタの長さ |
| 1 | bDescriptorType | 1 | 0x24 | CS_INTERFACE |
| 2 | bDescriptorSubtype | 1 | 0x06 | FEATURE_UNIT |
| 3 | bUnitID | 1 | 0x05 | ユニット ID |
| 4 | bSourceID | 1 | 0x04 | 入力に接続されるターミナル ID |
| 5 | bmaControls（0） | 4 | 0x00000003 | ミュートコントロールをマスタチャネルに対して持つ |
| 9 | bmaControls（1） | 4 | 0x0000000C | ボリュームコントロールをチャネル1に対して持つ |
| 13 | wFeatureDescrStr | 2 | 0x0000 | クラススペシフィックストリングディスクリプタは使用しない |

表 4.14 フィーチャーユニットディスクリプタの構造（ID 5, ステレオ）

| オフセット | フィールド | サイズ | 値 | 解説 |
|---|---|---|---|---|
| 0 | bLength | 1 | 0x13 | ディスクリプタの長さ |
| 1 | bDescriptorType | 1 | 0x24 | CS_INTERFACE |
| 2 | bDescriptorSubtype | 1 | 0x06 | FEATURE_UNIT |
| 3 | bUnitID | 1 | 0x05 | ユニット ID |
| 4 | bSourceID | 1 | 0x04 | 入力に接続されるターミナル ID |
| 5 | bmaControls（0） | 4 | 0x00000003 | ミュートコントロールをマスタチャネルに対して持つ |
| 9 | bmaControls（1） | 4 | 0x0000000C | ボリュームコントロールをチャネル 1 に対して持つ |
| 13 | bmaControls（2） | 4 | 0x0000000C | ボリュームコントロールをチャネル 2 に対して持つ |
| 17 | wFeatureDescrStr | 2 | 0x0000 | クラススペシフィックストリングディスクリプタは使用しない |

- **bLength**：ディスクリプタの長さが設定されます．
- **bDescriptorType**：**CS_INTERFACE** ディスクリプタタイプが設定されます．
- **bDescriptorSubtype**：**MIXER_UNIT** が設定されます．
- **bUnitID**：ユニット ID には 5 が設定されます．
- **bSourceID**：入力ピンに接続されるターミナル ID には 4 が設定されます．
- **bmaControls**：マスタチャネルにはミュートコントロールが設定されます．
チャネル 1 および 2 にはボリュームコントロールが設定されます．
- **wFeatureDescrStr**：ストリングディスクリプタは使用しないため 0x0000 が設定されます．

〔11〕 フィーチャーユニットディスクリプタ 7

フィーチャーユニット ID 7 はモノラルのみ定義されています．表 4.15 に ID 7 に対応するフィーチャーユニットディスクリプタの構造を示します．

表 4.15 フィーチャーユニットディスクリプタの構造（ID 7）

| オフセット | フィールド | サイズ | 値 | 解説 |
|---|---|---|---|---|
| 0 | bLength | 1 | 0x0F | ディスクリプタの長さ |
| 1 | bDescriptorType | 1 | 0x24 | CS_INTERFACE |
| 2 | bDescriptorSubtype | 1 | 0x06 | FEATURE_UNIT |
| 3 | bUnitID | 1 | 0x07 | ユニット ID |
| 4 | bSourceID | 1 | 0x04 | 入力に接続されるターミナル ID |
| 5 | bmaControls（0） | 4 | 0x00000003 | ミュートコントロールをマスタチャネルに対して持つ |

| オフセット | フィールド | サイズ | 値 | 解説 |
|---|---|---|---|---|
| 9 | bmaControls（1） | 4 | 0x0000000C | ボリュームコントロールをチャネル1に対して持つ |
| 13 | wFeatureDescrStr | 2 | 0x0000 | クラススペシフィックストリングディスクリプタは使用しない |

- **bLength**：ディスクリプタの長さが設定されます．
- **bDescriptorType**：**CS_INTERFACE** ディスクリプタタイプが設定されます．
- **bDescriptorSubtype**：**MIXER_UNIT** が設定されます．
- **bUnitID**：ユニット ID には 7 が設定されます．
- **bSourceID**：入力ピンに接続されるターミナル ID には 4 が設定されます．
- **bmaControls**：マスタチャネルにはミュートコントロールが設定されます．
  チャネル 1 にはボリュームコントロールが設定されます．
- **wFeatureDescrStr**：ストリングディスクリプタは使用しないため 0x0000 が設定されます．

〔12〕 クロックソースディスクリプタ

表 4.16 にクロックソースディスクリプタの構造を示します．

表 4.16 クロックソースディスクリプタの構造

| オフセット | フィールド | サイズ | 値 | 解説 |
|---|---|---|---|---|
| 0 | bLength | 1 | 0x0C | ディスクリプタの長さ |
| 1 | bDescriptorType | 1 | 0x24 | CS_INTERFACE |
| 2 | bDescriptorSubtype | 1 | 0x0B | CLOCK_SOURCE |
| 3 | bClockID | 1 | 0x09 | クロックソースエンティティの ID |
| 4 | bmAttributes | 1 | 実装に依存 | クロックのタイプについて同期方式に応じて設定 |
| 5 | bmControls | 4 | 0x00000001 | 実装されているコントロールについて設定 |
| 9 | bReferenceTerminal | 1 | 0x00 | クロックソースのクロック源は特定のターミナルから供給されるものではない |
| 10 | wClockSourceStr | 2 | 0x0000 | クラススペシフィックストリングディスクリプタは使用しない |

- **bLength**：ディスクリプタの長さが設定されます．
- **bDescriptorType**：**CS_INTERFACE** ディスクリプタタイプが設定されます．
- **bDescriptorSubtype**：**CLOCK_SOURCE** が設定されます．
- **bClockID**：クロックソースエンティティ ID に 9 が設定されます．
- **bmAttributes**：クロックのタイプについて設定されます．

実装されている同期方式に応じて以下に示すビットマップにしたがってが設定されます．

| ビットの位置 | 論理チャネルの配置 |
|---|---|
| D0 | 1：内部クロック |
| D1 | 0：アシンクロナス同期 |
|  | 1：シンクロナス同期 |
| D7～4 | 予約済み（0を設定） |

- **bmControls**：クロックエンティティに実装されているコントロールについて設定されます．
  読み取り専用のクロック周波数コントロールのみ実装されています．BADDではサンプリング周波数は48 kHz固定です．
- **bReferenceTerminal**：クロックソースのクロック源は特定のターミナルから供給されるものではないため0x00が設定されます．
- **wClockSourceStr**：ストリングディスクリプタは使用しないため0x0000が設定されます．

(13) パワードメインディスクリプタ10

表4.17にID10に対応するパワードメインディスクリプタの構造を示します．

表4.17 パワードメインディスクリプタの構造（ID10）

| オフセット | フィールド | サイズ | 値 | 解説 |
|---|---|---|---|---|
| 0 | bLength | 1 | 0x0D | ディスクリプタの長さ |
| 1 | bDescriptorType | 1 | 0x24 | CS_INTERFACE |
| 2 | bDescriptorSubtype | 1 | 0x10 | POWER_DOMAIN |
| 3 | bPowerDomainID | 1 | 0x0A | パワードメインのID |
| 4 | waRecoveryTime（1） | 2 | 0x0258 | D1からD0の状態へ移行するのにかかる時間（30 msec） |
| 6 | waRecoveryTime（2） | 2 | 0x1770 | D2からD0の状態へ移行するのにかかる時間（300 msec） |
| 8 | bNrEntities | 1 | 0x02 | このパワードメインに属するメンバーの数 |
| 9 | baEntityID（1） | 1 | 0x01 | このパワードメインに属するメンバー（インプットターミナル1） |
| 10 | baEntityID（2） | 1 | 0x03 | このパワードメインに属するメンバー（アウトプットターミナル3） |
| 11 | wPDomainDescrStr | 2 | 0x0000 | クラススペシフィックストリングディスクリプタは使用しない |

- **bLength**：ディスクリプタの長さが設定されます．
- **bDescriptorType**：**CS_INTERFACE** ディスクリプタタイプが設定されます．
- **bDescriptorSubtype**：**POWER_DOMAIN** が設定されます．

- **bPowerDomainID**：パワードメイン ID に 10 が設定されます．
- **waRecoveryTime（1）**：D1 から D0 の状態へ移行するのにかかる時間（30msec）
- **waRecoveryTime（2）**：D2 から D0 の状態へ移行するのにかかる時間（300msec）
- **bNrEntities**：パワードメインに属するメンバーの数は 2 が設定されます．
- **baEntityID**：このパワードメインに属するメンバーとしてインプットターミナル 1 とアウトプットターミナル 3 が設定されます．
- **wPDomainDescrStr**：ストリングディスクリプタは使用しないため 0x0000 が設定されます．

〔14〕 パワードメインディスクリプタ 11

表 4.18 に ID 11 に対応するパワードメインディスクリプタの構造を示します．

表 4.18 パワードメインディスクリプタの構造（ID 11）

| オフセット | フィールド | サイズ | 値 | 解説 |
| --- | --- | --- | --- | --- |
| 0 | bLength | 1 | 0x0D | ディスクリプタの長さ |
| 1 | bDescriptorType | 1 | 0x24 | CS_INTERFACE |
| 2 | bDescriptorSubtype | 1 | 0x10 | POWER_DOMAIN |
| 3 | bPowerDomainID | 1 | 0x0B | パワードメインの ID |
| 4 | waRecoveryTime（1） | 2 | 0x0258 | D1 から D0 の状態へ移行するのにかかる時間（30msec） |
| 6 | waRecoveryTime（2） | 2 | 0x1770 | D2 から D0 の状態へ移行するのにかかる時間（300msec） |
| 8 | bNrEntities | 1 | 0x02 | このパワードメインに属するメンバーの数 |
| 9 | baEntityID（1） | 1 | 0x04 | このパワードメインに属するメンバー（インプットターミナル 4） |
| 10 | baEntityID（2） | 1 | 0x06 | このパワードメインに属するメンバー（アウトプットターミナル 6） |
| 11 | wPDomainDescrStr | 2 | 0x0000 | クラススペシフィックストリングディスクリプタは使用しない |

- **bLength**：ディスクリプタの長さが設定されます．
- **bDescriptorType**：**CS_INTERFACE** ディスクリプタタイプが設定されます．
- **bDescriptorSubtype**：**POWER_DOMAIN** が設定されます．
- **bPowerDomainID**：パワードメイン ID に 11 が設定されます．
- **waRecoveryTime（1）**：D1 から D0 の状態へ移行するのにかかる時間（30msec）
- **waRecoveryTime（2）**：D2 から D0 の状態へ移行するのにかかる時間（300msec）
- **bNrEntities**：パワードメインに属するメンバーの数は 2 が設定されます．
- **baEntityID**：このパワードメインに属するメンバーとしてインプットターミナル 4 とアウトプットターミナル 6 が設定されます．

- **wPDomainDescrStr**：ストリングディスクリプタは使用しないため 0x0000 が設定されます．

### 4.4.3　オーディオコントロールエンドポイントディスクリプタ

オーディオの制御はエンドポイント 0 のコントロールパイプを通して行われます．このため，オーディオコントロールエンドポイントディスクリプタは定義されていません．ヘッドセットのプロファイルの場合にのみ挿抜検出のためのスタンダード AC インタラプトエンドポイントディスクリプタが使用されます．

#### 〔1〕　スタンダード AC インタラプトエンドポイントディスクリプタ

表 4.19 にスタンダード AC インタラプトエンドポイントディスクリプタの構造を示します．

表 4.19　スタンダード AC インタラプトエンドポイントディスクリプタの構造

| オフセット | フィールド | サイズ | 値 | 解説 |
|---|---|---|---|---|
| 0 | bLength | 1 | 0x07 | ディスクリプタの長さ |
| 1 | bDescriptorType | 1 | 0x05 | ENDPOINT |
| 2 | bEndpointAddress | 1 | 実装に依存 | エンドポイントのアドレス |
| 3 | bmAttributes | 1 | 0x03 | 転送タイプ（0x03） |
| 4 | wMaxPacketSize | 2 | 0x06 | 最大パケットサイズ |
| 6 | bInterval | 2 | 実装に依存 | ポーリング周期（2 のべき乗） |

- **bLength**：ディスクリプタの長さが設定されます．
- **bDescriptorType**：ENDPOINT ディスクリプタタイプが設定されます．
- **bEndpointAddress**：エンドポイントのアドレスが設定されます．
- **bmAttributes**：転送タイプとして割り込みを表す 0x03 が設定されます．
- **wMaxPacketSize**：最大パケットサイズとして 6 が設定されます．
- **bInterval**：サービスインターバル（仮想フレーム）を表す係数で，フレームまたはマイクロフレームに対するポーリング周期を $2^{(bInterval-1)}$ で表します．

### 4.4.4　オーディオストリーミングインターフェースディスクリプタ

BADD においてもオーディオストリーミングのインターフェースに対してはスタンダードディスクリプタとクラススペシフィックディスクリプタの両方が定義されています．

#### 〔1〕　ゼロ帯域幅オルタネイトセッティング

ゼロ帯域幅オルタネイトセッティングはデフォルトのオルタネイティブセッティングです．オーディオストリーミングインターフェースが未使用の状態にこのオルタネイトセッ

## 4.4 ディスクリプタ

ティングになります．オーディオデータの転送は行わないため，インターフェースディスクリプタのみ定義されています．

**(1) スタンダード AS インターフェースディスクリプタ**

表 4.20 にゼロ帯域幅オルタネイトセッティングに対するスタンダード AS インターフェースディスクリプタの構造を示します．

表 4.20 スタンダード AS インターフェースディスクリプタの構造（ゼロ帯域幅）

| オフセット | フィールド | サイズ | 値の種類 | 解説 |
|---|---|---|---|---|
| 0 | bLength | 1 | 0x09 | ディスクリプタの長さ |
| 1 | bDescriptorType | 1 | 0x04 | INTERFACE |
| 2 | bInterfaceNumber | 1 | 実装に依存 | このインターフェースの番号 |
| 3 | bAlternateSetting | 1 | 0x00 | オルタネイトセッティング 0 |
| 4 | bNumEndpoints | 1 | 0x00 | 使用するエンドポイントの数は 0 |
| 5 | bInterfaceClass | 1 | 0x01 | AUDIO |
| 6 | bInterfaceSubClass | 1 | 0x02 | AUDIO_STREAMING |
| 7 | bInterfaceProtocol | 1 | 0x30 | IP_VERSION_03_00（ADC3.0） |
| 8 | iInterface | 1 | インデックス | このインターフェースを表す文字列を持つスタンダードストリングディスクリプタのインデックス番号 |

- **bLength**：ディスクリプタの長さが設定されます．
- **bDescriptorType**：INTERFACE ディスクリプタタイプが設定されます．
- **bInterfaceNumber**：このインターフェースの番号が設定されます．
- **bAlternateSetting**：オルタネイトセッティング番号として 0 が設定されます．
- **bNumEndpoints**：使用するエンドポイントの数は 0 が設定されます．
- **bInterfaceClass**：このインターフェースのクラスを設定します．AUDIO（0x01）が設定されます．
- **bInterfaceSubClass**：AUDIO_STREAMING サブクラスが設定されます．
- **bInterfaceProtocol**：IP_VERSION_03_00（0x30）が設定されます．
- **iInterface**：このインターフェースを表す文字列を持つスタンダードストリングディスクリプタのインデックス番号が設定されます．ストリングディスクリプタは使用しない場合には 0x0000 が設定されます．

**(2) オペレーショナルオルタネイトセッティング**

オーディオストリーミングインターフェースが使用中にいずれかのオペレーショナルオルタネイトセッティングを取ります．

## (1) スタンダード AS インターフェースディスクリプタ

表 4.21 にオペレーショナルオルタネイトセッティングに対するスタンダード AS インターフェースディスクリプタの構造を示します．

表 4.21 スタンダード AS インターフェースディスクリプタの構造（オペレーショナル）

| オフセット | フィールド | サイズ | 値の種類 | 解説 |
|---|---|---|---|---|
| 0 | bLength | 1 | 0x09 | ディスクリプタの長さ |
| 1 | bDescriptorType | 1 | 0x04 | INTERFACE |
| 2 | bInterfaceNumber | 1 | 実装に依存 | このインターフェースの番号 |
| 3 | bAlternateSetting | 1 | 実装に依存 | このオルタネイトセッティング番号 |
| 4 | bNumEndpoints | 1 | 0x01 | アイソクロナスデータエンドポイントだけを使用する場合 |
| 4 | bNumEndpoints | 1 | 0x02 | アイソクロナスデータエンドポイントとフィードバックエンドポイントを使用する場合 |
| 5 | bInterfaceClass | 1 | 0x01 | AUDIO |
| 6 | bInterfaceSubClass | 1 | 0x02 | AUDIO_STREAMING |
| 7 | bInterfaceProtocol | 1 | 0x30 | IP_VERSION_03_00（ADC3.0） |
| 8 | iInterface | 1 | インデックス | このインターフェースを表す文字列を持つスタンダードストリングディスクリプタのインデックス番号 |

- **bLength**：ディスクリプタの長さが設定されます．
- **bDescriptorType**：**INTERFACE** ディスクリプタタイプが設定されます．
- **bInterfaceNumber**：このインターフェースの番号が設定されます．
- **bAlternateSetting**：このオルタネイトセッティング番号が設定されます．
- **bNumEndpoints**：アイソクロナスデータエンドポイントだけを使用する場合は 1 が設定されます．アイソクロナスデータエンドポイントとフィードバックエンドポイントを使用する場合は 2 が設定されます．
- **bInterfaceClass**：このインターフェースのクラスを設定します．**AUDIO（0x01）** を設定します．
- **bInterfaceSubClass**：このインターフェースのサブクラスが設定されます．**AUDIO_STREAMING** が設定されます．
- **bInterfaceProtocol**：**IP_VERSION_03_00（0x30）** が設定されます．
- **iInterface**：このインターフェースを表す文字列を持つスタンダードストリングディスクリプタのインデックス番号を設定します．ストリングディスクリプタは使用しない場合には 0x0000 を設定します．

## 4.4 ディスクリプタ

### （2）クラススペシフィック AS インターフェースディスクリプタ

表 4.22 にオペレーショナルオルタネイトセッティングに対するクラススペシフィック AS インターフェースディスクリプタの構造を示します．

**表 4.22 クラススペシフィック AS インターフェースディスクリプタの構造（オペレーショナル）**

| オフセット | フィールド | サイズ | 値 | 解説 |
|---|---|---|---|---|
| 0 | bLength | 1 | 0x17 | ディスクリプタの長さ |
| 1 | bDescriptorType | 1 | 0x24 | CS_INTERFACE |
| 2 | bDescriptorSubtype | 1 | 0x01 | AS_GENERAL |
| 3 | bTerminalLink | 1 | 0x01 | オーディオストリーミング OUT のインターフェースを表す場合 |
| | | | 0x06 | オーディオストリーミング IN のインターフェースを表す場合 |
| 4 | bmControls | 4 | 0x00000000 | 実装されているコントロールはない |
| 8 | wClusterDescrID | 2 | 0x0001 | モノラルの場合 |
| | | | 0x0002 | ステレオの場合 |
| 10 | bmFormats | 8 | 0x0000000000000001 | PCM オーディオフォーマット |
| 18 | bSubslotSize | 1 | 0x02 | 16 ビットの場合 |
| | | | 0x03 | 24 ビットの場合 |
| 19 | bBitResolution | 1 | 0x10 | 16 ビットの場合 |
| | | | 0x18 | 24 ビットの場合 |
| 20 | bmAuxProtocols | 2 | 0x0000 | 補助プロトコルは使用しない |
| 22 | bControlSize | 1 | 0x00 | コントロールチャネルは使用しない |

- **bLength**：ディスクリプタの長さが設定されます．
- **bDescriptorType**：CS_INTERFACE ディスクリプタタイプが設定されます．
- **bDescriptorSubtype**：AS_GENERAL ディスクリプタサブタイプが設定されます．
- **bTerminalLink**：このインターフェースが接続しているターミナル ID が設定されます．ディスクリプタがオーディオストリーミング OUT のインターフェースを表す場合には 0x01 が設定されます．ディスクリプタがオーディオストリーミング IN のインターフェースを表す場合には 0x06 が設定されます．
- **bmControls**：実装されているコントロールがないため 0x00000000 が設定されます．
- **wClusterDescrID**：モノラルの場合 0x0001，ステレオの場合 0x0002 が設定されます．
- **bmFormats**：PCM オーディオフォーマットを表す 0x0000000000000001 が設定されます．
- **bSubslotSize**：16 ビットの場合 0x02（1 サブスロット当たり 2 バイト），24 ビッ

トの場合 0x03（1 サブスロット当たり 3 バイト）が設定されます．
- **bBitResolution**：16 ビットの場合 0x10，24 ビットの場合 0x18 が設定されます．
- **bmAuxProtocols**：補助プロトコルは使用しないため 0x0000 が設定されます．
- **bControlSize**：コントロールチャネルは使用しないため 0x00 が設定されます．

(3) スタンダード AS アイソクロナスオーディオデータエンドポイントディスクリプタ

表 4.23 にオペレーショナルオルタネイトセッティングに対するスタンダード AS アイソクロナスオーディオデータエンドポイントディスクリプタの構造を示します．

表 4.23 スタンダード AS アイソクロナスオーディオデータエンドポイントディスクリプタ

| オフセット | フィールド | サイズ | 値 | 解説 |
|---|---|---|---|---|
| 0 | bLength | 1 | 0x07 | ディスクリプタの長さ |
| 1 | bDescriptorType | 1 | 0x05 | ENDPOINT |
| 2 | bEndpointAddress | 1 | 実装に依存 | エンドポイントアドレスを設定 |
| 3 | bmAttributes | 1 | 0x05 | アシンクロナス同期の場合 |
|   |   |   | 0x0D | アシンクロナス同期の場合 |
| 4 | wMaxPacketSize | 2 | プロファイルに依存 | 最大パケットサイズ |
| 6 | bInterval | 1 | 0x01 | フルスピードの場合 |
|   |   |   | 0x04 | ハイスピード以上の場合 |

- **bLength**：ディスクリプタの長さが設定されます．
- **bDescriptorType**：**ENDPOINT** ディスクリプタタイプが設定されます．
- **bEndpointAddress**：エンドポイントのアドレスが設定されます．転送方向を表す最上位ビットによってオーディオファンクションが BAOF であるか BAIF であるか（あるいはその両方）が判断されます．
- **wMaxPacketSize**：以下の表に示した値にしたがって最大パケットサイズを設定します．

| 設定 | wMaxPacketSize | |
|---|---|---|
|   | シンクロナス同期 | アシンクロナス同期 |
| モノラル，16 ビット | 0x0060 (96) | 0x0062 (98) |
| モノラル，24 ビット | 0x0090 (144) | 0x0093 (147) |
| ステレオ，16 ビット | 0x00C0 (192) | 0x00C4 (196) |
| ステレオ，24 ビット | 0x0120 (288) | 0x0126 (294) |

- **bInterval**：フルスピードの場合には 0x01，ハイスピード以上の場合には 0x04 を設定します．

## (4) クラススペシフィック AS アイソクロナスオーディオデータエンドポイントディスクリプタ

表 4.24 にクラススペシフィック AS アイソクロナスオーディオデータエンドポイントディスクリプタの構造を示します。

表 4.24 クラススペシフィック AS アイソクロナスオーディオデータエンドポイントディスクリプタの構造

| オフセット | フィールド | サイズ | 値 | 解説 |
|---|---|---|---|---|
| 0 | bLength | 1 | 0x0A | ディスクリプタの長さ |
| 1 | bDescriptorType | 1 | 0x25 | CS_ENDPOINT |
| 2 | bDescriptorSubtype | 1 | 0x01 | EP_GENERAL |
| 3 | bmControls | 4 | 0x00000000 | 実装されているコントロールはない |
| 7 | bLockDelayUnits | 1 | 0x00 | wLockDelay は使用しない |
| 8 | wLockDelay | 2 | 0x0000 | wLockDelay は使用しない |

- **bLength**：ディスクリプタの長さが設定されます．
- **bDescriptorType**：CS_ENDPOINT ディスクリプタタイプが設定されます．
- **bDescriptorSubType**：EP_GENERAL ディスクリプタサブタイプが設定されます．
- **bmControls**：実装されているコントロールがないため 0x00000000 が設定されます．
- **bLockDelayUnits**：wLockDelay は使用しないため 0x00 が設定されます．
- **wLockDelay**：wLockDelay は使用しないため 0x0000 が設定されます．

## (5) スタンダード AS アイソクロナスフィードバックエンドポイントディスクリプタ

スタンダード AS アイソクロナスフィードバックエンドポイントディスクリプタはオーディオストリーミング OUT のアシンクロナス同期方式のインターフェースにのみ使用されます．表 4.25 にスタンダード AS アイソクロナスフィードバックエンドポイントディスクリプタの構造を示します．

BADD 3.0 の規格書では Standard AS Explicit Feedback Endpoint Descriptor と記載されていますが，本書では ADC 本体の規格書の定義にしたがってスタンダード AS アイソクロナスフィードバックエンドポイントディスクリプタとしています．

表4.25 スタンダード AS アイソクロナスフィードバックエンドポイント
ディスクリプタの構造

| オフセット | フィールド | サイズ | 値 | 解説 |
|---|---|---|---|---|
| 0 | bLength | 1 | 0x07 | ディスクリプタの長さ |
| 1 | bDescriptorType | 1 | 0x05 | ENDPOINT |
| 2 | bEndpointAddress | 1 | 実装に依存 | エンドポイントアドレスを設定 |
| 3 | bmAttributes | 1 | 0x11 | エンドポイントの属性を設定 |
| 4 | wMaxPacketSize | 2 | 0x0003 | フルスピードの場合 |
| | | | 0x0004 | ハイスピードの場合 |
| | | | 0x0008 | GenX の場合 |
| 6 | bInterval | 1 | 実装に依存 | ポーリング周期（2のべき乗） |

- **bLength**：ディスクリプタの長さが設定されます．
- **bDescriptorType**：ENDPOINT ディスクリプタタイプが設定されます．
- **bEndpointAddress**：エンドポイントのアドレスを設定します．最上位ビットに1を設定し，下位4ビットにエンドポイント番号が設定されます．
- **bmAttributes**：アイソクロナス転送，フィードバックエンドポイントを表す 0x11 が設定されます．
- **wMaxPacketSize**：最大パケットサイズを設定します．フルスピードの場合 0x0003，ハイスピードの場合 0x0004，GenX の場合 0x0008 が設定されます．
- **bInterval**：サービスインターバル（仮想フレーム）を表す係数で，ポーリング周期を $2^{(bInterval-1)}$ で表します．

### 4.4.5 クラスタディスクリプタ

クラスタディスクリプタはモノラルとステレオが定義されています．**表4.26** にモノラルクラスタディスクリプタの構造を，**表4.27** にステレオクラスタディスクリプタの構造を示します．

表4.26 モノラルクラスタディスクリプタの構造

| | オフセット | フィールド | サイズ | 値 | 解説 |
|---|---|---|---|---|---|
| ヘッダ | 0 | wLength | 2 | 0x0010 | ディスクリプタの長さ |
| | 2 | bDescriptorType | 1 | 0x26 | CS_CLUSTER ディスクリプタタイプ |
| | 3 | bDescriptorSubtype | 1 | 0x00 | SUBTYPE_UNDEFINED ディスクリプタサブタイプ |
| | 4 | wDescriptorID | 2 | 0x0001 | クラスタディスクリプタの ID |
| | 6 | bNrChannels | 1 | 0x01 | モノラル（1チャネル）のクラスタ |

| | | オフセット | フィールド | サイズ | 値 | 解説 |
|---|---|---|---|---|---|---|
| チャネル1ブロック | 情報セグメント | 7 | wLength | 2 | 0x0006 | セグメントの長さ |
| | | 9 | bSegmentType | 1 | 0x20 | CHANNEL_INFORMATION セグメントタイプ |
| | | 10 | bChPurpose | 1 | 0x00 | Generic Audio |
| | | 11 | bChRelationship | 1 | 0x01 | モノラルチャネル |
| | | 12 | bChGroupID | 1 | 0x00 | チャネルのグループID |
| | エンドセグメント | 13 | wLength | 2 | 0x0003 | エンドセグメントの長さ |
| | | 15 | bSegmentType | 1 | 0xFF | END_SEGMENT セグメントタイプ |

表4.27 ステレオクラスタディスクリプタの構造

| | | オフセット | フィールド | サイズ | 値 | 解説 |
|---|---|---|---|---|---|---|
| ヘッダ | | 0 | wLength | 2 | 0x0019 | ディスクリプタの長さ |
| | | 2 | bDescriptorType | 1 | 0x26 | CS_CLUSTER ディスクリプタタイプ |
| | | 3 | bDescriptorSubtype | 1 | 0x00 | SUBTYPE_UNDEFINED ディスクリプタサブタイプ |
| | | 4 | wDescriptorID | 2 | 0x0002 | クラスタディスクリプタのID |
| | | 6 | bNrChannels | 1 | 0x02 | ステレオ（2チャネル）のクラスタ |
| チャネル1ブロック | 情報セグメント | 7 | wLength | 2 | 0x0006 | セグメントの長さ |
| | | 9 | bSegmentType | 1 | 0x20 | CHANNEL_INFORMATION セグメントタイプ |
| | | 10 | bChPurpose | 1 | 0x00 | Generic Audio. |
| | | 11 | bChRelationship | 1 | 0x02 | 左チャネル |
| | | 12 | bChGroupID | 1 | 0x00 | チャネルのグループID |
| | エンドセグメント | 13 | wLength | 2 | 0x0003 | エンドセグメントの長さ |
| | | 15 | bSegmentType | 1 | 0xFF | END_SEGMENT セグメントタイプ |
| チャネル2ブロック | 情報セグメント | 16 | wLength | 2 | 0x0006 | ディスクリプタの長さ |
| | | 18 | bSegmentType | 1 | 0x20 | CHANNEL_INFORMATION |
| | | 19 | bChPurpose | 1 | 0x00 | Generic Audio. |
| | | 20 | bChRelationship | 1 | 0x03 | 右チャネル |
| | | 21 | bChGroupID | 1 | 0x00 | チャネルのグループID |
| | エンドセグメント | 22 | wLength | 2 | 0x0003 | エンドセグメントの長さ |
| | | 24 | bSegmentType | 1 | 0xFF | END_SEGMENT セグメントタイプ |

## 4.4.6　ストリングディスクリプタ

BADD では**クラススペシフィックストリングディスクリプタの使用は禁止**されています．スタンダードディスクリプタなどに対するスタンダードストリングディスクリプタのみ使用可能です．

## 4.5　リクエスト

BADD ではスタンダードおよびクラススペシフィックリクエストをサポートする必要があります．

### 4.5.1　スタンダードリクエスト

BADD では最低限以下に示すスタンダードリクエストをサポートする必要があります．これらの詳細については **3.2.1** を参照してください．

- Clear Feature
- Get Configuration
- Get Descriptor
- Get Interface
- Get Status
- Set Address
- Set Configuration
- Set Feature
- Set Interface

### 4.5.2　クラススペシフィックリクエスト

BADD では以下のセクションに示すクラススペシフィックリクエストをサポートする必要があります．

#### (1)　ターミナルリクエスト

デバイスがヘッドセットアダプタの場合，˙インサーションコントロールに対するリクエストをサポートする必要があります．インサーションコントロールに対するリクエストの詳細については **3.2.2 (1) (2) (a)** を参照してください．

## (2) ミキサーユニットリクエスト

デバイスがミキサユニットを持つ場合，ミキサコントロールに対するリクエストをサポートする必要があります．ミキサコントロールに対するリクエストの詳細については **3.2.2 (1) (3) (a)** を参照してください．

## (3) フィーチャーユニットリクエスト

デバイスはミュートコントロールおよびボリュームコントロールに対するリクエストをサポートする必要があります．ミュートコントロールに対するリクエストの詳細については **3.2.2 (1) (5) (a)** を，ボリュームコントロールに対するリクエストの詳細については **3.2.2 (1) (5) (b)** を参照してください．

## (4) クロックソースリクエスト

BADD 3.0 ではサンプリング周波数 48 kHz のみのサポートですが，デバイスはサンプリング周波数コントロールに対するリクエストを必ずサポートする必要があります．サンプリング周波数コントロールに対するリクエストの詳細については **3.2.2 (1) (9) (a)** を参照してください．

## (5) パワードメインリクエスト

デバイスはパワードメインコントロールに対するリクエストをサポートする必要があります．パワードメインコントロール対するリクエストの詳細については **3.2.2 (1) (1) (i)** を参照してください．

# 4.6 BADD プロファイル

BADD 3.0 では以下のプロファイルが定義されています．

- Generic I/O
- Headphone
- Speaker
- Microphone
- Headset
- Headset Adapter
- Speakerphone

限定されたプロファイルに対して一定の自由度を確保するためにスタンダードディスクリプタの以下のフィールドが利用されます．

- **bEndpointAddress**：スタンダード AS アイソクロナスオーディオデータエンドポイントディスクリプタのオフセット 2 の **bEndpointAddress** の最上位ビットによって転送方向が表されます．このビットによってオーディオファンクションが BAOF であるか BAIF であるか（あるいはその両方）が判断されます．

- **wMaxPacketSize**：スタンダード AS アイソクロナスオーディオデータエンドポイントディスクリプタのオフセット 4 の **wMaxPacketSize** からチャネルおよびビット深度が判断されます．

| 設定 | wMaxPacketSize | |
|---|---|---|
| | シンクロナス同期 | アシンクロナス同期 |
| モノラル，16 ビット | 0x0060（96） | 0x0062（98） |
| モノラル，24 ビット | 0x0090（144） | 0x0093（147） |
| ステレオ，16 ビット | 0x00C0（192） | 0x00C4（196） |
| ステレオ，24 ビット | 0x0120（288） | 0x0126（294） |

BADD オーディオファンクションの内部的なトポロジは最も広いチャネルから判断されます．

### 4.6.1 ジェネリック I/O プロファイル

ジェネリック I/O プロファイルは他のいずれのプロファイルにも分類されないデバイスに対して使用されます．ジェネリック I/O プロファイルは BAOF または BAIF あるいはその両方に対して用いることができます．

ジェネリック I/O プロファイルでは以下の組合せが可能です．ここで **m** はモノラルを，**s** はステレオを表します．

- ジェネリック **Out**
    - » モノラル（m）
    - » ステレオ（s）
- ジェネリック **In**
    - » モノラル（m）
    - » ステレオ（s）
- ジェネリック **I/O**
    - » モノラル in + モノラル out（m/m）
    - » モノラル in + ステレオ out（m/s）
    - » ステレオ in + モノラル out（s/m）
    - » ステレオ in + ステレオ out（m/s）

表 **4.28** にジェネリック I/O プロファイルの構成を表します．

ディスクリプタが用意されない場合には × を，ディスクリプタが用意される場合には○を表し，var は **4.4 ディスクリプタ**の各表に対応する値を示します（以下同様）．

## 表4.28 ジェネリック I/O プロファイルの構成

| ディスクリプタ名（長さ） | フィールド | var | ジェネリック Out の設定 | ジェネリック In の設定 | ジェネリック I/O の設定 |
|---|---|---|---|---|---|
| インターフェースアソシエーション (8) | bInterfaceCount | IAD 1 | 0x02 | 0x02 | 0x03 |
| クラススペシフィックACインターフェース (10) | bCategory | ACID 1 | 0x08 | 0x08 | 0x08 |
| | wTotalLength | ACID 2 | 0x0059 (m) 0x005D (s) | 0x0059 (m) 0x005D (s) | 0x009C(m/m) 0x00A0 (m/s or s/m) 0x00A4 (s/s) |
| インプットターミナル ID1 (20) | wClusterDescrID | IT 1 D 1 | 0x0001 (m) 0x0002 (s) | × | 0x0001 (m) 0x0002 (s) |
| インプットターミナル ID4 (20) | wTerminalType | IT 4 D 1 | | 0x0200 | 0x0200 |
| | bAssocTerminal | IT 4 D 2 | | 0x00 | 0x00 |
| | bmControls | IT 4 D 3 | × | 0x00000000 | 0x00000000 |
| | wClusterDescrID | IT 4 D 4 | | 0x0001 (m) 0x0002 (s) | 0x0001 (m) 0x0002 (s) |
| | wConnectorsDescrID | IT 4 D 5 | | 0x0000 | 0x0000 |
| アウトプットターミナル ID3 (19) | wTerminalType | OT 3 D 1 | 0x0300 | | 0x0300 |
| | bAssocTerminal | OT 3 D 2 | 0x00 | × | 0x00 |
| | bmControls | OT 3 D 3 | 0x00000000 | | 0x00000000 |
| | wConnectorsDescrID | OT 3 D 4 | 0x0000 | | 0x0000 |
| アウトプットターミナル ID6 (19) | — | — | × | ○ | ○ |
| フィーチャーユニット ID2 (15/19) | bSourceID | FU 2 D 1 | 0x01 | × | 0x01 |
| フィーチャーユニット ID5 (15/19) | — | — | × | ○ | ○ |
| クロックソース (12) | — | — | ○ | ○ | ○ |
| パワードメイン ID10 (13) | — | — | ○ | × | ○ |
| パワードメイン ID11 (13) | — | — | × | ○ | ○ |
| クラススペシフィックASインターフェース (23) | — | — | ○ | ○ | ○ |
| クラススペシフィックASアイソクロナスオーディオデータエンドポイント (10) | — | — | ○ | ○ | ○ |

## 4.6.2 ヘッドフォンプロファイル

ヘッドフォンプロファイルは ADC 3.0 準拠のステレオヘッドフォンに使用されます．ヘッドフォンプロファイルは BAOF のみ定義されています．オーディオストリーミング OUT インターフェースは少なくとも 1 つのステレオのオルタネイトセッティングをサポートしなければなりません．モノラルのオルタネイトセッティングのサポートを追加することも可能です．

表4.29にヘッドフォンプロファイルの構成を表します．

表4.29 ヘッドフォンプロファイルの構成

| ディスクリプタ名（長さ） | フィールド | var | 設定 |
| --- | --- | --- | --- |
| インターフェースアソシエーション (8) | bInterfaceCount | IAD1 | 0x02 |
| クラススペシフィックACインターフェース（10） | bCategory | ACID1 | 0x0D |
| | wTotalLength | ACID2 | 0x005D（s） |
| インプットターミナルID1（20） | wClusterDescrID | IT1D1 | 0x0002（s） |
| アウトプットターミナルID3（19） | wTerminalType | OT3D1 | 0x0302 |
| | bAssocTerminal | OT3D2 | 0x00 |
| | bmControls | OT3D3 | 0x00000000 |
| | wConnectorsDescrID | OT3D4 | 0x0000 |
| フィーチャーユニットID2（19） | bSourceID | FU2D1 | 0x01 |
| クロックソース（12） | — | — | ○ |
| パワードメインID10（13） | — | — | ○ |
| クラススペシフィックASインターフェース（23） | — | — | ○ |
| クラススペシフィックASアイソクロナスオーディオデータエンドポイント（10） | — | — | ○ |

### 4.6.3 スピーカプロファイル

　スピーカプロファイルはADC 3.0準拠のステレオまたはモノラルのスピーカに使用されます．スピーカプロファイルはBAOFのみ定義されています．ステレオスピーカの場合，オーディオストリーミングOUTインターフェースは少なくとも1つのステレオのオルタネイトセッティングをサポートしなければなりません．モノラルのオルタネイトセッティングのサポートを追加することも可能です．

　表4.30にスピーカプロファイルの構成を表します．

表4.30 スピーカプロファイルの構成

| ディスクリプタ名（長さ） | フィールド | var | 設定 |
| --- | --- | --- | --- |
| インターフェースアソシエーション (8) | bInterfaceCount | IAD1 | 0x02 |
| クラススペシフィックACインターフェース（10） | bCategory | ACID1 | 0x0E |
| | wTotalLength | ACID2 | 0x0059（m）<br>0x005D（s） |
| インプットターミナルID1（20） | wClusterDescrID | IT1D1 | 0x0001（m）<br>0x0002（s） |
| アウトプットターミナルID3（19） | wTerminalType | OT3D1 | 0x0301 |
| | bAssocTerminal | OT3D2 | 0x00 |
| | bmControls | OT3D3 | 0x00000000 |
| | wConnectorsDescrID | OT3D4 | 0x0000 |
| フィーチャーユニットID2（15/19） | bSourceID | FU2D1 | 0x01 |

| ディスクリプタ名（長さ） | フィールド | var | 設定 |
|---|---|---|---|
| クロックソース（12） | — | — | ○ |
| パワードメイン ID10（13） | — | — | ○ |
| クラススペシフィック AS インターフェース（23） | — | — | ○ |
| クラススペシフィック AS アイソクロナスオーディオデータエンドポイント（10） | — | — | ○ |

### 4.6.4 マイクロフォンプロファイル

マイクロフォンプロファイルは ADC 3.0 準拠のステレオまたはモノラルのマイクロフォンに使用されます．マイクロフォンプロファイルは BAIF のみ定義されています．ステレオマイクロフォンの場合，オーディオストリーミング IN インターフェースは少なくとも 1 つのステレオのオルタネイトセッティングをサポートしなければなりません．モノラルのオルタネイトセッティングのサポートを追加することも可能です．

**表 4.31** にマイクロフォンプロファイルの構成を表します．

**表 4.31 マイクロフォンプロファイルの構成**

| ディスクリプタ名（長さ） | フィールド | var | 設定 |
|---|---|---|---|
| インターフェースアソシエーション（8） | bInterfaceCount | IAD1 | 0x02 |
| クラススペシフィック AC インターフェース（10） | bCategory | ACID1 | 0x03 |
|  | wTotalLength | ACID2 | 0x0059（m）<br>0x005D（s） |
| インプットターミナル ID4（20） | wTerminalType | IT4D1 | 0x0201 |
|  | bAssocTerminal | IT4D2 | 0x00 |
|  | bmControls | IT4D3 | 0x00000000 |
|  | wClusterDescrID | IT4D4 | 0x0001（m）<br>0x0002（s） |
|  | wConnectorsDescrID | IT4D5 | 0x0000 |
| アウトプットターミナル ID6（19） | — | — | ○ |
| フィーチャーユニット ID5（15/19） | — | — | ○ |
| クロックソース（12） | — | — | ○ |
| パワードメイン ID11（13） | — | — | ○ |
| クラススペシフィック AS インターフェース（23） | — | — | ○ |
| クラススペシフィック AS アイソクロナスオーディオデータエンドポイント（10） | — | — | ○ |

## 4.6.5 ヘッドセットプロファイル

ヘッドセットプロファイルは ADC 3.0 準拠のステレオまたはモノラルのヘットフォンとモノラルのマイクロフォンが組み合わさったヘッドセットに使用されます．ヘッドセットプロファイルは BAIOF のみ定義されています．ステレオ出力の場合，オーディオストリーミング OUT インターフェースは少なくとも1つのステレオのオルタネイトセッティングをサポートしなければなりません．モノラルのオルタネイトセッティングのサポートを追加することも可能です．

表 4.32 にヘッドセットプロファイルの構成を表します．

表 4.32 ヘッドセットプロファイルの構成

| ディスクリプタ名（長さ） | フィールド | var | 設定 |
| --- | --- | --- | --- |
| インターフェースアソシエーション (8) | bInterfaceCount | IAD1 | 0x03 |
| クラススペシフィック AC インターフェース (10) | bCategory | ACID1 | 0x04 |
| | wTotalLength | ACID2 | 0x00BB (m/m)<br>0x00BF (s/m) |
| インプットターミナル ID1 (20) | wClusterDescrID | IT1D1 | 0x0001 (m)<br>0x0002 (s) |
| インプットターミナル ID4 (20) | wTerminalType | IT4D1 | 0x0402 |
| | bAssocTerminal | IT4D2 | 0x03 |
| | bmControls | IT4D3 | 0x00000000 |
| | wClusterDescrID | IT4D4 | 0x0001 (m) |
| | wConnectorsDescrID | IT4D5 | 0x0000 |
| アウトプットターミナル ID3 (19) | wTerminalType | OT3D1 | 0x0402 |
| | bAssocTerminal | OT3D2 | 0x04 |
| | bmControls | OT3D3 | 0x00000000 |
| | wConnectorsDescrID | OT3D4 | 0x0000 |
| アウトプットターミナル ID6 (19) | — | — | ○ |
| ミキサユニット ID8 (16) | wClusterDescrID | MUD1 | 0x0001 (m)<br>0x0002 (s) |
| フィーチャーユニット ID2 (15/19) | bSourceID | FU2D1 | 0x08 |
| フィーチャーユニット ID5 (15) | — | — | ○ |
| フィーチャーユニット ID7 (15) | — | — | ○ |
| クロックソース (12) | — | — | ○ |
| パワーメイン ID10 (13) | — | — | ○ |
| パワーメイン ID11 (13) | — | — | ○ |
| クラススペシフィック AS インターフェース (23) | — | — | ○ |
| クラススペシフィック AS アイソクロナスオーディオデータエンドポイント (10) | — | — | ○ |

### 4.6.6 ヘッドセットアダプタプロファイル

ヘッドセットアダプタプロファイルは ADC 3.0 準拠のステレオのヘッドフォンとモノラルのジャックを持つアダプタに使用されます．ジャックには挿抜検出を持ちます．ヘッドセットアダプタプロファイルは BAIOF のみ定義されています．オーディオストリーミング OUT インターフェースは少なくとも 1 つのステレオのオルタネイトセッティングをサポートしなければなりません．モノラルのオルタネイトセッティングのサポートを追加することも可能です．

表 4.33 にヘッドセットアダプタプロファイルの構成を表します．

**表 4.33 ヘッドセットアダプタプロファイルの構成**

| ディスクリプタ名（長さ） | フィールド | var | 設定 |
|---|---|---|---|
| インターフェースアソシエーション（8） | bInterfaceCount | IAD 1 | 0x03 |
| クラススペシフィック AC インターフェース（10） | bCategory | ACID 1 | 0x0F |
| | wTotalLength | ACID 2 | 0x00E3 (s/m) |
| インプットターミナル ID1（20） | wClusterDescrID | IT1D 1 | 0x0002 (s) |
| インプットターミナル ID4（20） | wTerminalType | IT4D 1 | 0x0402 |
| | bAssocTerminal | IT4D 2 | 0x03 |
| | bmControls | IT4D 3 | 0x00000001 |
| | wClusterDescrID | IT4D 4 | 0x0001 (m) |
| | wConnectorsDescrID | IT4D 5 | 0x0003 |
| アウトプットターミナル ID3（19） | wTerminalType | OT3D 1 | 0x0402 |
| | bAssocTerminal | OT3D 2 | 0x04 |
| | bmControls | OT3D 3 | 0x00000001 |
| | wConnectorsDescrID | OT3D 4 | 0x0004 |
| アウトプットターミナル ID6（19） | — | — | ○ |
| コネクタ ID3（18） | — | — | ○ |
| コネクタ ID4（18） | — | — | ○ |
| ミキサユニット ID8（16） | wClusterDescrID | MUD 1 | 0x0002 (s) |
| フィーチャーユニット ID2（19） | bSourceID | FU2D 1 | 0x08 |
| フィーチャーユニット ID5（15） | — | — | ○ |
| フィーチャーユニット ID7（15） | — | — | ○ |
| クロックソース（12） | — | — | ○ |
| パワードメイン ID10（13） | — | — | ○ |
| パワードメイン ID11（13） | — | — | ○ |
| クラススペシフィック AS インターフェース（23） | — | — | ○ |
| クラススペシフィック AS アイソクロナスオーディオデータエンドポイント（10） | — | — | ○ |

## 4.6.7 スピーカフォンプロファイル

スピーカフォンプロファイルは ADC 3.0 準拠の 1 つまたは複数のモノラルのスピーカと 1 つまたは複数のモノラルのマイクロフォンが組み合わさったスピーカフォンに使用されます．スピーカフォンプロファイルはモノラルの BAOF とモノラルの BAIF の組み合わせでのみ定義されています．

表 4.34 にスピーカフォンプロファイルの構成を表します．

表 4.34 スピーカフォンプロファイルの構成

| ディスクリプタ名（長さ） | フィールド | var | 設定 |
|---|---|---|---|
| インターフェースアソシエーション (8) | bInterfaceCount | IAD 1 | 0x03 |
| クラススペシフィック AC インターフェース（10） | bCategory | ACID 1 | 0x10 |
| | wTotalLength | ACID 2 | 0x009C (m/m) |
| インプットターミナル ID 1（20） | wClusterDescrID | IT 1 D 1 | 0x0001 (m) |
| インプットターミナル ID 4（20） | wTerminalType | IT 4 D 1 | 0x0403 |
| | bAssocTerminal | IT 4 D 2 | 0x03 |
| | bmControls | IT 4 D 3 | 0x00000000 |
| | wClusterDescrID | IT 4 D 4 | 0x0001 (m) |
| | wConnectorsDescrID | IT 4 D 5 | 0x0000 |
| アウトプットターミナル ID 3（19） | wTerminalType | OT 3 D 1 | 0x0403 |
| | bAssocTerminal | OT 3 D 2 | 0x04 |
| | bmControls | OT 3 D 3 | 0x00000000 |
| | wConnectorsDescrID | OT 3 D 4 | 0x0000 |
| アウトプットターミナル ID 6（19） | — | — | ○ |
| フィーチャーユニット ID 2（15） | bSourceID | FU 2 D 1 | 0x01 |
| フィーチャーユニット ID 5（15） | — | — | ○ |
| クロックソース（12） | — | — | ○ |
| パワードメイン ID 10（13） | — | — | ○ |
| パワードメイン ID 11（13） | — | — | ○ |
| クラススペシフィック AS インターフェース（23） | — | — | ○ |
| クラススペシフィック AS アイソクロナスオーディオデータエンドポイント（10） | — | — | ○ |

# あとがき

　Windows 10 の Creaters update が 2017 年 4 月にリリースされ，ADC2.0 のクラスドライバが提供されました．今回のアップデートによって ADC2.0 対応製品の開発における大きな障害が解消され，USB オーディオ製品は一気に ADC2.0 対応へと移行が進むものと考えられます．まさに USB オーディオ製品にとってのパラダイムシフトとも言える転換点を迎えました．

　ADC2.0 の規格書発行から実に 10 年以上を要しました．しかしながら，本文でも触れた通り ADC3.0 における後方互換性への配慮により，比較的短期間で ADC3.0 へ移行が進むことも予想されます．ADC2.0 への移行によって 192kHz 以上のハイレゾ再生へ完全対応を果たすことができるとはいえ，ADC3.0 では DSD の正式対応による更なるハイレゾ対応強化や携帯機器を意識したパワードメインなど魅力的な機能が多数追加されています．

　ADC2.0 で立ち止まっているわけには行きません．本書では現在リリースされている全ての ADC を網羅しており，ADC2.0 への移行はもちろん来るべき ADC3.0 世代の製品開発においても役立つものと思います．

　本書が末永く読者の皆様のお役に立てれば幸いです．

2017 年 4 月

岡村喜博

# 索引

## アルファベット

| | |
|---|---|
| AIA | 26 |
| BADD | 23 |
| BAIF トポロジ | 204 |
| BAIOF トポロジ | 204 |
| BAOF トポロジ | 203 |
| DSD フォーマット | 51 |
| Gen1 | 4 |
| Gen2 | 4 |
| GenX | 4 |
| IAD | 26 |
| IN | 6 |
| LANGIDs | 66 |
| OUT | 6 |
| PCM8 フォーマット | 50 |
| PCM フォーマット | 49 |
| Type I RawData フォーマット | 51 |
| Type II RawData | 52 |

## ア 行

| | |
|---|---|
| アイソクロナスオーディオデータストリームエンドポイント | 48 |
| アイソクロナスシンクエンドポイント | 48 |
| アイソクロナスフィードバックエンドポイント | 48 |
| アウトプットターミナル | 34 |
| アウトプットターミナルディスクリプタ | 90 |
| アクティブオルタネイトセッティングコントロールリクエスト | 189 |
| アシンクロナス同期方式 | 29 |
| アダプティブ同期方式 | 28 |
| アップ/ダウン-ミックスプロセッシングユニット | 39 |
| アンダーフローコントロールリクエスト | 151 |
| アンビソニックセグメント | 80 |
| イネーブルコントロールリクエスト | 148 |
| イフェクトユニット | 36 |
| イフェクトユニットディスクリプタ | 113 |
| インサーションコントロールリクエスト | 155 |
| インターフェースアソシエーションディスクリプタ | 26, 72 |
| インターフェースコントロールリクエスト | 188 |
| インタラプトエンドポイント | 46 |
| インフォメーションセグメント | 79 |
| インプットゲインコントロールリクエスト | 179 |
| インプットゲインパッドコントロールリクエスト | 180 |
| インプットターミナル | 33 |
| インプットターミナルディスクリプタ | 87 |
| エンティティ | 13 |
| エンドセグメント | 78, 96 |
| エンドポイントコントロールリクエスト | 191 |
| オーディオインターフェースアソシエーション | 26 |

索引 **241**

オーディオインターフェースコレクション　26
オーディオコントロールインターフェース　45
オーディオコントロールインターフェース
　　ディスクリプタ　82
オーディオコントロールエンドポイント
　　ディスクリプタ　122
オーディオコントロールリクエスト　148
オーディオストリーミングインターフェース　46
オーディオストリーミングインターフェース
　　ディスクリプタ　123
オーディオストリーミングリクエスト　188
オーディオチャネルクラスタディスクリプタ　73
オーディオチャネルクラスタフォーマット　73
オーディオデータフォーマット　49
オーディオデータフォーマットコントロール
　　リクエスト　190
オーディオファンクション　6
オートマチックゲインコントロールリクエスト
　　　174
オーバーフローコントロールリクエスト　152
オーバーロードコントロールリクエスト　157
オルタネイトセッティング　47

## カ 行

拡張オーディオデータフォーマット　49
拡張タイプⅠフォーマット　54
拡張タイプⅡフォーマット　54
拡張タイプⅢフォーマット　54
拡張ターミナルディスクリプタ　93
拡張ターミナルディスクリプタブロック　95
拡張ターミナルディスクリプタヘッダ　94
拡張ユニット　41
拡張ユニットコントロールリクエスト　182
拡張ユニットディスクリプタ　114

共通ブロックセグメント　77, 78, 96

クラススペシフィック AC インターフェース
　　ディスクリプタ　84
クラススペシフィック AC インターフェース
　　ヘッダディスクリプタ　84

クラススペシフィック AS アイソクロナスオーディオ
　　データエンドポイントディスクリプタ　137
クラススペシフィック AS インターフェース
　　ディスクリプタ　124
クラススペシフィック AS エンコーダディスクリプタ
　　　133
クラススペシフィック AS デコーダディスクリプタ
　　　134
クラススペシフィック AS バリッドフリケンシー
　　レンジディスクリプタ　134
クラススペシフィック AS フォーマットタイプ
　　ディスクリプタ　130
クラススペシフィックストリングディスクリプタ
　　　67
クラススペシフィックストリングリクエスト　194
クラススペシフィックディスクリプタ　13
クラススペシフィックリクエスト　144
クラスタ　33, 73
クラスタコントロールリクエスト　150
クラスタディスクリプションセグメント　78
クラスタディスクリプタブロック　77
クラスタディスクリプタヘッダ　77
グラフィックイコライザコントロールリクエスト
　　　172
クロックエンティティ　31, 42
クロックエンティティディスクリプタ　31
クロックセレクタ　43
クロックセレクタコントロール　185
クロックセレクタディスクリプタ　117
クロックソース　42
クロックソースコントロールリクエスト　183
クロックソースディスクリプタ　114
クロックドメイン　27
クロックバリディティコントロールリクエスト
　　　184
クロックマルチプライヤ　43
クロックマルチプライヤコントロールリクエスト
　　　186
クロックマルチプライヤディスクリプタ　119
クロックモデル　55

ゲットステータスリクエスト　194

| | | | |
|---|---|---|---|
| 高解像度タイムスタンプサイドバンドプロトコル | | ストリングディスクリプタ | 65 |
| | 54 | スピーカフォンプロファイル | 238 |
| コネクタコントロールリクエスト | 155 | スピーカプロファイル | 234 |
| コネクタディスクリプタ | 99 | | |
| コピープロテクトコントロールリクエスト | 155 | セグメント | 95 |
| コピー制御 | 44 | セレクタコントロールリクエスト | 161 |
| コーラスプロセッシングユニット | 40 | セレクタユニット | 35 |
| コントロールエンドポイント | 45 | セレクタユニットコントロールリクエスト | 161 |
| | | セレクタユニットディスクリプタ | 106 |

### サ 行

### タ・ナ行

| | | | |
|---|---|---|---|
| サイドバンドプロトコル | 54 | ソースエンドポイント | 6 |
| サンプリングレートコンバータユニットディスクリプタ | 111 | 帯域幅セグメント | 97 |
| サンプリング周波数コントロールリクエスト | 183, 192 | ダイナミックレンジ圧縮イフェクトユニット | 38 |
| サンプリング周波数変換器ユニット | 36 | タイプ I フォーマット | 49 |
| | | タイプ I フォーマットタイプディスクリプタ | 130 |
| ジェネリック I/O プロファイル | 232 | タイプ II フォーマット | 51 |
| シンクエンドポイント | 6 | タイプ III フォーマット | 52 |
| 振幅 / 位相特性セグメント | 98 | タイプ IV フォーマット | 54 |
| 振幅特性セグメント | 97 | ターミナル | 31 |
| シンプルオーディオデータフォーマット | 49 | ターミナルコントロールリクエスト | 154 |
| スタンダード AC インターフェースディスクリプタ | 82 | チャネルディスクリプションセグメント | 81 |
| スタンダード AC インタラプトエンドポイントディスクリプタ | 122 | チャネルブロックセグメント | 77, 79, 96 |
| スタンダード AS アイソクロナスオーディオデータエンドポイントディスクリプタ | 135 | ディレイコントロールリクエスト | 175 |
| | | データアンダーランコントロールリクエスト | 193 |
| スタンダード AS アイソクロナスシンクエンドポイントディスクリプタ | 139 | データオーバーランコントロールリクエスト | 193 |
| | | デノミネータコントロールリクエスト | 187 |
| スタンダード AS アイソクロナスフィードバックエンドポイントディスクリプタ | 139 | デバイス | 5 |
| | | デバイスディスクリプタ | 68 |
| スタンダード AS インターフェースディスクリプタ | 123 | デフォルトエンドポイント | 6 |
| スタンダードコンフィグレーションディスクリプタ | 70 | トポロジ | 14 |
| | | ドルビープロロジックプロセッシングユニット | 40 |
| スタンダードストリングディスクリプタ | 66 | トレブルコントロールリクエスト | 170 |
| スタンダードディスクリプタ | 13 | | |
| スタンダードリクエスト | 142 | ニューメレータコントロールリクエスト | 186 |
| ステレオ拡張プロセッシングユニット | 40 | | |

## ハ行

| 項目 | ページ |
|---|---|
| ハイケイパビリティディスクリプタ | 63 |
| ハイケイパビリティディスクリプタリクエスト | 195 |
| ハイスピード | 4 |
| バスコントロールリクエスト | 166 |
| バスブーストコントロールリクエスト | 177 |
| パラメトリックイコライザセクションイフェクトユニット | 36 |
| バリッドオルタネイトセッティングコントロールリクエスト | 189 |
| パワードメイン | |
| パワードメインコントロールリクエスト | 153 |
| パワードメインディスクリプタ | 121 |
| パワードメインモデル | 55 |
| ピッチコントロールリクエスト | 192 |
| フィーチャーユニット | 35 |
| フィーチャーユニットコントロールリクエスト | 162 |
| フィーチャーユニットディスクリプタ | 108 |
| フェーズインバータコントロールリクエスト | 181 |
| 物理クラスタディスクリプタ | 75 |
| フルスピード | 4 |
| プロセッシングユニット | 39 |
| プロセッシングユニットディスクリプタ | 113 |
| プロファイル | 202 |
| プロファイル ID | 202 |
| ベーシックオーディオ I/O ファンクション | 203 |
| ベーシックオーディオアウトプットファンクション | 202 |
| ベーシックオーディオインプットファンクション | 203 |
| ベーシックオーディオデバイスディフィニション | 23, 201 |
| ヘッドセットアダプタプロファイル | 237 |
| ヘッドセットプロファイル | 236 |
| ヘッドフォンプロファイル | 233 |
| ベンダー定義セグメント | 79, 82, 96, 99 |
| ポジション RΘΦ セグメント | 99 |
| ポジション XYZ セグメント | 98 |
| ホスト | 5 |

## マ・ヤ行

| 項目 | ページ |
|---|---|
| マイクロフォンプロファイル | 235 |
| マルチファンクションプロセッシングユニット | 41 |
| ミキサコントロールユニット番号 | 104 |
| ミキサコントロールリクエスト | 159 |
| ミキサユニット | 34 |
| ミキサユニットコントロールリクエスト | 158 |
| ミキサユニットディスクリプタ | 102 |
| ミッドコントロールリクエスト | 168 |
| ミュートコントロールリクエスト | 163 |
| メモリリクエスト | 194 |
| モードセレクトコントロールリクエスト | 149 |
| モジュレーションディレイイフェクトユニット | 38 |
| ユニット | 31 |

## ラ・ワ行

| 項目 | ページ |
|---|---|
| ラウドネスコントロールリクエスト | 178 |
| リバーブレーションイフェクトユニット | 37 |
| レイテンシコントロールリクエスト | 152 |
| ロースピード | 4 |
| 論理クラスタディスクリプタ | 75 |
| 割り込みイネーブルコントロールリクエスト | 153 |

〈著者略歴〉

岡 村 喜 博（おかむら よしひろ）

SONIC ONE 代表
- 1988 年　筑波大学第三学群基礎工学類 卒業
- 1988 年　立石電機株式会社（現オムロン株式会社）入社．東京通信研究所にて FA ネットワーク機器の研究開発
- 1995 年　株式会社インタウェア入社．MPEG2 圧縮・伸張 LSI を開発
- 1998 年　日本バー・ブラウン株式会社入社．USB オーディオデバイスの USB コントローラコア回路を開発
- 2000 年　テキサス・インスツルメンツによるバー・ブラウン買収に伴い転籍．引き続き USB コントローラコア回路の開発に従事
- 2010 年　独立後，SONIC ONE (http://sonic1.biz) 代表として，LSI 設計，マイコン等のハードウェア開発やソフトウェア開発，コンサルティング業務を展開

〈主な共著書〉
『ハイレゾオーディオ技術読本』（共著，オーム社，2014）

- 本書の内容に関する質問は，オーム社書籍編集局「（書名を明記）」係宛に，書状または FAX（03-3293-2824），E-mail（shoseki@ohmsha.co.jp）にてお願いします．お受けできる質問は本書で紹介した内容に限らせていただきます．なお，電話での質問にはお答えできませんので，あらかじめご了承ください．
- 万一，落丁・乱丁の場合は，送料当社負担でお取替えいたします．当社販売課宛にお送りください．
- 本書の一部の複写複製を希望される場合は，本書扉裏を参照してください．

[JCOPY] ＜（社）出版者著作権管理機構 委託出版物＞

## USB オーディオデバイスクラスの教科書

平成 29 年 5 月 25 日　第 1 版第 1 刷発行

著　　者　岡　村　喜　博
発 行 者　村　上　和　夫
発 行 所　株式会社　オ　ー　ム　社
　　　　　郵便番号　101-8460
　　　　　東京都千代田区神田錦町 3-1
　　　　　電　話　03(3233)0641（代表）
　　　　　URL　http://www.ohmsha.co.jp/

© 岡村喜博 2017

組版　德保企画　印刷・製本　三美印刷
ISBN978-4-274-22065-4　Printed in Japan

## 関連書籍のご案内

### 映像情報メディア工学大事典

一般社団法人 映像情報メディア学会 編

編集委員長 ■ 羽鳥 光俊
副委員長 ■ 榎並 和雅
幹事長 ■ 伊藤 崇之・齊藤 隆弘

B5判 ● 1760頁(4分冊・函入)
定価(本体45000円【税別】)

【基礎編】
1 光・色・視覚・画像
2 映像システム概論
3 画像符号化
4 画像処理
5 コンピュータグラフィックス
6 音声・音響
7 画像表現と処理のための数学的手法

【継承技術編】
1 番組伝送
2 放送方式
3 放送現業・番組制作
4 番組制作設備・機器
5 送受信設備・機器
6 民生機器
7 映像関連デバイス

【技術編】
1 情報センシング
2 情報ディスプレイ
3 情報ストレージ
4 画像半導体技術
5 デジタル放送方式
6 無線伝送技術
7 コンテンツ制作と運用
8 ブロードバンドとコンテンツ流通
9 符号化標準とメディア応用技術
10 フューチャービジョン
11 コンシューマエレクトロニクス
12 起業工学

【データ編】
1 画像符号化
2 画像処理
3 コンピュータグラフィックス
4 音声・音響
5 情報センシング
6 情報ストレージ
7 半導体技術
8 デジタル放送方式
9 無線伝送技術
10 ブロードバンドとコンテンツ流通
11 コンテンツ制作と運用
12 符号化標準とメディア応用技術
13 フューチャービジョン
14 コンシューマエレクトロニクス
15 テストデータ

### ＜本書序文より＞

映像情報メディア学会では，テレビジョンおよび映像情報メディア全般を俯瞰するハンドブックを，「テレビジョン・画像情報工学ハンドブック」(1990年出版)，「映像情報メディアハンドブック」(2000年出版)と，10年ごとに出版してきました．

今回，本年2010年刊行をめざして準備をするにあたっては，おりしも地上デジタル放送の完全実施直前であり，放送のディジタル化から放送と通信の融合，ディジタル放送の次の世代の放送技術への変革の時期であることから，従来のハンドブックにはない新しい特徴を持つ出版物の可能性を検討しました．それが「映像情報メディア工学大事典」です．

従来型のハンドブックが読み物的で通読しないと全貌が理解できないものであるのに対して，本大事典はそれぞれに特徴を持った4編で構成し，通読して基礎知識を得ることも，短時間で専門的な内容を理解することもできるものとし，会員各層の皆様にご賛同いただけるようにしました．

本年は，テレビジョン学会時代から数えて映像情報メディア学会創立60周年でもあります．学会創立60周年事業としての取組みとして当学会が総力を挙げて取り組み，会員および学生会員の各位に利用される大事典としたいと念じております．

もっと詳しい情報をお届けできます．
○書店に商品がない場合または直接ご注文の場合は右記宛にご連絡ください．

ホームページ http://www.ohmsha.co.jp/
TEL/FAX TEL.03-3233-0643 FAX.03-3233-3440

(定価は変更される場合があります)